新工科建设·电子信息类精品教材

检测系统电子电路基础

姚 敏 主 编
赵 敏 王海涛 副主编

电子工业出版社
Publishing House of Electronics Industry
北京·BEIJING

内 容 简 介

本书介绍了检测系统中电子电路的分析和设计方法，全书共分 11 章，围绕检测系统所涉及的常用的电子电路知识进行介绍，主要内容包括运算放大器基本特性、工程应用中常用的几种运算放大器的原理、特点与应用，检测电路中常用的几种信号调理电路的原理与特性，锁相环电路的原理与应用，模拟开关的原理与多路模拟开关的应用，采样/保持器的原理与应用，D/A 转换器的电路原理与应用，A/D 转换器的工作原理、特性分析与应用及抗干扰措施等内容。本书特别注重检测电路的新技术、新器件和实际应用中的工程问题。为方便教学，本书配有典型知识点的讲解视频，读者只需扫描书中相应的二维码即可呈现。另外，本书附赠资源可登录华信教育资源网（www.hxedu.com.cn）免费下载使用。

本书可以作为测控、机电、自动控制、仪器仪表、生物医学等专业的本科生、硕士生的教材，也可作为从事相关专业的工程技术人员的参考书。

未经许可，不得以任何方式复制或抄袭本书之部分或全部内容。
版权所有，侵权必究。

图书在版编目（CIP）数据

检测系统电子电路基础 / 姚敏主编. —北京：电子工业出版社，2023.1
ISBN 978-7-121-45071-6

Ⅰ. ①检⋯ Ⅱ. ①姚⋯ Ⅲ. ①电子电路—教材 Ⅳ. ①TN710

中国国家版本馆 CIP 数据核字（2023）第 027185 号

责任编辑：杜　军　　特约编辑：田学清
印　　刷：北京天宇星印刷厂
装　　订：北京天宇星印刷厂
出版发行：电子工业出版社
　　　　　北京市海淀区万寿路 173 信箱　邮编：100036
开　　本：787×1 092　1/16　印张：13.75　字数：397 千字
版　　次：2023 年 1 月第 1 版
印　　次：2023 年 8 月第 2 次印刷
定　　价：45.00 元

凡所购买电子工业出版社图书有缺损问题，请向购买书店调换。若书店售缺，请与本社发行部联系，联系及邮购电话：（010）88254888，88258888。
质量投诉请发邮件至 zlts@phei.com.cn，盗版侵权举报请发邮件至 dbqq@phei.com.cn。
本书咨询联系方式：dujun@phei.com.cn。

前　言

本书的前身是《检测仪器电子电路》，数字化测试技术的出现为检测技术带来了巨大的技术进步，测试的速度更快、精度更高、处理的能力更强。科学技术日新月异，已经发生了巨大的变化，数字化概念早已深入人心，数字化测试已经渗透到了测试系统、仪器仪表的各个方面。数字化检测是检测技术发展的必然选择。检测系统说到底也是人们认识世界的重要手段，是信息技术中的关键技术。检测技术包含了传感器技术、数据采集与转换技术、信号调理技术等，如今的检测系统又是和计算机技术紧密相连的，计算机技术的发展、嵌入式系统的应用，极大地推动了检测系统的发展。检测系统的数字化测试技术可以提高人们认识世界的能力，为生产过程、工业自动化、航空航天技术、科学研究提供必需的信息资源，为计算机控制提供信息来源。本书所讨论的技术可以用于生产过程自动化、检测仪器与系统的设计、物联网、生物医学仪器等方方面面。

本书适应了现代检测技术发展的要求，在保留检测技术数字化方面的基本知识的同时，引入了当代检测技术上的许多新技术和新成就。本书可以帮助读者掌握检测技术的基本概念、信号调理电路的设计、数据的采集和处理、干扰的屏蔽等方面的相关知识，为检测系统和检测仪表的设计打下基础。

本书共 11 章，各章的主要内容简要介绍如下。

第 1 章介绍了检测系统的基本概念、检测系统的基本组成，同时对检测系统的发展趋势进行了描述。

第 2 章较全面地从工程应用角度对运算放大器做了介绍，其中运算放大器的性能指标是了解运算放大器的依据，也是选择放大器的依据。本章对工程中常用的重要放大器电路进行了详细分析，本章的内容是使用放大器的必备知识。

第 3 章对信号调理电路做了介绍，从传感器到数据转换器，中间的信号调理过程是非常重要的环节，也是测试电路质量好坏的保障。本章对有源滤波器电路、精密整流电路、积分器电路等进行了介绍和分析。

第 4 章从检测系统的需求角度介绍了锁相环电路，对锁相环电路的工作原理和应用实例进行了分析。

第 5 章介绍了模拟开关，模拟开关看似很简单，但其在信号转换电路中是不可或缺的器件。本章介绍了模拟开关的主要技术指标、组成特点和应用方法。

第 6 章介绍了采样/保持器电路，作为 A/D 转换电路的前置电路，采样/保持器电路会影响系统的采集速度和信号的质量。本章对采样/保持器的主要技术指标、常用的采样/保持器电路进行了介绍，本章的几个实例对应用采样/保持器是很有帮助的。

第 7 章介绍了 D/A 转换器。D/A 转换器通常作为计算机的输出电路驱动控制系统，它也是一类 A/D 转换器的重要组成部分。本章对于 D/A 转换器指标的介绍、工作原理的分析和应用实例的介绍为读者掌握 D/A 转换器提供了帮助。

第 8 章是讲述数字化转换的重要章节。本章介绍了 5 种类型的 A/D 转换器的原理，代表了目前最主流的 A/D 转换方案。本书对每一种 A/D 转换器都进行了详细的分析，并配有应用实例。读者可以通过对本章的学习牢固掌握 A/D 转换器的工作原理，在实际应用中选择合适的 A/D 转换器电路。

第 9 章专门介绍了 D/A 转换器和 A/D 转换器的一些典型应用。它们既可以作为进一步了解 D/A 转换器和 A/D 转换器工作原理的实例，又可以作为实际电路在检测系统中应用的实例。

第 10 章介绍了频率量的测量。本章的分析原理和测量方法不仅可以用于分立元件组成的电路，还可以用于微机系统的频率测量和周期测量方法。

第 11 章介绍了检测系统中的抗干扰措施。本章的内容可以帮助读者把好检测电路设计中抗干扰这道关，为设计一个可靠、稳定的检测系统奠定基础。

本书第 1～4 章由姚敏老师编写，第 5～7 章由王海涛老师编写，赵敏老师编写了第 8～11 章，主审并制定了本书的主要编写内容。书中的主要内容是编者多年来教学、科研工作的经验积累，参考了有关文献并结合了原有讲义中的基本概念。

由于编者水平有限，书中疏漏之处在所难免，敬请广大读者批评指正。

编 者
2022 年 12 月

目 录

第1章 绪论 ………………………… 1
1.1 检测系统与检测技术 ………… 1
1.2 检测系统的基本组成 ………… 1
1.3 检测系统的发展趋势 ………… 3

第2章 运算放大器 ………………… 5
2.1 概述 …………………………… 5
2.1.1 运算放大器的发展与分类 … 5
2.1.2 运算放大器的主要参数 …… 5
2.2 运算放大器的应用基础 ……… 9
2.2.1 理想运算放大器 …………… 9
2.2.2 实际运算放大器的误差分析 … 10
2.3 测量放大器 …………………… 17
2.3.1 测量放大器的增益 ………… 18
2.3.2 失调参数的影响 …………… 19
2.3.3 测量放大器的抗共模干扰能力 … 20
2.3.4 测量放大器的应用 ………… 21
2.3.5 测量放大器的集成电路 …… 22
2.4 动态自动校零运算放大器 …… 24
2.4.1 动态自动校零的工作原理 … 24
2.4.2 动态自动校零集成运算放大器 ICL7650 ……………………… 26
2.5 隔离放大器 …………………… 29
2.5.1 变压器耦合隔离放大器 …… 30
2.5.2 光电耦合器 ………………… 32
2.5.3 电容耦合隔离放大器 ……… 34
2.6 电荷放大器 …………………… 36
2.6.1 电荷放大器的基本原理 …… 36
2.6.2 电荷放大器的特性分析 …… 37
2.6.3 电荷放大器的应用 ………… 38
习题 ………………………………… 39

第3章 信号调理电路 ……………… 43
3.1 有源滤波器 …………………… 43
3.1.1 有源滤波器的种类和基本性能 … 43
3.1.2 开关电容滤波器 …………… 45
3.2 精密整流电路 ………………… 47
3.2.1 概述 ………………………… 47
3.2.2 精密半波整流电路 ………… 48
3.2.3 精密全波整流电路 ………… 51
3.2.4 峰值整流电路 ……………… 53
3.2.5 整流电路的应用 …………… 55
3.3 鉴相电路 ……………………… 55
3.3.1 概述 ………………………… 55
3.3.2 相位/脉宽（转换式）鉴相器 … 56
3.3.3 相位/数字转换器 ………… 59
3.4 积分器 ………………………… 60
3.4.1 积分器的基本工作原理 …… 60
3.4.2 积分器误差分析 …………… 61
3.5 电压比较器 …………………… 64
3.5.1 概述 ………………………… 64
3.5.2 比较器的应用 ……………… 65
3.5.3 集成电压比较器 …………… 70
习题 ………………………………… 71

第4章 锁相环电路 ………………… 75
4.1 锁相环简介 …………………… 75
4.2 集成锁相环的工作原理 ……… 76
4.3 CD4046的典型应用 …………… 80
4.4 频率合成器 …………………… 82

第5章 模拟开关 …………………… 85
5.1 模拟开关简介 ………………… 85

5.2 电子模拟开关 ………………………… 85
 5.2.1 电子模拟开关的特性 …………… 85
 5.2.2 集成模拟开关 …………………… 86
 5.2.3 模拟多通道开关电路 …………… 88
5.3 模拟开关应用需要注意的问题及工程应用 ……………………………………… 91
习题 ………………………………………… 95

第6章 采样/保持器 ………………………… 96
6.1 概述 ……………………………………… 96
6.2 采样/保持器的基本结构及工作原理 … 100
6.3 集成采样/保持器 ……………………… 103
6.4 采样/保持器的应用 …………………… 105
6.5 采样/保持器使用中应注意的问题 …… 105
习题 ……………………………………… 106

第7章 D/A 转换器 ………………………… 109
7.1 量化与量化误差及 D/A 转换器的技术指标 …………………………………… 109
7.2 线性 D/A 转换原理 …………………… 112
7.3 集成化 D/A 转换器 …………………… 116
习题 ……………………………………… 119

第8章 A/D 转换器 ………………………… 123
8.1 概述 …………………………………… 123
8.2 逐次逼近式 A/D 转换器 ……………… 123
 8.2.1 逐次逼近式 A/D 转换的原理 … 123
 8.2.2 单片集成化逐次逼近式 A/D 转换器 …………………………… 127
8.3 双积分式 A/D 转换器 ………………… 133
 8.3.1 双积分式 A/D 转换的原理与特性 …………………………… 133
 8.3.2 双积分式 A/D 转换的特性与参数选择 ………………………… 136
 8.3.3 集成化双积分式 A/D 转换器 … 138
8.4 电压/频率转换式 A/D 转换器 ………… 150
 8.4.1 电荷平衡式 V/f 转换工作原理 … 151
 8.4.2 集成化 V/f 转换器 ……………… 152

8.5 并行式 A/D 转换器 …………………… 156
8.6 Σ-Δ 型 A/D 转换器 …………………… 158
 8.6.1 Σ-Δ 型 A/D 转换原理 ………… 158
 8.6.2 集成化 Σ-Δ 型 A/D 转换器及其应用 …………………………… 162
习题 ……………………………………… 165

第9章 D/A 转换器与 A/D 转换器的典型应用 ………………………… 173
9.1 数字控制高精度、高稳定线性电路 … 173
9.2 数字波形发生器电路 ………………… 176
9.3 利用锁相时钟提高数字多用表抑制串模干扰的能力 ………………………… 177
习题 ……………………………………… 178

第10章 准数字信号的数字转换 ………… 180
10.1 准数字信号的数字转换 ……………… 180
10.2 频率/数字转换 ………………………… 180
10.3 周期、脉宽及时间间隔/数字转换 …… 181
10.4 频率比测量 …………………………… 182
习题 ……………………………………… 183

第11章 检测系统的抗干扰措施 ………… 184
11.1 干扰的来源 …………………………… 184
 11.1.1 干扰的分类 …………………… 184
 11.1.2 干扰的耦合 …………………… 185
 11.1.3 干扰的传递途径 ……………… 188
11.2 屏蔽技术 ……………………………… 189
 11.2.1 静电屏蔽 ……………………… 190
 11.2.2 电磁屏蔽 ……………………… 190
 11.2.3 低频磁屏蔽 …………………… 192
 11.2.4 驱动屏蔽 ……………………… 192
11.3 滤波技术 ……………………………… 193
 11.3.1 电磁干扰滤波器 ……………… 193
 11.3.2 滤波器的分类及特性 ………… 194
 11.3.3 滤波器的安装 ………………… 197
11.4 接地技术 ……………………………… 197
11.5 印制电路板的抗干扰设计 …………… 201

参考文献 …………………………………… 210

第 1 章　绪论

1.1　检测系统与检测技术

　　检测技术是人们认识和改造世界的重要手段，也是衡量一个国家科学技术水平的重要标志。检测技术包含了传感技术、信息处理技术、信号转换技术等。如果说机器是改造世界的工具，那么检测系统与检测仪器就是人们认识世界的工具，而改造世界是以认识世界为基础的。认识世界有两个方面，一是探索自然规律，积累科学知识；二是对生产现场的了解，用以指导生产。认识世界和改造世界同等重要，而且认识世界往往是改造世界的先导，从这个角度来说检测系统与机器同等重要。

　　在如今的现代化国民经济活动中，检测系统有着比以往更为广泛的用途，已经涉及了人类各种活动的需求。钱伟长教授说过"飞机要上天，离开了航空仪表就飞不起来"。在国民经济建设中，检测技术具有重大作用，在工业生产中起着把关者和指导者的作用，它从生产现场获取各种参数，运用科学规律和系统工程的方法，综合有效地利用各种先进技术，通过自控手段和装备，使每个生产环节得到优化，进而保证生产规范化，提高产品质量，降低成本，满足需求，保证安全生产。

　　现在，检测系统及检测技术已经广泛地应用于石油、化工、冶金、电力、电子、轻工业等行业。例如，在宝山钢铁股份有限公司的技术装备投资中，有 1/3 的经费用于购置检测设备和自控系统。即使是原来可以土法生产的制酒工业，如今也需要通过精密的仪器仪表严格控制温度、流程才能创出名牌。

　　检测技术是获取信息的源头技术。当今世界已经从工业化时代进入信息化时代，正在向知识经济时代迈进。这个时代的特征是以计算机为核心并使用计算机延伸了大脑的功能，计算机起着扩展人类的脑力劳动的作用，使人类走出机械化的过程，并进入以物质手段扩展人的感官神经系统及脑力智力的时代。在这个时代，检测的作用主要是获取信息，并将信息作为智能行动的依据。

　　检测系统的功能在于用物理、化学或生物的方法，获取被检测对象运动或变化的信息，通过信息转换和处理，使其成为易于人们阅读和识别表达（信息、显示、转换和运用）的量化形式，或进行进一步的信号化、图像化处理和保存，或直接进入自动化、智能化的控制系统中。

　　检测系统是一种获取信息的工具，起着不可或缺的信息源的作用。检测是信息时代的信息获取—处理—传输的链条中的源头技术。如果没有检测，那么就不能获取生产、科研、环境、社会等领域中全方位的信息，进入信息时代将是不可能的。钱学森院士曾经说过"新技术革命的关键技术是信息技术。信息技术由测量技术、计算机技术、通信技术 3 部分组成。测量技术则是关键和基础"。人们提到信息技术，通常想到的只是计算机技术和通信技术，而实际上信息技术关键的基础性的技术是检测技术。检测技术是信息技术的源头技术。仪器工业是信息工业的重要组成部分。

　　检测系统数字化的意义在于利用计算机和数字技术的优势，通过对模拟信号的数字化处理，提高对信号的采集能力、检测的准确度、抗干扰能力和扩大使用范围，使信号的显示、保存、传输更为方便，并为进一步智能化应用提供了基础。

相关阅读请扫二维码

1.2　检测系统的基本组成

　　当代的检测仪器或者检测系统几乎都由传感元器件或传感器、信号或数据处理器、显示器或记录器等几大部分组成。不同类型的检测装置，这些组成部分的要求和复杂程度可能相差悬殊，有时在结构设计上可能将其相邻的两部分合并成一体，看起来似乎缺少了某一部分，使划分界线变得困难或模糊。例如，一只最简单的热电偶式温度表，只有热电偶、补偿导线（延长距离用）和带有冷端补偿器的毫伏表3部分。它唯一的信号处理部件是一个由双金属片做成的冷端补偿器，且隐藏在毫伏表之内。但是，在一台智能化的热电偶式温度测量仪中，信号处理器具有微型计算机系统和高精度的信号调理电路，它能对不同型号的热电偶进行各种误差的修正和补偿，得出误差小于 0.1℃的测量结果。此时信号处理器成了整个系统组成中最重要的部分。

简单地把现代检测系统的组成结构归纳一下，基本上可分成图 1-1 和图 1-2 所示的 3 种类型。图 1-1 所示为单参数检测仪器结构示意图。其中图 1-1（a）所示为不带微机系统的直读式检测仪器，图中的点画线表示各部件的可能组合范围。显示器目前已趋向于采用数字显示器，但也有采用模拟电表的。图 1-1（b）所示为带有微机系统的检测仪器，它具有很强的数据处理能力，可构成高精度自动检测仪器。图 1-2 所示为多参数检测仪器结构示意图。它采用多路选通的办法分时采集多个（N 个）传感器测得的原始数据，通过微机系统的数据处理，得出被测对象的整体性能评价。多参数综合检测系统也称为多路数据采集系统，它广泛地应用于大型设备的运行监测、生产流程的检测与控制，以及诸如飞机试飞、发动机试车等整机性能的综合测试。

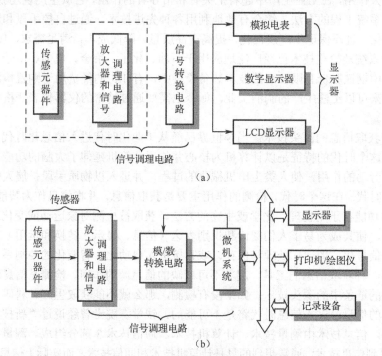

图 1-1 单参数检测仪器结构示意图

上述的结构组成反映出电子电路可分布在组成检测仪器或系统的各个部分。在传感器中，常需要用电子电路将传感元器件一次变换后得出的电信号进一步放大、调理及转换，变成易于传输的输出信号，或者还需要将某些误差补偿掉，将干扰抑制掉。在直读式数字仪表中，常需要用电子电路将传感器输出的模拟信号转换成数字信号（模/数转换）来控制数码管显示数据。至于带有微机系统的检测仪器或检测系统，电子电路更是其重要的组成部分。可以说，现代检测仪器已经是电子化的仪器，不仅信号转换与数据处理属于电子技术领域，而且许多非电量传感元器件本身也属于电子元器件，如硅压阻式压力传感器、PN 结温度传感器、光敏二极管、半导体气敏传感器等。因此，研究检测仪器电子电路已成为检测技术领域、仪器仪表工业的一个重要分支。

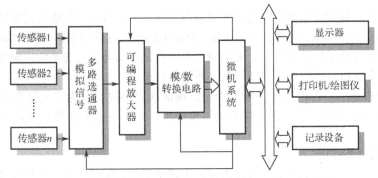

图 1-2 多参数检测仪器结构示意图

1.3 检测系统的发展趋势

1. 成为国家战略目标

现代检测仪器（系统）发展已成为许多国家的一项战略措施。发达国家中的科学仪器的发展，已从自发状态转入有意识、有目标的政府行为上来。美国、日本、欧洲等发达国家和地区早已制定各自的发展战略并锁定目标，而且有专门的投入，以加速原创性仪器的发明、发展、转移（化）和产业化进程。

2. 应用广泛

当今的检测技术在生物、医学、材料、航天、环保、国防等直接关系到人类生存和发展的诸多领域中取得了引人注目的成就。研究的尺度深入到介观（Mesoscopic，包含纳米技术）和微观，要求不仅能确定分析对象中的元素、基因和含量，而且能回答原子的价态、分子结构和聚集态、固体结晶形态、短寿命反应中间产物的状态和生命化学物理进程中的激发态；不但能提供在自在状态下的分析数据，而且可进行表面、内层和微区分析，甚至可进行三维立体扫描分析和提供时间分群数据。因此，发展高分辨率、高选择性、高灵敏度的活体动态研究技术、原位技术、非接触（无损）测定技术等已成为趋势，发展超快时间分辨技术和超高空间分辨技术已成为仪器发展新的追求目标。

检测研究的对象和过程已从静态转入动态。国际上正在大力发展集采样、样品处理（制作）、自动检测分析和结果输出于一身的流程分析系统，并发展现场和实时的研究手段。生命科学等复杂体系研究的瓶颈是缺乏灵敏、有效和快速的现场或实时的研究手段，解决这一问题的突破口在于发展新的检测原理和新的检测仪器。

3. 向智能化、微型化、芯片化发展

现代检测仪器（系统）的研制和生产趋向智能化、微型化、集成化、芯片化和系统工程化。

利用现代微机电系统 MEMS（光、机、电）、纳米技术、计算机技术、仿生学原理、新材料等高新技术发展新式的科学仪器已成为主流，如微型全化学分析系统、微型实验室、生物芯片等。

例如，正在发展的芯片型自动分析元器件，不仅有检测功能，而且可以执行分离、反应等操作。综合这些芯片的功能将组成微型的分析仪器，进而形成芯片实验室。现在用于基因及基因组研究的元器件包括微流量分配装置、微电泳仪、微聚合酶链式反应仪（微 PCR 仪）等。这些分离分析元器件可做在玻璃、熔融石英或塑料上，大小犹如芯片，具备某些"传统的"分离、分析仪器的功能。

在微型元器件、微处理器高度发展的基础上研究和开发小型价廉而又准确可靠的家用和个人分析仪器有着广阔的市场前景。

嵌入式系统也在检测系统中扮演着越来越重要的角色。采用单片机嵌入式系统构成的检测仪器或检测装置屡见不鲜，基于数字信号处理器（DSP）的嵌入式系统利用DSP高速、高精度的特点在信号处理方面得到了广泛的应用。采用ARM架构处理器的嵌入式系统，因其性能强、功耗低、成本低等诸多优点，已经成为许多检测仪器的核心单元。

另外，在一些重大、前沿的科学研究中，检测的研究手段已成为重大复杂的研究内容，如大型天文望远镜、高能粒子加速器、航天遥感系统等，都是由诸多高新技术武装起来的分系统集成的。

4．通信方式的多样化

检测系统的通信方式功能强大，方式多样，实现了系统之间的互联、信息互换和互用，成为现代检测系统发展的一个重要标志。

通用串行总线（Universal Serial Bus，USB）已在现代检测系统、检测仪器中广泛应用。USB具有可热拔插、接口体积小、通信速度快的特点。USB 2.0的峰值传输速率可以到达480Mbit/s；它有4种传输类型：批量传输、同步传输、中断传输和控制传输，能满足多种需要。USB性能可靠、提供电源，支持主机与设备之间的多数据流和多消息流传输，且支持同步传输和异步传输类型。目前USB 3.0也开始得到应用，和USB 2.0相比，USB 3.0新增了5个触点，支持全双工通信。其中4个触点为USB 3.0的全双工数据线（2个触点为数据输出，2个触点为数据输入），采用发送列表区段的方式进行数据发包。USB 3.0供电标准可达900mA，并支持光纤传输，而采用光纤时其速率可达25Gbit/s。

IEEE1394是一种高速串行总线，它的特点是支持高速传输，支持100Mbit/s、200Mbit/s和400Mbit/s的传输速率；支持热拔插，即插即用，使用更加方便。IEEE1394采用树形或者菊花链拓扑结构，每条总线最多可以连接63台设备。一些低功耗设备也可以通过总线获得电源。

现场总线（Field Bus）是一类总线的总称，如Profibus、CAN、LonWorks等。其中，较新的总线有LXI总线。现场总线的特点是具有较高的开放性、互操作性和互用性，可以与任何遵守相同标准的其他设备或者系统相连，实现设备互连、系统间的信息传输和互换、互用。现场总线系统的结构具有高度分散性和对现场环境的适应性。现场总线的物理层采用RS-485标准，能够支持双绞线、同轴电缆、光缆、射频、红外线、电力线等传输媒介，具有较强的抗干扰能力，能采用两线制实现供电与通信，并可满足安全防爆等要求。

5．检测仪器网络化

由于仪器自动化、智能化水平的提高，多台仪器连网已推广应用，虚拟仪器、三维多媒体等新技术开始实用化。在如今这个网络化的时代，通过互联网，仪器用户之间可异地交换信息，厂商能直接与异地用户交流，能及时完成如仪器故障诊断、指导用户维修或交换新仪器改进的数据、软件升级等工作。仪器操作过程更加简化，功能更换和扩张更加方便。检测系统（仪器）网络化是今后检测技术发展的必然道路。今后可能会出现"网络就是仪器"的发展方向，具备网络功能的各种测量仪器会不断地问世，使仪器技术上升到一个崭新的阶段。

测试系统的发展趋势

测试与测量

测试总线

第 2 章 运算放大器

2.1 概述

运算放大器（Operational Amplifier，OPA）简称运放，是于 20 世纪 40 年代作为模拟计算机功能元器件开发出来的。在过去的模拟计算机中，通过对放大器施加特殊的负反馈以实现加、减、乘、除的原始运算甚至微积分运算。如今模拟计算机虽早已消失，但是运算放大器在信号调理中是不可或缺的元器件，检测系统中需要用到各种类型的放大器，市场上也可以看到各种高性能、低价格、使用方便的单片集成化运算放大器，在电路设计时，它可与晶体管、电阻和电容等一样作为基本元器件进行处理，而且，更高性能的新产品正在不断推出。

2.1.1 运算放大器的发展与分类

到 20 世纪末，运算放大器已发展了四代产品。第一代是差动运算放大器电路实现半导体集成化的初期产品，目前已被淘汰；第二代以采用有源负载为标志；第三代以超 β 晶体管作为差分输入级为特点；第四代采用斩波器式的斩波稳定放大器（Chopper Stabilized Amplifier）。第四代运算放大器采用了中、大规模集成技术，其质量性能指标已接近理想运算放大器。

运算放大器是一种高增益的直接耦合放大器。它有两个输入端和一个输出端，运算放大器的符号如图 2-1 所示。其中"+"代表同相输入端，"-"代表反相输入端。

理想运算放大器的输入、输出满足

$$V_o = A_o (V_p - V_n) \tag{2-1}$$

式中，A_o 是放大器的开环电压增益。

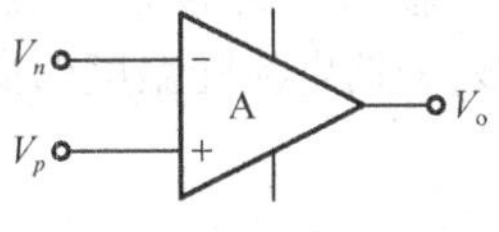

加上不同的外接反馈网络之后，运算放大器能实现多种电路功能，如加法器、减法器、积分器、微分器、滤波器、对数放大器、检波器、波形发生器、稳压源、恒流源和其他各种信号变换电路等。可以说，运算放大器是应用最广、通用性最强的一种线性集成电路。运算放大器按产品的性能一般分为通用型、高速型、高阻型、高压型、宽带型、高精度型、大功率型、跨导型、低功耗型和低漂移型等；按照生产工艺来分，又可分为双极型、双性-场效应型、MOS 型和组合结构的特殊型。

图 2-1 运算放大器的符号

2.1.2 运算放大器的主要参数

运算放大器的性能是通过它的参数表现出来的，描述运算放大器的参数有很多，这里主要介绍 15 个运算放大器参数。

1. 输入失调电压 V_{os}

【定义】在运算放大器的输入端外加一个直流补偿电压，使放大器的输出端为零电位，则所加的补偿电压值即输入失调电压值。

输入失调电压主要是由放大器输入级的失配引起的。以双极型晶体管为输入级的运算放大器，V_{os} 一般在±50mV 范围内。输入失调电压是温度的函数，双极型运算放大器的输入失调电压的温度漂移与 V_{os} 本身的大小成正比，且可用式（2-2）来近似估算，

$$\frac{\partial V_{os}}{\partial T} = \frac{V_{os}}{T} \tag{2-2}$$

在室温下，$T=298K$（25℃），每毫伏（mV）失调电压引起的温漂为 3.3μV/℃，使用时可取

$$\frac{\partial V_{os}}{\partial T} = (0.003 \sim 0.004)V_{os} \tag{2-3}$$

2. 输入偏置电流 I_{ib}

【定义】当输入信号为零时，运算放大器两输入端静态输入电流的平均值叫作输入偏置电流，以符号 I_{ib} 表示。输入偏置电流也是在输出电平为零的条件下定义的，但是实际上这个条件的影响极小，可以不提。

双极型运算放大器的 I_{ib} 是两输入管的基极电流的平均值，而以结型或 MOS 型场效应管为输入级的运算放大器，I_{ib} 是两输入管栅极电流的平均值。I_{ib} 与放大器的输入阻抗直接相关，I_{ib} 越小，输入阻抗越高。双极型运算放大器的 I_{ib} 从几微安（μA）到几纳安（nA），而以 MOS 型场效应管为输入级的运算放大器的 I_{ib} 可低至皮安（pA）级。输入偏置电流也是温度的函数。双极型放大器的 I_{ib} 随着温度的升高而下降，即

$$\frac{\partial I_{ib}}{\partial T} = CI_{ib} \tag{2-4}$$

$$C = \begin{cases} -0.005/℃ & (T > 25℃) \\ -0.015/℃ & (T < 25℃) \end{cases} \tag{2-5}$$

以结型场效应管为输入级的放大器，温度每上升 10℃，I_{ib} 约增加 1 倍。

3. 输入失调电流 I_{os}

【定义】当输入信号为零时，运算放大器两输入端静态输入电流之差叫作输入失调电流，以符号 I_{os} 表示。严格来讲，输入失调电流是在运算放大器的输出直流电平为零的情况下定义的，但实际上输出电平对 I_{os} 的影响极小，所以这个条件也可不提。

输入失调电流是由放大器输入级的失配引起的，且随温度的变化而变化。双极型运算放大器输入失调电流随温度的变化规律可近似表示为

$$\frac{\partial I_{os}}{\partial T} = CI_{os}$$

$$C = \begin{cases} -0.005/℃ & (T > 25℃) \\ -0.015/℃ & (T < 25℃) \end{cases} \tag{2-6}$$

4. 静态功耗 P_{co}

【定义】在无外接负载的情况下，对于额定的电源电压，运算放大器本身所消耗的正、负电源的总功率叫作静态功耗，以符号 P_{co} 表示。

5. 开环电压增益 A_o

【定义】运算放大器在开环时，输出电压增量与输入差模电压增量之比叫作开环电压增益，以符号 A_o 表示。即

$$A_o = \frac{\Delta V_o}{\Delta V_i} \tag{2-7}$$

或

$$A_o = 20 \lg \frac{\Delta V_o}{\Delta V_i} \tag{2-8}$$

运算放大器的开环电压增益目前可以从 60dB 直到 140dB。

6. 共模抑制比 CMRR

运算放大器应该放大的是输入差模电压，并要削弱共模电压的影响。共模抑制比表示的就是

放大器的这种能力。

【定义】运算放大器的差模电压增益与共模电压增益之比叫作共模抑制比,以 CMRR 表示。即

$$\text{CMRR} = \frac{A_{\text{def}}}{A_{\text{com}}} \tag{2-9}$$

或

$$\text{CMRR (dB)} = 20\lg \frac{A_{\text{def}}}{A_{\text{com}}} \tag{2-10}$$

通常,运算放大器的共模抑制比为 60~120dB。

通常,运算放大器芯片参数给出的 CMRR 是输入信号为直流信号时的值。由于频率增加时,CMRR 会降低,因此,当处理信号频率为 1kHz 以上的同相放大器时,需要注意 CMRR 降低引起的误差。

7. 最大输出幅度 V_{om}

【定义】在规定的电源电压和负载电阻下,运算放大器能够输出的最大峰-峰电压值叫作最大输出幅度,以符号 V_{om} 表示。

对于实际运算放大器,若输入电压太大,则输出信号接近正、负电源电压而进入饱和状态时,开始出现失真。例如,运算放大器 NJM4580(双运放)电源电压范围是±15V 时,它的最大输出电压范围为±13.5V。一般来说,V_{om} 随电源电压和负载的变化而变化。

运算放大器输出饱和前的电压称为最大输出电压。另外,负饱和前电压到正饱和前电压的范围称为输出动态范围。有些运算放大器可以输出到正、负电源电压的极值,称为满幅度或者轨对轨(Rail to Rail)输出运算放大器。

8. 开环带宽 f_{BW}

【定义】运算放大器的开环电压增益随信号频率的升高而下降。当开环增益下降到直流增益的 0.707 倍(-3dB)时的信号频率叫作放大器的开环带宽,以符号 f_{BW} 表示。

9. 单位增益带宽 GB

【定义】运算放大器在 1∶1 的比例放大状态下,当闭环增益下降到 0.707 时的频率叫作单位增益带宽(闭环-3dB 带宽)。当然,也可定义为,开环增益下降到 1 时的频率叫作单位增益带宽,以符号 GB 表示。

10. 电源电压抑制比 SVR

【定义】运算放大器供电电源的单位电压变化引起的等效输入失调电压的变化叫电源电压抑制比,用符号 SVR 表示。

通常,运算放大器芯片参数给出的 SVR 是输入信号为直流信号时的值,频率升高时该值降低。另外,正、负电源不同 SVR 特性也不同。仅单电源变化比正、负电源电压变化对输入失调电压的影响大。为了减小 SVR 的影响,可在正、负电源中接入旁路电容。

11. 差模输入电阻 R_i

【定义】运算放大器在开环时,两输入端之间的差模电压变化量与由它引起的输入电流变化量之比叫作差模输入电阻,以符号 R_i 表示。

对于用两个双极型晶体管作差动输入级的运算放大器,其差模输入电阻与输入偏置电流 I_{ib} 的关系为

$$R_i = \frac{52\text{mV}}{I_{\text{ib}}} \tag{2-11}$$

式中,I_{ib} 越小,R_i 越大。双极型运算放大器的输入电阻可从几十千欧到几兆欧。

12. 开环输出电阻 R_o

【定义】运算放大器在开环时,输出电压增量与由它引起的输出电流增量之比叫作开环输出电阻,以符号 R_o 表示。

13. 转换速率 S_r

【定义】在大信号条件下,运算放大器的输出电压随时间的最大变化率叫作转换速率。

转换速率与放大器的电路结构、反馈深度和补偿网络有关,参数表里给出的 S_r 一般是在增益为 1 的情况下测出的。运算放大器的转换速率从每微秒零点几伏到每微秒几百伏。

如果正向与负向的转换速率不同,那么应取数值小者。

对于正弦信号,如果其满幅度输出电压为

$$V_o = \frac{1}{2} V_{om} \sin 2\pi f t \tag{2-12}$$

根据转换速率的定义,那么输入信号需满足

$$S_r = \left.\frac{dV_o}{dt}\right|_{max} \geq \pi f V_{om} \tag{2-13}$$

或

$$f \leq \frac{S_r}{\pi V_{om}} \tag{2-14}$$

14. 建立时间 T_S

【定义】当运算放大器接成 1:1 的负反馈网络,且加入大信号阶跃电压时,输出电压达到其与最终值相比误差小于规定值 δ 时所需的时间叫作建立时间,以符号 T_S 表示。

15. 最大输入共模电压 V_{icm}

【定义】放大器的正常工作状态不被破坏而在输入端所能承受的最大共模电压叫作最大输入共模电压,以符号 V_{icm} 表示。

为了保证运算放大器的正常工作,其数据表中通常会对它的一些参数的技术指标给出一定裕度。表 2-1 所示为 OP07 运算放大器的技术指标($V^+/V^-=\pm15V$,$T=25°C$)。

表 2-1 OP07 运算放大器的技术指标($V^+/V^-=\pm15V$,$T=25°C$)

项 目	符 号	条 件	最 小	标 准	最 大	单 位
输入失调电压	V_{os}	$R_S=50\Omega$	—	30	75	mV
输入失调电流	I_{os}		—	0.4	2.8	nA
输入偏置电流	I_B		—	±1.0	±3.0	nA
输入电阻	R_{IN}		20	60	—	MΩ
电压增益	A_V	$R_L \geq 2k\Omega$ $V_o=\pm10V$	200	500	—	V/mV
最大输出电压幅度	V_{om}	$R \geq 10k\Omega$	±12.5	±13	—	V
共模输入电压范围	V_{ICM}		±13	±14	—	V
共模信号抑制比	CMRR	$V_{CM}=\pm13V$	110	125	—	dB
转换速率	S_r	$R_L \geq 2k\Omega$	0.1	0.3	—	V/μs
带宽	f_{BW}		0.4	0.6	—	MHz

在超过绝对最大额定值条件下工作时,实际上元器件往往已被破坏,由此可知这种参数不可能有裕度。电源电压最大值随运算放大器相对规格值的裕量变化而变化。差模与共模输入电压范围几乎都没有裕量。若消耗功率比较大,则特性变化也较大,因此,不能在额定值极限时使用运算放大器。

2.2 运算放大器的应用基础

2.2.1 理想运算放大器

理想运算放大器是指各项参数都等于理想值的放大器。理想运算放大器的主要条件：开环电压增益无穷大；输入阻抗无穷大；输出阻抗为零；输入失调电压为零；共模抑制比无穷大；带宽无穷大。

理想运算放大器有两个重要特性。

（1）由于其开环电压增益无穷大，当放大器输出没有饱和时，由式（2-1）得

$$V_p - V_n = \frac{V_o}{A_o} \to 0 \tag{2-15}$$

即理想运算放大器两输入端之间的电压差为零（"虚短"）。

（2）由于其输入阻抗无穷大，所以输入偏置电流及信号电流均为零（"虚断"）。

虽然理想运算放大器是不能获得的，但是掌握理想运算放大器的概念和上述的两个特性是非常重要的。这是因为用理想运算放大器分析应用电路问题不但十分简便，而且所得的结果与实际运算放大器相差甚小。运算放大器在接负反馈网络时称为闭环，不接负反馈网络时称为开环。在大多数应用场合，运算放大器都要接成闭环形式。实际式（2-15）成立的条件是放大器输出没有饱和，这只有当放大器处在闭环负反馈时才可能实现。

现将理想运算放大器反相输入与同相输入的闭环特性列于表 2-2 中。由表 2-2 可见，理想运算放大器的闭环特性完全由外接元器件所决定，外接元器件的比值是比较好控制的，因此通过闭环可以得到高精度的增益等特性。

表 2-2 理想运算放大器反相输入与同相输入的闭环特性

	电路		
反相输入	（电路图）	电压增益	$-\dfrac{R_F}{R_r}$
		输入阻抗	R_r
		输出阻抗	0
同相输入	（电路图）	电压增益	$1 + \dfrac{R_F}{R_r}$
		输入阻抗	∞
		输出阻抗	0

同相输入与反相输入是运算放大器的两种基本输入方式，二者各有特点。

（1）同相输入的电压增益恒大于 1，而输出信号与输入信号的相位相同。反相输入的电压增益可大于 1，也可小于 1，且输出信号与输入信号的相位相反。

（2）由于运算放大器两输入端之间的电位基本相等，所以，同相输入时放大器两输入端与地之间的电压都等于信号电压，即存在幅值与输入信号相等的共模输入电压；而反相输入时放大器反相端的电位非常接近地电位，但该点并没有接地，所以称为"虚地"，即反相输入时放大器不承受共模信号电压。

（3）同相输入时的输入阻抗很高，而反相输入时的输入阻抗等于外接元器件 R_r 的阻抗。

（4）同相输入与反相输入的闭环输出阻抗均为零。

应该注意，上面所讲的元器件 R_r 和 R_F，并不限于电阻，它们可以是电容或由线性元件或非线性元件组成的复杂网络，即上面讲的公式是有普遍意义的。

2.2.2 实际运算放大器的误差分析

实际运算放大器的参数总不能达到理想境界，所以分析由于实际放大器各项参数的非理想性所造成的运算误差很有必要。下面的分析假设运算放大器是线性元器件，可以采用叠加原理，在分析某种原因造成的误差时，先假设其他参数是理想的，然后用叠加原理得到综合误差。

1. 开环电压增益的影响

在分析放大器开环增益有限时的误差时，可先假设放大器的输入阻抗为无穷大，只讨论开环增益有限时对闭环增益的影响。

1）反相输入放大器

图 2-2 所示为反相输入放大器。当放大器的开环增益有限时，图 2-2 中 n 点的电位不再是零，而是

$$V_n = -\frac{V_o}{A_o}$$

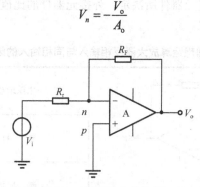

图 2-2　反相输入放大器

假设放大器的输入阻抗无穷大，即流过 R_r 与 R_F 上的电流相等，则

$$\frac{V_i + \dfrac{V_o}{A_o}}{R_r} = \frac{-\dfrac{V_o}{A_o} - V_o}{R_F} \tag{2-16}$$

解得闭环增益为

$$A_r' = \frac{V_o}{V_i} = \frac{-\dfrac{R_F}{R_r}}{1 + \dfrac{1}{A_o} + \dfrac{R_F}{R_r A_o}} \tag{2-17}$$

令

$$LG = \frac{R_r}{R_r + R_F} A_o \tag{2-18}$$

LG 叫作环增益，则

$$A_{\mathrm{f}}' = \frac{-\dfrac{R_{\mathrm{F}}}{R_{\mathrm{r}}}}{1+\dfrac{1}{\mathrm{LG}}} \tag{2-19}$$

式（2-19）中的分子部分正是理想放大器的反相输入闭环增益，所以式（2-19）也可写成

$$A_{\mathrm{f}}' = \frac{\text{理想增益}}{1+\dfrac{1}{\mathrm{LG}}} \tag{2-20}$$

当开环增益 $A_{\mathrm{o}} \to \infty$ 时，$\mathrm{LG} \to \infty$，则实际增益 A_{f}' 等于理想增益 A_{f}。

2）同相输入放大器

同相输入放大器如图 2-3 所示。如果放大器的开环增益为有限值，则由

$$V_p - V_n = V_\mathrm{i} - V_n = \frac{V_\mathrm{o}}{A_\mathrm{o}} \tag{2-21}$$

可得

$$V_n = V_\mathrm{i} - \frac{V_\mathrm{o}}{A_\mathrm{o}} \tag{2-22}$$

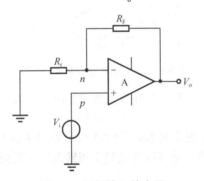

图 2-3　同相输入放大器

设放大器的输入阻抗无穷大，即流过 R_r 与 R_F 的电流相等，则

$$\frac{V_n}{R_\mathrm{r}} = \frac{V_\mathrm{o} - V_n}{R_\mathrm{F}} \tag{2-23}$$

将式（2-22）代入式（2-23），经过整理得到同相输入时的闭环增益为

$$A_\mathrm{f}' = \frac{V_\mathrm{o}}{V_\mathrm{i}} = \frac{1+\dfrac{R_\mathrm{F}}{R_\mathrm{r}}}{1+\dfrac{1}{A_\mathrm{o}}+\dfrac{R_\mathrm{F}}{R_\mathrm{r}A_\mathrm{o}}} \tag{2-24}$$

或

$$A_\mathrm{f}' = \frac{1+\dfrac{R_\mathrm{F}}{R_\mathrm{r}}}{1+\dfrac{1}{\mathrm{LG}}} = \frac{\text{理想增益}}{1+\dfrac{1}{\mathrm{LG}}} \tag{2-25}$$

即当开环增益不是无穷大时，闭环增益 A_f' 不再等于理想增益。换句话说，在这种情况下用理想运算放大器的闭环增益公式就会有一定的误差。

式（2-20）与式（2-25）形式完全相同，如果令实际增益与理想增益的相对误差为 δ，那么

由式（2-20）与式（2-25）可知

$$\delta = \frac{\text{理想增益} - \text{实际增益}}{\text{实际增益}} = \frac{1}{LG} \tag{2-26}$$

这表明，由开环增益有限引进的误差对同相输入与反相输入放大器来说都等于环增益的倒数。由式（2-18）知，环增益不但与放大器的开环增益有关，还与外接反馈电阻有关。开环增益越大，$\frac{R_F}{R_r}$ 越小，误差也越小。例如，当开环增益为 100dB，闭环增益为 40dB 时，增益误差为 0.1%。如果闭环增益达到 60dB（1000 倍），那么增益误差可达到 1%。由此可见，如果闭环增益高，那么要求放大器的开环增益也要高。

2. 输入失调电压的影响

由式（2-1）知，当理想运算放大器的输入信号为零时，其输出电压也是零。但是对于实际运算放大器，由于其输入失调电压不是零，并不满足零输入时零输出的条件。根据定义，输入失调电压等于使输出为零而在输入端所加的补偿电压。因此，在仅考虑输入失调电压时，实际运算放大器可用图 2-4 来等效。图 2-4 所示为输入失调电压的等效电路。其中虚线右边是理想运算放大器。V_{os} 的极性是随机的，图 2-4 中的极性是任意假定的。

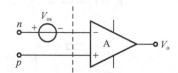

图 2-4 输入失调电压的等效电路

由图 2-4 可知，当 n 与 p 接地时，开环放大器的输出电压为

$$V_o = A_o V_{os} \tag{2-27}$$

当接成闭环形式时，图 2-4 变成图 2-5。图 2-5 所示为闭环放大器的失调电路。注意失调电压可以等效到放大器的同相输入端，也可以等效到反相输入端（见图 2-5），但是不能等效到图 2-5 中 B 点的左边支路上。

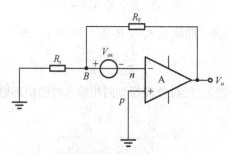

图 2-5 闭环放大器的失调电路

设放大器的开环增益与输入阻抗都是无穷大。则

$$V_n = V_p = 0$$

$$V_B = V_{os} = \frac{R_r}{R_r + R_F} V_o \tag{2-28}$$

或

$$V_o = \left(1 + \frac{R_F}{R_r}\right) V_{os} \tag{2-29}$$

式（2-29）的推导过程并未涉及输入方式问题，所以它对同相输入及反相输入都适用。实际上如果将 V_{os} 等效到图 2-5 中的放大器的同相端，那么利用同相输入放大器的增益公式可以直接得到这个结果。

3．输入失调电流的影响

设运算放大器两输入端的偏置电流分别为 I_{B1} 和 I_{B2}，闭环放大器的输入偏置电路如图 2-6 所示。在分析输入失调电流的影响时，假设放大器的其他参数都是理想的。

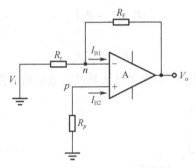

图 2-6　闭环放大器的输入偏置电路

根据叠加原理，图 2-6 的输出电压应由两部分叠加而成：一部分是 I_{B1} 引起的，另一部分是 I_{B2} 引起的，而且在分析其中的任何一个电流时，都可把另一个视为零。首先看 I_{B2} 的影响。I_{B2} 流过 R_p 后在同相输入端 p 产生一个电压 V_p，则

$$V_p = -I_{B2} R_p$$

由理想运算放大器的同相输入增益公式知，由 I_{B2} 引起的输出电压为

$$V_{os} = -I_{B2} R_p \left(1 + \frac{R_F}{R_r}\right) \tag{2-30}$$

再看 I_{B1} 的影响。在分析 I_{B1} 的影响时，令 $I_{B2}=0$，即 $V_p=0$。假设放大器的开环电压增益无穷大，即保证 $V_n=V_p=0$，则 R_r 上的电流为零，I_{B1} 全部流过 R_F。所以，由 I_{B1} 产生的输出电压为

$$V_{o1} = I_{B1} R_F \tag{2-31}$$

总的输出电压为

$$V_o = V_{o1} + V_{o2} = I_{B1} R_F - I_{B2} R_p \left(1 + \frac{R_F}{R_r}\right) \tag{2-32}$$

适当选取 R_p，可以使式（2-32）右边两项数值相等，则由 I_{B1} 和 I_{B2} 引起的输出失调可以互相抵消。不过这在实际电路中很难做到，一般取

$$R_p = R_r // R_F \tag{2-33}$$

则

$$V_o = (I_{B1} - I_{B2}) R_F = I_{os} R_F \tag{2-34}$$

一般 I_{os} 要比 I_B 小一个数量级，因此按照式（2-33）选择 R_p 是合适的。这样，由输入失调电压和输入失调电流引起的输出失调为

$$V_o = \left(1 + \frac{R_F}{R_r}\right) V_{os} + R_F I_{os} \tag{2-35}$$

V_{os}、I_{os} 可正可负，计算误差时总是考虑它们可能引起的最大误差，因此在用式（2-35）计算时应该取 V_{os}、I_{os} 符号相同的情况估算输出失调。

输出失调其实就是输出误差，为了排除增益的因素而直接与输入信号进行比较，可把输出失

调除以闭环增益,得出由 V_{os} 和 I_{os} 引入的等效输入误差。将式(2-35)分别除以反相输入及同相输入的闭环增益,得到输入失调误差。

反相输入:

$$V_o = \left(1 + \frac{R_r}{R_F}\right)V_{os} + R_r I_{os} \tag{2-36}$$

同相输入:

$$V_o = V_{os} + R_p I_{os} \tag{2-37}$$

其中

$$R_p = R_r // R_F$$

反相输入放大器的等效电路和同相输入放大器的等效电路如图2-7和图2-8所示。

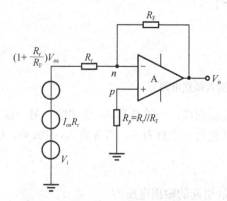
图2-7 反相输入放大器的等效电路

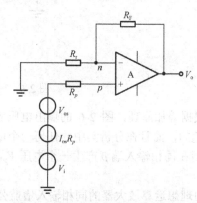
图2-8 同相输入放大器的等效电路

其中 R_r 和 R_p 既包括外接电阻,又包括信号源内阻。当信号源内阻很大时,由输入失调电流引进的误差是主要的;反之,由输入失调电压引进的误差是主要的。

输入失调电压及输入失调电流均随温度、时间和电源电压而变。所以,由它们引进的误差也随这些因素而变,这种变化叫作温漂(温度漂移)。若仅考虑温度漂移,则在温度变化 ΔT 时,输出漂移量为

$$\Delta V_o = \left(1 + \frac{R_F}{R_r}\right)\frac{\partial V_{os}}{\partial T}\Delta T + R_F \frac{\partial I_{os}}{\partial T}\Delta T \tag{2-38}$$

由式(2-36)和式(2-37)可求得反相输入放大器和同相输入放大器的输入端温漂量。

反相输入:

$$\Delta V_o = \left(1 + \frac{R_r}{R_F}\right)\frac{\partial V_{os}}{\partial T}\Delta T + R_r \frac{\partial I_{os}}{\partial T}\Delta T \tag{2-39}$$

同相输入:

$$\Delta V_o = \frac{\partial V_{os}}{\partial T}\Delta T + R_p \frac{\partial I_{os}}{\partial T}\Delta T \tag{2-40}$$

由式(2-2)和式(2-6)知

$$\frac{\partial V_{os}}{\partial T} = \frac{V_{os}}{T}$$

$$\frac{\partial I_{os}}{\partial T} = CI_{os} \approx -0.01 I_{os}$$

由此可见,放大器的温漂不仅与运算放大器的 V_{os} 和 I_{os} 有关,还与外接电阻有关。此外,反

相输入与同相输入网络的输出温漂是相同的,但是折算到输入端之后却不相同,前面的式子明显说明了这一点。(注意:图 2-7 中将误差等效到了放大器电路求和点的外边,才会有式(2-39)这样的结果,如果等效到求和点内,那么等效到输入端的误差大小和式(2-40)是相同的,大家可以自己推导一下。)

失调在运放输入端的等效计算

4. 由共模抑制比引进的误差

在许多应用中,运算放大器两个输入端的信号是同向的,即都是正或都是负的。此时将两信号的平均值定义为共模信号,以 V_c 表示。两信号的差叫作差模信号,以 V_d 表示。即

$$V_c = \frac{1}{2}(V_p + V_n) \tag{2-41}$$

$$V_d = V_p - V_n \tag{2-42}$$

放大器的输出电压为

$$V_o = A_{def}V_d + A_{com}V_c \tag{2-43}$$

式中,A_{com} 是放大器的共模增益;A_{def} 是差模增益,也就是开环增益 A_o。

理想运算放大器的共模增益为零,所以,输出电压中只有差模电压成分。实际放大器的共模增益不是零,所以输出电压中除了差模电压,还有一定的共模电压成分存在。

将式(2-9)代入式(2-43),得到

$$V_o = A_{def}V_d + A_{com}V_c = A_o\left(V_d + \frac{V_c}{CMRR}\right) \tag{2-44}$$

式(2-44)的括号中为等效的差模输入,其中 $\frac{V_c}{CMRR}$ 可看作由于共模抑制比有限而引入的误差项。所以,共模抑制比也等于共模电压 V_c 与由它引进的等效输入误差 $\frac{V_c}{CMRR}$ 之比。

由式(2-44)可得到实际运算放大器的共模误差模型,图 2-9 所示为共模误差模型。

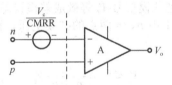

图 2-9 共模误差模型

下面以图 2-10 所示的电压跟随器为例进行说明。由图可知,放大器的共模输入电压为

$$V_c = \frac{V_p + V_n}{2} \approx V_i \tag{2-45}$$

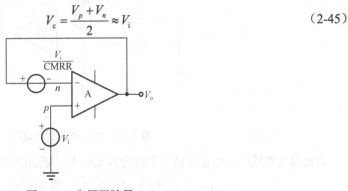

图 2-10 电压跟随器

而输出电压为

$$V_o = \frac{V_c}{\text{CMRR}} - \frac{V_o}{A_o} + V_i \tag{2-46}$$

解得

$$V_o = \frac{1 + \frac{1}{\text{CMRR}}}{1 + \frac{1}{A_o}} V_i \tag{2-47}$$

由此可见,在做电压跟随器时,开环增益与共模抑制比是同等重要的。

下面,讨论一下闭环差动放大器的共模抑制能力。差动放大器的典型电路如图 2-11 所示,V_c 是外加的共模电压。

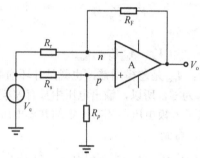

图 2-11 差动放大器的典型电路

图 2-11 的输出电压由两部分叠加而成:一部分是 V_c 加到同相端和反向端之后,由于同相输入和反相输入的增益不同而形成的,以 V_{o1} 表示,

$$V_{o1} = \left(V_c \frac{R_p}{R_s + R_p}\right)\left(1 + \frac{R_F}{R_r}\right) - V_c \frac{R_F}{R_r} \tag{2-48}$$

第二部分可用图 2-9 的模型把共模信号 V_c 等效成差模误差信号来处理,如图 2-12 所示。但应注意,图 2-12 中的 V_c' 是图 2-11 中 n、p 两点的共模电压,而不是外加共模信号电压 V_c。由图 2-11 知,

$$V_c' \approx V_p = \frac{R_p}{R_s + R_p} V_c \tag{2-49}$$

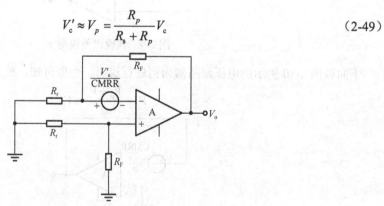

图 2-12 共模电压等效电路

假设放大器的开环增益与输入阻抗均为无穷大,则仿照式(2-29)的推导方法,可以得出

$$V_{o2} = \left(1 + \frac{R_F}{R_r}\right)\frac{V_c'}{\text{CMRR}} = \left(1 + \frac{R_F}{R_r}\right)\frac{R_p}{R_s + R_p}\frac{V_c}{\text{CMRR}} \tag{2-50}$$

总的输出等于 V_{o1} 与 V_{o2} 之和。

若严格选配电阻，使

$$\frac{R_F}{R_r} = \frac{R_p}{R_s} \tag{2-51}$$

则

$$V_o = \frac{R_F}{R_r} \frac{V_c}{\text{CMRR}} \tag{2-52}$$

即差动放大器输出信号中共模成分的大小不仅与所用运算放大器的共模抑制比有关，还与电阻匹配及闭环增益有关。

2.3 测量放大器

在工业自动控制等领域中，有许多传感器的输出是双端差分输出。例如，硅压阻式传感器，传感元器件构成四臂电桥，输出是电桥的两端，输出信号中有用信号是差模电压，变化范围大约为几十毫伏，而共模电压则可能有若干伏，对这种传感器放大需要放大器对差模电压有很好的放大功能，而对共模电压则必须有很强的抑制能力。一般对测量电路的基本要求如下。

（1）高输入阻抗：以减轻信号源的负载效应和抑制传输网络电阻不对称引入的误差。
（2）高共模抑制比：以抑制各种共模干扰引入的误差。
（3）高增益及宽的增益调节范围：以适应信号源电平的宽范围。
（4）非线性误差要小。
（5）零位的时间及温度稳定性要高，零位可调，或者能自动校零。
（6）具有优良的动态特性，即放大器的输出信号应尽可能快地跟随输入信号变化而变化。

单个放大器同时满足上述要求是比较困难的。通常采用多运放组合的测量放大器来满足。多运放组合的典型组合方式：二运放同相串联式测量放大器（见图 2-13）；三运放同相并联式测量放大器（见图 2-14）及四运放高共模抑制测量放大器（见图 2-15）。

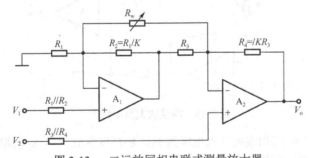

图 2-13　二运放同相串联式测量放大器

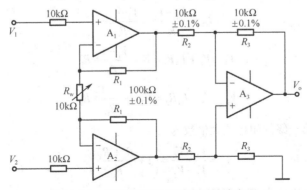

图 2-14　三运放同相并联式测量放大器

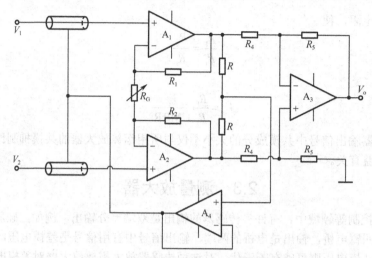

图 2-15 四运放高共模抑制测量放大器

本节主要研究三运放同相并联式测量放大器。

2.3.1 测量放大器的增益

三运放结构的测量放大器由两级组成,两个对称的同相放大器构成第一级,第二级为差动放大器——减法器,图 2-16 所示为测量放大器电路图。

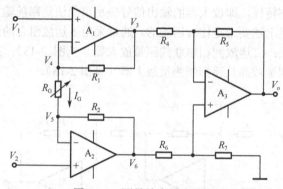

图 2-16 测量放大器电路图

设加在运算放大器 A_1 同相端的输入电压为 V_1,加在运算放大器 A_2 同相端的输入电压为 V_2,若 A_1、A_2、A_3 都是理想运算放大器,则 $V_1=V_4$,$V_2=V_5$,

$$I_G = \frac{V_4 - V_5}{R_G} = \frac{V_1 - V_2}{R_G}$$

$$V_3 = V_4 + I_G R_1 = V_1 + \frac{V_1 - V_2}{R_G} R_1$$

$$V_6 = V_5 - I_G R_2 = V_2 - \frac{V_1 - V_2}{R_G} R_2$$

所以测量放大器第一级的闭环放大倍数为

$$A_{f1} = \frac{V_3 - V_6}{V_1 - V_2} = \left(1 + \frac{R_1 + R_2}{R_G}\right) \tag{2-53}$$

整个放大器的输出电压为

$$V_o = V_6\left[\frac{R_7}{R_6+R_7}\left(1+\frac{R_5}{R_4}\right)\right] - V_3\frac{R_5}{R_4} \tag{2-54}$$

为了提高电路的抗共模干扰能力和抑制漂移的影响，应根据上下对称的原则选择电阻，若取 $R_1=R_2$，$R_4=R_6$，$R_5=R_7$，则输出电压为

$$V_o = \frac{R_5}{R_4}(V_6-V_3) = -\left(1+\frac{2R_1}{R_G}\right)\frac{R_5}{R_4}(V_1-V_2) \tag{2-55}$$

第二级的闭环放大倍数为

$$A_{f2} = \frac{V_o}{V_6-V_3} = \frac{R_5}{R_4} \tag{2-56}$$

整个放大器的闭环放大倍数为

$$A_f = \frac{V_o}{V_1-V_2} = -\left(1+\frac{2R_1}{R_G}\right)\frac{R_5}{R_4} \tag{2-57}$$

若取 $R_4=R_5=R_6=R_7$，则 $V_o=V_6-V_3$，$A_{f2}=1$，

$$A_f = -\left(1+\frac{2R_1}{R_G}\right) \tag{2-58}$$

由式（2-57）或式（2-58）可看出，改变电阻 R_G 的大小，可方便地调节放大器的增益。在集成化的测量放大器中，R_G 是外接电阻，用户可根据整机的增益要求来选择 R_G 的值。

2.3.2 失调参数的影响

假设由三个运算放大器的失调电压 V_{os} 及失调电流 I_{os} 所引起的误差电压折算到各运算放大器输入端的值分别为 ΔV_1、ΔV_2 和 ΔV_3，测量放大器的失调误差如图 2-17 所示。为分析简单，假设输入信号为零，则输出误差电压为

$$\Delta V_o = -\left(1+\frac{2R_1}{R_G}\right)\frac{R_5}{R_4}(\Delta V_1-\Delta V_2) + \Delta V_3\left(1+\frac{R_5}{R_4}\right)$$

若 $R_4=R_5$，则

$$\Delta V_o = -\left(1+\frac{2R_1}{R_G}\right)(\Delta V_1-\Delta V_2) + 2\Delta V_3 \tag{2-59}$$

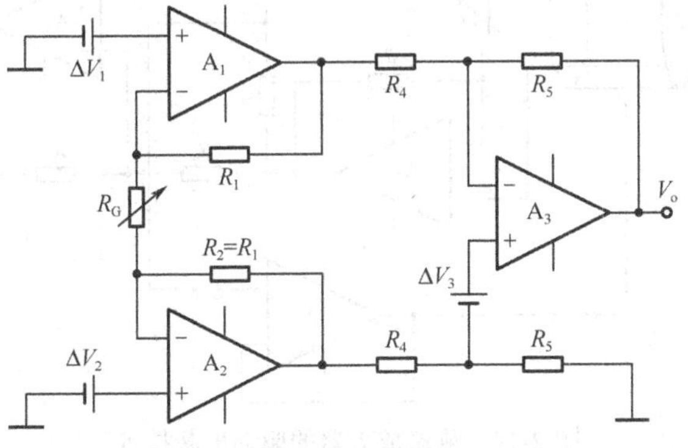

图 2-17 测量放大器的失调误差

由式（2-59）可知，图 2-17 所示极性的 ΔV_1 和 ΔV_2 所引起的输出误差是相互抵消的。若运算放大器 A_1 和 A_2 的参数匹配，则失调误差大为减小。ΔV_3 折算到放大器输入端的值为 $\Delta V_3/A_{f1}$，所以等效失调参数很小，也就是说对运算放大器 A_3 的失调参数要求可降低些。

2.3.3 测量放大器的抗共模干扰能力

有共模电压输入时,第一级放大器的输出共模电压和输入共模电压是相同的,因此第一级放大器对共模电压的放大倍数是 1,第一级放大器对差模电压的放大倍数由式(2-58)给出。因为第二级放大器是减法器电路,如果它的电阻严格匹配,那么第一级放大器输出的共模电压被抑制。在这种情况下,测量放大器具有很高的共模抑制能力。换言之,要求测量放大器有高的共模抑制能力重要的条件之一是第二级放大器的电阻匹配。此外,电路设计上通常选取 $R_1=R_2$,其目的是抵消运算放大器 A_1 和 A_2 本身共模抑制比不等造成的误差和克服失调参数及其漂移的影响。

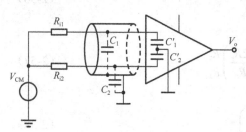

图 2-18 差动放大器

然而,对于交流共模电压,一般接法的测量放大器,不能完全抑制。因为信号的传输线之间和运算放大器的输入端均存在寄生电容,图 2-18 所示为差动放大器。分布电容(C_1+C_1')、(C_2+C_2')和传输线的电阻 R_{i1}、R_{i2} 分别构成两个等效 RC 分压器,对直流共模电压,这两个分压器不起作用,但对交流共模电压,由于(C_1+C_1')、R_{i1} 和(C_2+C_2')、R_{i2} 不可能完全一样,所以在测量放大器的两个输入端不可能得到完全一样的共模电压,而形成差模输入,从而在测量放大器的输出端就存在误差电压,而且该电压随着共模电压频率的增高而增加。

为了克服交流共模电压的影响,可在电路中采用"驱动屏蔽"技术。该技术的实质是使传输线的屏蔽层不接地,而改为跟踪共模电压相对应的电位。这样,屏蔽层和传输线之间就不存在瞬时电位差,上述的不对称分压作用也就不再存在了。三运放测量放大器中,保护电位可取自运算放大器 A_1 和 A_2 输出端的中点,可以分析一下,其电位正好是交流共模电压 V_c 的值,图 2-19 所示为测量放大器的驱动屏蔽技术。所取得的电位经运算放大器 A_4 组成的缓冲放大器放大后驱动电缆的屏蔽层,这样做较好地解决了抑制交流共模电压的干扰问题。

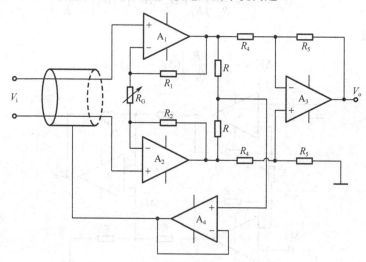

测量放大器的
驱动屏蔽技术

图 2-19 测量放大器的驱动屏蔽技术

前面已经分析了测量放大器第一级共模增益为 1,这是原理性的,即使 A_1、A_2 的共模抑制比是理想的,这个共模增益也不变。如果 A_1、A_2 的共模抑制比 $CMRR_1$、$CMRR_2$ 有限,因为 A_1、A_2 都是同相输入,那么共模抑制比有限还会带来误差,根据这种误差折算出来的测量放大器第一

级的共模抑制比为

$$CMRR_I = \frac{CMRR_1 \times CMRR_2}{|CMRR_1 - CMRR_2|} \quad (2\text{-}60)$$

当 $CMRR_1=CMRR_2$ 时，第一级共模抑制比趋于无穷，所以提高第一级共模抑制比的关键是使 $CMRR_1$ 和 $CMRR_2$ 尽量接近。

因为第二级放大器输入的共模电压还是测量放大器输入的共模电压，因此电阻不匹配，会引起共模误差。设电阻的匹配公差分别为 $R_4=R_{40}(1\pm\delta)$，$R_5=R_{50}(1\pm\delta)$，其中，R_{40}、R_{50} 分别为电阻理想值，在失配最严重的情况下，可推导出由于电阻的失配所引起的共模抑制比为

$$CMRR_R \approx \frac{1+A_{f2}}{4\delta}$$

第二级共模抑制比经推导为

$$CMRR_{II} = \frac{CMRR_R \times CMRR_3}{CMRR_R + CMRR_3} \quad (2\text{-}61)$$

式中，$CMRR_3$ 是运算放大器 A_3 本身的共模抑制比。整个放大器的共模抑制比为

$$CMRR = \frac{A_{f1}CMRR_{II} \times CMRR_I}{A_{f1}CMRR_{II} + CMRR_I} \quad (2\text{-}62)$$

当 $CMRR_I \gg A_{f1} \times CMRR_{II}$ 时，式（2-62）可简化为

$$CMRR \approx A_{f1} \times CMRR_{II} \quad (2\text{-}63)$$

为提高测量放大器的共模抑制能力，通常将第一级的增益设计得大些，而将第二级的增益设计得小些，把提高第二级的共模抑制比 $CMRR_{II}$ 放在首位，以提高整个放大器的共模抑制比。

2.3.4 测量放大器的应用

图 2-20 所示为实用并联差分输入测量放大器。为了避免信号放大过程中可能存在的高电压进入放大器造成损坏，图中使用了两个±12V 的双向 TVS（瞬态二极管）二极管 VS_1、VS_2，作为电压限幅器。当两端的电压低于 VS_1、VS_2 的击穿电压时，它们对电路的输入阻抗没有什么影响。一旦两端的电压超过其击穿电压，则 VS_1、VS_2 迅速导通，使其两端的电压不会大于限幅的电压，从而保护了放大器。图 2-20 中电位器 R_P 用于调整电阻的比例使得电路的共模抑制比最大。调试电路时，在两输入端加载一个 1V 左右的信号（一般为 50Hz），调整电位器 R_P 使电路的输出电压最小，即共模电压增益最小，从而使共模抑制比最大。

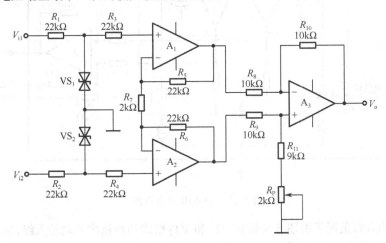

图 2-20 实用并联差分输入测量放大器

顺便指出，如果电路中有需要调整的参数，那么通常是电阻值（有时也需要调整电容值），把要调整的参数分成两部分：固定部分和可调整部分。在一般的要求时，固定部分的取值为该参数总的标称值的 90%，可变部分为 10%，如图 2-20 中的 R_{11} 和 R_P。在要求比较高时，固定部分的取值为该参数总的标称值的 98%～99%，可变部分为 1%～2%。

2.3.5 测量放大器的集成电路

由 2.3.3 节的分析可知，测量放大器性能的重要保证是电路的对称，包括电阻的对称、放大器的对称等，但是采用分立元件构成测量放大器是很难做到对称的，由于集成电路工艺可以做到电阻阻值精密的匹配、放大器参数的对称，因此实际应用中多采用测量放大器的集成电路。美国 Analog Devices 公司生产的 AD620、AD621、AD622、AD623、AD625 型测量放大器就是根据上述原理设计的典型的三运放结构单片集成电路。其他型号的测量放大器，虽然电路有所区别，但基本性能是一致的，现以 AD620（见图 2-21）、AD625 为例对测量放大器的集成电路做一个简单介绍。

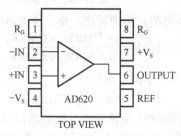

图 2-21　AD620 引脚图

AD620 是高精度、低功耗、低失调的测量放大器，它只需要外接一个电阻就可以调整增益在 1～1000 之间变化。AD620 原理框图如图 2-22 所示。电路中所有电阻都是采用激光自动修刻工艺制作的高精度薄膜电阻，用这些网络电阻构成的放大器增益精度高，最大增益温度系数误差不超过 ±10ppm/℃。

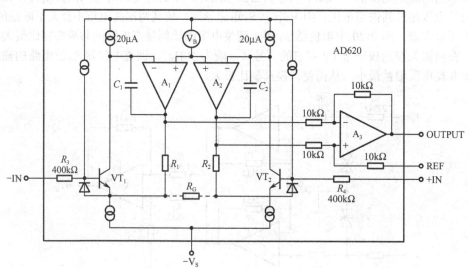

图 2-22　AD620 原理框图

AD620 的输入端采用了由超 β 晶体管 VT_1 和 VT_2 组成的高精度差动输入级，它可以减小输入基级电流，从而提高了运算放大器的输入阻抗，并且降低了输入噪声。由 Q_1—A_1—R_1 和 Q_2—A_2—

R_2 构成的闭合回路保证输入电压加到增益调整电阻 R_G 上。AD620 的内部电阻 R_1 和 R_2 均为 24.7kΩ，电路的差模电压增益为

$$A_f = 1 + \frac{49.4\text{k}\Omega}{R_G}$$

AD620 可以用于电桥传感器的前置放大器、医用血压测量仪器的前置放大器、心电图的放大电路等。

AD625 是一个软件可编程增益放大器（SPGA），它还是一种特殊设计的精密仪器放大器。其主要应用在需要非标准增益的电路（如使用 AD524、AD624 等放大器不易获得的增益）和需要廉价而精密的软件可编程增益放大电路中。

对于低噪声、高共模抑制比和低漂移的场合来说，AD625JN 是最廉价的、实用的仪器放大器。只要外加 3 个电阻，就能实现在 1～10000 的范围内任意调节增益，此时，电路的增益精度和增益温度系数主要取决于外加电阻，使用十分方便。

AD625 的主要性能如下。

（1）单片结构和激光修刻技术。
（2）无须外部电阻就可以保持高共模抑制比。
（3）放大器电路的增益精度和增益温度系数主要决定于外接的 3 个电阻。
（4）可编程增益范围为 1～10000 倍，增益的温度系数为 5×10^{-6}ppm/℃（max）。
（5）非线性误差为 0.001%（max）。
（6）带宽增益积为 25MHz。

图 2-23 所示为 AD625 的引脚图和内部电路原理图。

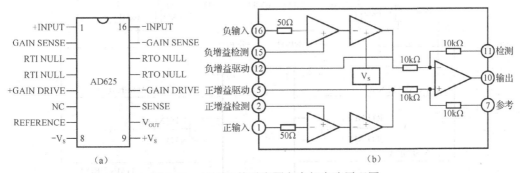

图 2-23　AD625 的引脚图和内部电路原理图

差动输入的放大器电路在使用过程中，经常会遇到输入电压超出它的线性范围的情况，过压和过流都会损坏 AD625 芯片。因此需要在芯片的输入端加接保护电路（串联电阻和二极管）。图 2-24 所示为 AD625 的输入保护电路。当增益大于 5 时，可以采用如图 2-24（a）所示电路，当增益小于 5 时，可以采用如图 2-24（b）所示电路。图 2-24 中串联电阻不仅起限流作用，还具有降低噪声的功能。二极管使输入电压钳位在电源电压和一个二极管压降之间，使 AD625 芯片避免过压的危险。

图 2-25 所示为 AD625 的可编程增益放大器。为了实现增益可程控，可以采用如图 2-25 所示电路。该电路由 AD625 和差动 4 通道模拟多路开关（AD7502）组成。电路增益可有多个选择。当开关设置如图 2-25 时，增益电阻 R_G 等于 AD625 增益检测引脚（2 和 15）之间的电阻，即等于两个 975Ω 电阻和一个 650Ω 电阻之和（2600Ω）；而反馈电阻 R_F 等于地增益检测引脚和增益驱动引脚（12、15、2、5）之间的电阻，即 R_F=15.6kΩ+3.9kΩ=19.5kΩ。因此，该电路的增益为

$$A_f = 1 + \frac{2R_F}{R_G} = 1 + \frac{2\times 19.5\text{k}\Omega}{2.6\text{k}\Omega} = 16 \tag{2-64}$$

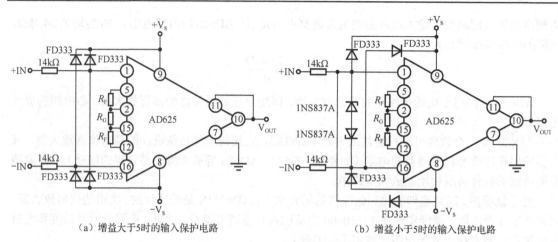

(a) 增益大于5时的输入保护电路　　(b) 增益小于5时的输入保护电路

图 2-24　AD625 的输入保护电路

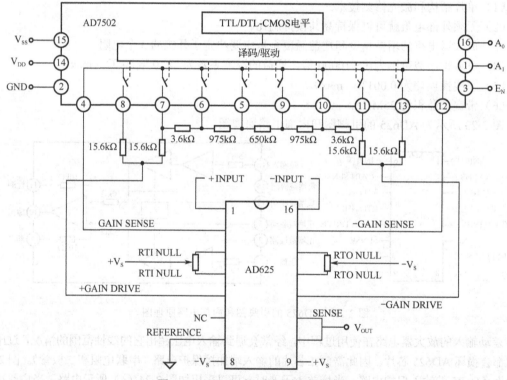

图 2-25　AD625 的可编程增益放大器

当差分模拟多路开关在其他位置时，就改变了 R_G 和 R_F 的值，从而得到不同的增益。可以分析出 AD625 采用 AD7502 调整增益，开关的导通电阻是不会带来误差的，而这一点是 AD620 难以实现的。

2.4　动态自动校零运算放大器

2.4.1　动态自动校零的工作原理

放大器的零位可以通过调零电路调整，然而由于存在温漂和时漂，时间稍长，调零后零位电压还会再次出现从而带来误差。要解决这一问题，除非能不断地给放大器调零。动态自动校零运算放大器的基本设计思想是先将放大器的失调电压记忆在记忆电容上，然后将它回送到放大器的输入端，抵消放大器本身的失调电压，这种调零过程是动态周期性的，因此可以不断地消除失调电压。一种采用三块运算放大器构成的自动校零运算放大器电路如图 2-26 所示。图中 S_1、S_2、S_3 为模拟开关，C_1、C_2 为记忆电容。

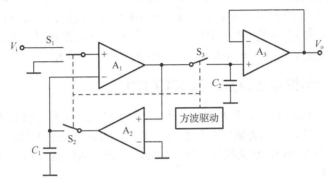

图 2-26　一种采用三块运算放大器构成的自动校零运算放大器电路

电路在一定频率的方波信号控制下分两个阶段工作。第一阶段为放大器误差检测与寄存，第二阶段为校零与放大。图 2-27 所示为两个阶段等效电路。

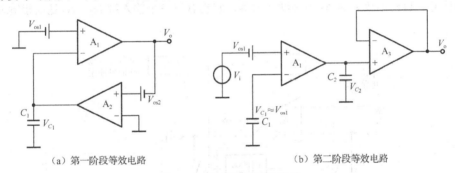

（a）第一阶段等效电路　　　　　　　　　　（b）第二阶段等效电路

图 2-27　两个阶段等效电路

在第一阶段中，开关 S_1 接地，S_2 闭合，S_3 断开。这时 A_1 与 A_2 构成单位增益负反馈放大器，考虑到 A_1 和 A_2 的失调电压，第一阶段等效电路如图 2-27（a）所示。此时记忆电容 C_1 上的电压 V_{C_1} 及输出电压 V_{O1} 分别为

$$V_{C_1} = (V_{o1} + V_{os2})A_{o2} \tag{2-65}$$

$$V_{o1} = (V_{os1} - V_{C_1})A_{o1} \tag{2-66}$$

由于 A_{o1}、$A_{o2} \gg 1$，将式（2-65）代入式（2-66）可得

$$V_{C_1} = V_{os1} + \frac{V_{os2}}{A_{o1}} \tag{2-67}$$

又因 $A_{o1} \gg 1$，所以有

$$V_{C_1} \approx V_{os1} \tag{2-68}$$

这一阶段是检测误差电压和寄存误差电压到记忆电容 C_1 上的工作阶段。

在第二阶段中，开关 S_1 接通输入信号 V_i，S_2 断开，S_3 闭合。这时 A_1 和 A_3 构成放大电路，第二阶段等效电路如图 2-27（b）所示。由于 A_3 是电压跟随器，所以输出电压 V_o 等于 V_{C_2}。考虑到此时电容 C_1 上的电压等于 V_{os1}，故 V_{C_2} 为

$$V_o = V_{C_2} = A_{o1}V_i \qquad (2\text{-}69)$$

由式（2-69）可看出，第二阶段实现了对失调电压近乎理想的校正，并对信号电压进行了放大。

在第一阶段中，虽然 S_3 断开，但由于电容 C_2 的记忆作用，输出电压仍为 $A_{o1}V_i$。在记忆电容 C_1 和 C_2 没有漏电流的情况下，输出电压始终保持为 $A_{o1}V_i$。

另外，运算放大器 A_3 的失调电压 V_{os3} 在两个阶段中都可造成输出误差 $\Delta V_o = V_{os3}$，但若折算到整个放大器的输入端，则 $V'_{os3} = V_{os3}/A_{o1}$，因 A_{o1} 很大，所以 V_{os3} 的影响和 V_{os2} 一样，可忽略不计。

这种动态自校零方法在 MOS 模拟集成电路中得到了广泛的应用。

2.4.2 动态自动校零集成运算放大器 ICL7650

ICL7650 是由美国 Intersil 公司首先研制成功的一种 CMOS（互补金属氧化物半导体）单片集成动态自校零运算放大器，被称为第四代运算放大器。它的特点是低失调、低漂移（$V_{os} < 1\mu V$，$0.01\mu V/℃$）、高增益（134dB）、高共模抑制比（130dB）、高输入阻抗（$10^{12}\Omega$）。

1. ICL7650 组成

ICL7650 的内部电路如图 2-28 所示，主放大器 A_1 用来放大输入信号，这个放大器具有较宽的频带和较强的负载能力，A_1 除有两个与普通运算放大器相同的同相、反相输入端外，还设置了第三个输入端 N_1，其作用与同相输入端相似。若从 N_1 输入信号，则将会在输出端得到经 A_1 放大后的同相信号。自校零放大器 A_2 为辅助放大器，它也有第三个输入端 N_2，N_2 是反相输入端。

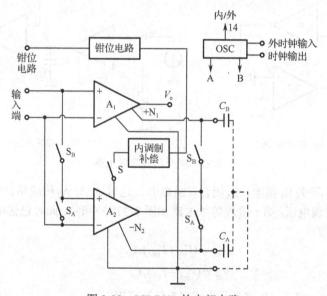

图 2-28　ICL7650 的内部电路

此外，电路还包括 5 个模拟开关。电路工作过程中，由时钟电路（OSC）产生的 A、B 方波分别控制模拟开关的通、断。为避免产生放大器阻塞现象，ICL7650 内部设置了输出钳位电路，一旦出现过载，能有效地防止阻塞。内部调制补偿电路是整个放大器频响的补偿电路，使放大器具有较宽的相位裕度和较宽的频响特性。

2. ICL7650 的工作原理

ICL7650 的工作过程分为两个阶段。图 2-29 所示为 ICL7650 两个工作阶段等效电路。

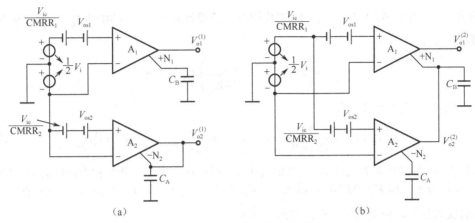

图 2-29　ICL7650 两个工作阶段等效电路

第一阶段，开关 S_A 均导通，S_B 均截止。此时调零放大器 A_2 的输入端短接，加在两输入端的信号仅是 A_2 的失调电压 V_{os2} 和共模输入电压折算到输入端的误差电压 V_{ic}/CMRR_2，第三个输入端与输出端构成全反馈电路，如图 2-29（a）所示，在这个阶段中，A_2 的输出电压 $V_{o2}^{(1)}$ 为

$$V_{o2}^{(1)} = \left(V_{os2} + \frac{V_{ic}}{\text{CMRR}_2}\right)A_{o2} - V_{o2}^{(1)}A'_{o2} \tag{2-70}$$

式中，A'_{o2} 为从 $-N_2$ 端输入时，A_2 的放大倍数。所以，

$$V_{o2}^{(1)} = \frac{\left(V_{os2} + \dfrac{V_{ic}}{\text{CMRR}_2}\right)A_{o2}}{1 + A'_{o2}} \tag{2-71}$$

因 $A'_{o2} \gg 1$，且 $A'_{o2} \approx A_{o2}$，故，

$$V_{o2}^{(1)} = V_{C_A} = \frac{\left(V_{os2} + \dfrac{V_{ic}}{\text{CMRR}_2}\right)A_{o2}}{1 + A'_{o2}} \approx V_{os2} + \frac{V_{ic}}{\text{CMRR}_2} \tag{2-72}$$

这一阶段的一项工作是将调零放大器 A_2 本身的等效误差信号放大后检测出来，并将这个电压寄存在记忆电容 C_A 上，作为下阶段自校零用。

在第一阶段中，主放大器 A_1 仍起放大作用，其输出电压为

$$V_o^{(1)} = \left(V_i + V_{os1} + \frac{V_{ic}}{\text{CMRR}_1}\right)A_{o1} + V_{C_B}A'_{o1} \tag{2-73}$$

式中，A'_{o1} 是 N_1 端输入信号时 A_1 的放大倍数；V_{C_B} 是前一阶段 C_B 上所寄存的电压。$V_{C_B} = V_i A_{o2}$，其理由在分析第二阶段时再说明。这样式（2-73）可写成

$$V_o^{(1)} = \left(V_i + V_{os1} + \frac{V_{ic}}{\text{CMRR}_1}\right)A_{o1} + V_i A_{o2} A'_{o1} \tag{2-74}$$

设 $A_{o1} \approx A'_{o1}$，$A_{o2} \gg 1$，则第一阶段输出电压为

$$V_o^{(1)} = A_{o1} A_{o2} \left[\left(1 + \frac{1}{A_{o2}}\right)V_i + \frac{1}{A_{o2}}\left(V_{os1} + \frac{V_{ic}}{\text{CMRR}_1}\right)\right]$$

$$\approx A_{o1} A_{o2} \left[V_i + \frac{1}{A_{o2}}\left(V_{os1} + \frac{V_{ic}}{\text{CMRR}_1}\right)\right] \tag{2-75}$$

第二阶段，开关 S_B 均导通，S_A 均截止，如图 2-29（b）所示。对放大器 A_2 来说，有 3 个输

入信号作用在它的两个输入端,而且 N_2 端作用有上阶段寄存在 C_A 上的电压 V_{C_A},设此时 A_2 的输出电压为 $V_{o2}^{(2)}$,则

$$V_{o2}^{(2)} = \left(V_i + V_{os2} + \frac{V_{ic}}{CMRR_2}\right)A_{o2} - V_{C_A}A'_{o2}$$

将式(2-72)代入上式可得

$$V_{o2}^{(2)} = \left(V_i + V_{os2} + \frac{V_{ic}}{CMRR_2}\right)A_{o2} - \left(V_{os2} + \frac{V_{ic}}{CMRR_2}\right)\frac{A_{o2}}{A'_{o2}}A'_{o2} = V_i A_{o2} \quad (2\text{-}76)$$

所以这一阶段自校零放大器 A_2 的输出电压 V_{o2} 不存在失调电压和共模电压的影响,即 A_2 输入端的误差信号 V_{os2} 和 $V_{ic}/CMRR_2$ 被消除了。V_{o2} 寄存在 C_B 上,即 $V_{C_B} \approx V_i A_{o2}$,此关系在第一阶段分析 A_1 的放大作用时曾用到过,在此得到了证明。

现在再看主放大器 A_1 的情况,由图 2-29(b)可知,作用于 A_1 的信号有 V_{os1}、$V_{ic}/CMRR_1$、V_i 及 N_1 端的输入 $V_{o2}^{(2)}$,主放大器 A_1 的输出电压为

$$\begin{aligned}V_o^{(2)} &= \left(V_i + V_{os1} + \frac{V_{ic}}{CMRR_1}\right)A_{o1} + V_{o2}^{(2)}A'_{o1} \\ &= \left(V_i + V_{os1} + \frac{V_{ic}}{CMRR_1}\right)A_{o1} + V_i A_{o2}A'_{o1} \\ &= V_i(A_{o1} + A_{o1}A_{o2}) + \left(V_{os1} + \frac{V_{ic}}{CMRR_1}\right)A_{o1} \\ &\approx A_{o1}A_{o2}\left[V_i + \frac{1}{A_{o2}}\left(V_{os1} + \frac{V_{ic}}{CMRR_1}\right)\right]\end{aligned} \quad (2\text{-}77)$$

不论是哪个阶段,由式(2-75)和式(2-77)可得,整个放大器的开环增益为

$$A_o \approx A_{o1} \cdot A_{o2}$$

式(2-75)和式(2-77)的[]中的第二项皆是放大器输出中的误差成分,折算到输入端后整个放大器的等效误差由失调电压 V_{os} 和共模误差两部分构成,并分别为

$$V_{os} = \frac{V_{os1}A_{o1}}{A'_{o1}A_{o2}} \approx \frac{V_{os1}}{A_{o2}}$$

$$CMRR = A_{o2} \cdot CMRR_1$$

从以上分析可以看出,整个电路可等效为一个这样的放大器,其开环增益 $A_o = A_{o1} \cdot A_{o2}$,失调与共模误差电压等于 $[V_{os1}+(V_{ic}/CMRR_1)]/A_{o2}$,使整个电路的增益、共模抑制比、失调电压均有很大的改善。

3. ICL7650 的使用方法

ICL7650 的封装方式为 14 引脚双列直插式封装,图 2-30 所示为 ICL7650 的封装方式。此外,ICL7650 也有 14 引脚的贴片封装等封装形式。它具有内部和外部两种时钟工作方式。

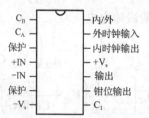

图 2-30 ICL7650 的封装方式

在使用时，应当注意 ICL7650 是一种低压 CMOS 元器件，它的电源电压的典型值为±6V（双电源），与一般通用运算放大器不同。在焊接、调试过程中因接地不当可能造成击穿损坏。两记忆电容 $C_A=C_B=0.1\mu F$ 需要外接，一般宜采用漏电流小的高质量电容。由于放大器工作于交替切换的工作状态，所以输出信号中可能含有与时钟频率相关的尖峰信号，必要时可采用低通滤波器将其滤除。

利用 ICL7650 可组成各种闭环放大电路，如同相、反相放大器，测量放大器，电桥放大器等。利用 ICL7650 组成各种电路时基本上与普通集成运算放大器相同。例如，用 ICL7650 组成的同相比例放大器和保护环如图 2-31 所示。ICL7650 是高精度、低漂移、高输入阻抗的集成运算放大器，可构成微弱信号前置放大器。为了消除输入引脚和相邻引脚之间不同电位所造成的漏电流，可用保护环进行电位跟踪。如果采用双列直插式封装结构，那么其本身有两个保护端：引脚 3 和引脚 6，在印制电路板上将引脚 3、引脚 6 短路，并将引脚 4、引脚 5 包围起来，即可构成保护环，保护环可以像图 2-31 那样接到 R_1 和 R_2 之间，这时保护环上的电位和放大器两个输入引脚的电位相同。

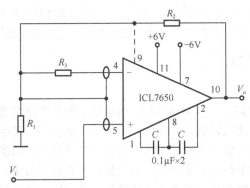

图 2-31　用 ICL7650 组成的同相比例放大器和保护环

2.5　隔离放大器

在某些情况下，输入电路与输出电路之间及放大电路与电源电路之间不能有直接的电路连接，信号的耦合及电源电能的传递要靠磁路或光路来实现。内部采取这种隔离措施的放大器就叫作隔离放大器。它不仅具有通用运算放大器的性能，且输入公共地和输出公共地之间有良好的绝缘性能。隔离放大器的符号如图 2-32 所示。

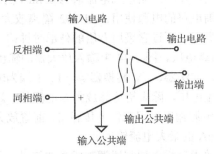

图 2-32　隔离放大器的符号

当信号回路具有很大的共模电压（数百伏以至数千伏），而要求电路仍能正常工作、安全使用时，就需要用到隔离放大器。造成高的共模电压的原因有两个：一是由于被测量电路本身就存在共模电压，如一个不平衡电桥输出本身就存在着较大共模电压；二是由不同的地电位产生的共模电压，如用仪器测量较远处传感器的电压时，需用较长电缆将传感器和测量仪器连接起来，它们分别接地，由于地电位不同，形成共模电压 V_{CM}，图 2-33 所示为不同地电位造成的误差。在

V_{CM} 作用下，输入回路形成电流，由于电路的不对称（$Z_r \neq Z'_r$），回路电流 I_1 和 I_2 不可能相等，从而形成了差模输入造成的误差。对于这种情况，如果使隔离放大器浮空，那么就可避免受共模电压影响，提高测量与控制精度。

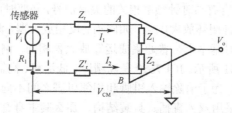

图 2-33 不同地电位造成的误差

就隔离对象而言，隔离放大器分为两端口隔离和三端口隔离两种。两端口隔离（有时简称两端隔离）是指信号输入部分和信号输出部分电气隔离；三端口隔离是指信号输入部分、信号输出部分和电源部分彼此隔离。隔离的媒介主要有 3 种：电磁隔离（变压器隔离）、光电隔离和电容隔离。

2.5.1 变压器耦合隔离放大器

1. 工作原理

隔离放大器由输入放大器、信号耦合器件、输出放大器及隔离电源等部分组成。输入放大器是浮空的。输入信号经输入放大器放大、调制、变换成交流信号，再经过高绝缘性能的耦合变压器，送至输出放大器。在输入放大器和输出放大器之间有很高阻抗的隔离层，从而保证了共模电压 V_{CM} 在输入回路中产生的电流可忽略不计，大大提高了共模抑制比。输入放大器由隔离电源供电，通常用 DC/AC 逆变器将直流电源电压变成高频交流电压，经高绝缘阻抗的变压器耦合到次级，再经整流电路还原成直流电压供给输入级电路（有时还需采取稳压措施）。在输出放大器中，交流信号被解调，再经直流放大、滤波后输出。由于输出放大器与输入放大器相互隔离，所以负反馈一般也各自构成回路，不能像普通运算放大器那样从最后的输出端反馈到最前面的输入端。

现以 AD 公司的 AD202/204 隔离放大器为例来说明隔离放大器内部一般结构及其引脚。AD202/204 是通用型隔离放大器，它们由放大器、调制器、解调器、整流和滤波电路、电源变换器等组成。AD202 采用单电源 15V 工作，该电源使片内振荡器工作，产生 25kHz 的载波信号。通过变压器耦合、经整流和滤波，在隔离端形成电流值为 0.4mA 的 ±7.5V 隔离电压。该电压除供给片内使用外，还可以作为外围电路的电源使用。AD202 隔离放大器的电路原理图如图 2-34 所示。AD204 的电路和 AD202 类似，不过它采用专用的外部时钟信号作为电源。它可以在隔离端形成电流值为 2mA 的 ±7.5V 隔离电压。图 2-34 中输入放大器的输出引到 4 端，以便组成各种反馈放大器，也可以用作滤波器、加法器、I/V 转换器等。1、3 端为输入放大器的差动输入端。由隔离电源提供的 ±7.5V 稳定直流电压，除供给运算放大器电源外，还可供给用户使用。隔离电源的输出端分别为 5、6 端。这个电源输出可用来作为传感器、前置放大器和浮地信号的电平调整电源。但要注意 AD202 只有 0.4mA 的最大电流输出。

输入隔离信号经过放大器放大后送入调制器调制成载波信号，通过变压器耦合到输出端。在输出端，调制信号通过同步解调器解调，重新输入信号。解调的信号要经过三阶滤波器滤波，以减少输出信号中的噪声和纹波。

由于隔离电源是 ±7.5V，因此输入放大器的满量程输出为 ±5V。AD202/204 在输出端没有运算放大器，只有滤波器电路，所以输出电压也在 ±5V 范围内。图 2-35 所示为隔离放大器组成的单位增益放大电路，输入与输出相同，均为 ±5V 范围。还要注意的是，AD202/204 的输出阻抗比较大，AD202 为 7kΩ，AD204 为 3kΩ。因此在这些隔离放大器的输出端一般应加阻抗变换电路。

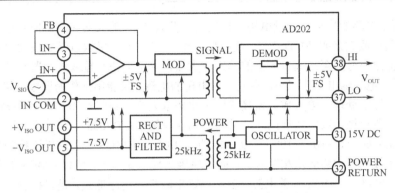

图 2-34　AD202 隔离放大器的电路原理图

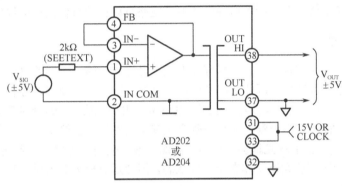

图 2-35　隔离放大器组成的单位增益放大电路

2．应用实例

在某些电桥测量电路中，为了抑制电桥的直流共模电压，提高测量精度，往往需要浮空电源供电。图 2-36 所示为程控增益隔离放大器。它由测量电桥、隔离放大器、多路模拟开关和一些辅助电路构成。

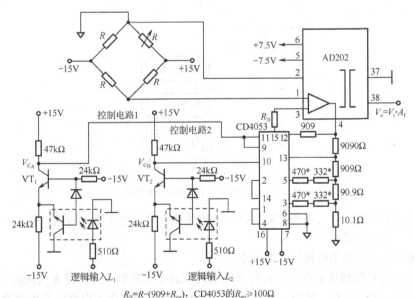

$R_B = R - (909 + R_{on})$，CD4053 的 $R_{on} \geq 100\Omega$
*改变增益时，用这些电阻使输入失调减到最小

图 2-36　程控增益隔离放大器

图 2-36 所示电路的特点是测量电桥（包括其电源）、输入放大器和增益控制电路全部做了浮空处理。有些隔离放大器如 Model277，电桥的电源（±15V）可以取自隔离放大器提供的浮空电源，将电桥的输出信号接至隔离放大器的输入放大器，这样电桥与输入放大器共处于浮空状态。但 AD202 的浮空电源输出电流很小，不能作为电桥的电源，只能用来作为调零电路的电源。增益控制电路也做了浮空处理。输入放大器接成同相比例放大器，利用 CMOS 多路模拟开关 CD4053 按输入代码改变负反馈系数，实现闭环增益的控制（本例中 CD4053 用作一个四通道多路模拟开关，从而使增益分成×1、×10、×100、×1000 四挡）。电路中 CMOS 开关这样连接的目的是使开关的导通电阻只串接到放大器的反相输入端，而不串接到反馈支路中，所以 CMOS 开关的导通电阻不会影响增益。电路中 CMOS 开关电源、驱动电路电源都采用浮地式。逻辑控制信号经光电耦合器加到驱动电路输入端，这样，驱动电路与模拟开关也被隔离浮空。由于光电耦合器和隔离变压器的抗高压性能都在千伏以上，所以这种电桥测量电路可以在数百伏高压电位条件下正常工作。

2.5.2 光电耦合器

由于光电耦合器是半导体器件，所以存在温漂，且输入与输出之间的电压或电流的关系为非线性关系，器件参数离散性大。因此，用光电耦合器线性隔离传输模拟信号有一定技巧性。

图 2-37 所示为光电耦合器线性隔离电路。电路中采用了集成在一块集成芯片中的双光耦。双光耦的特点是参数对称，温漂一致。电路中两个光耦中的发光二极管串联在一起，因而流过两者的电流相等，即 $I_A=I_B$。由于双光耦参数对称，温漂一致，因而其光电二极管输出的电流也相等，即 $I_C=I_D$。另外，由于运算放大器工作在负反馈状态，因此运算放大器的反相输入端电压等于同相输入端电压 V_i。因此有

$$\frac{V_i}{R_1} = I_C$$

考虑到输出电压 $V_o=R_3 I_D$，得

$$V_o = \frac{R_3}{R_1} V_i$$

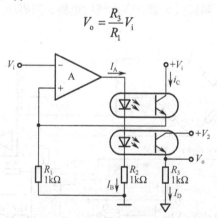

图 2-37 光电耦合器线性隔离电路

从上面的分析可见，电气隔离的输出电压能线性地对输入电压进行跟随。但是，实际上这一电路存在以下几方面的问题。

（1）输入电压必须是单极性的，即要求 $V_i>0$。

（2）输入电压 V_i 的线性范围小。V_i 的下限电压应高于双光耦中两个发光二极管的串联电压，而这一电压一般在 4V 左右。另外，V_i 的上限电压也受到电源电压和电路中其他元器件（如运算放大器、光电耦合器等）的限制。

（3）运算放大器始终加有共模电压，这对运算放大器的共模抑制比要求高。

（4）运算放大器的反馈是通过光电耦合器实现的。光电耦合器的信号传递有一定延迟，因此，运算放大器的工作频率不能太高，若过高，则会产生自激振荡。

（5）电阻 R_1 和 R_3 的不对称误差和温漂会造成输入、输出电压的跟随误差。

（6）光电耦合器为电流控制电流器件，其输出级，即光电二极管可看成受控电流源。因此，理论上说，即使 U_1 和 U_2 不相等，两个光电耦合器的输出级电流也不会造成不对称误差。实际上，光电二极管的恒流特性并不理想，这会造成两光电耦合器的输出电流不相等。

综上所述，用分立元件构造隔离放大器并不容易，下面把注意力转向集成器件。

图 2-38 所示为布尔-布朗（BB）公司生产的集成隔离放大器 ISO100 的内部结构图。它有一个发光二极管 LED 和两个光电二极管 VD_1、VD_2。两个光电二极管与发光二极管紧紧靠在一起，光匹配性良好，参数对称。VD_1 的作用是从 LED 的信号中引入反馈；VD_2 的作用是将 LED 的信号进行隔离传输。

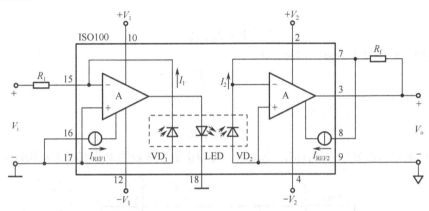

图 2-38 布尔-布朗（BB）公司生产的集成隔离放大器 ISO100 的内部结构图

在单极性工作时，参考电流源 I_{REF1}、I_{REF2} 不用接。这时，I_{REF1} 端（引脚 16）接输入部分地；I_{REF2} 端（引脚 8）接输出部分地。电路正常工作时，V_i 为单极性负电压，这时由于 VD_1 的负反馈作用，LED 中会有电流流过。原因是如果 LED 中无电流流过，即运算放大器输出电压小于零，那么会使 VD_1 截止，从而引脚 15 电压为负，造成运算放大器反相输入端电压低于同相输入端电压，使其输出电压为正，故 LED 中有电流流过。LED 导通后，通过光电耦合作用，在光电二极管 VD_1、VD_2 中会分别产生大小相等的电流 I_1、I_2。另外，从图 2-38 易知，在输入端，有

$$\frac{V_i}{R_1} = -I_1$$

在输出端，有

$$\frac{V_o}{R_f} = -I_2$$

故有

$$V_o = \frac{R_f}{R_1} V_i$$

可见，输入电压与输出电压呈线性关系。注意这时 V_i 和 V_o 均为负值。

ISO100 的双极性工作模式电路如图 2-39 所示。它与单极性工作电路的区别是两个参考电流源 I_{REF1} 端（引脚 16）和 I_{REF2} 端（引脚 8）分别接到运算放大器 A_1 的反相输入端（引脚 15）和运算放大器 A_2 的反相输入端（引脚 7）。此时，光电二极管 VD_1 和 VD_2 的电流仍相等，即 $I_1=I_2$。但

是，在输入端，有

$$\frac{V_i}{R_1} = I_{REF1} - I_1$$

在输出端，有

$$\frac{V_o}{R_f} = I_{REF2} - I_2$$

当 $I_{REF1} = I_{REF2}$ 时，有

$$V_o = \frac{R_f}{R_1} V_i$$

可见，V_o 与 V_i 仍呈线性关系。只是，V_i 的最大值不再为零。实际上，由

$$I_1 = I_{REF1} - \frac{V_i}{R_1} > 0$$

知

$$V_i < I_{REF1} R_1$$

这就是说，V_i 可以为正值。同时，由

$$I_2 = I_{REF2} - \frac{V_o}{R_f} > 0$$

知

$$V_o < I_{REF2} R_f$$

所以，V_i、V_o 的最大值分别为 $I_{REF1}R_1$、$I_{REF2}R_f$，均为正值。这表明电路实现了双极性工作。

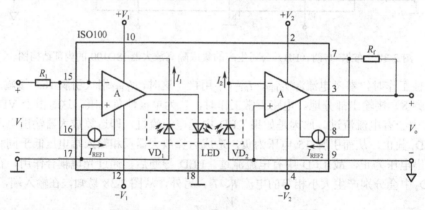

图 2-39 ISO100 的双极性工作模式电路

ISO100 的主要性能参数：隔离电压为脉冲 2500V，连续 750V（峰值）；漏电流为 0.3μA，隔离电阻达 $10^{12}\Omega$；直流隔离共模抑制比为 140dB，交流隔离共模抑制比达 120dB，非线性误差小于 ±0.02%；−3dB 带宽为 60kHz。

2.5.3 电容耦合隔离放大器

电容耦合隔离放大器的原理是将输入信号调制后经隔离电容耦合到输出电路解调，得到与输入信号呈线性关系的输出信号。可见，电容耦合隔离放大器的原理与变压器耦合隔离放大器的原理很相近，只是前者的电容可以被集成在半导体器件中，因此体积小，成本低。利用电容耦合的隔离放大器有 ISO106、ISO102 等。

下面以 ISO102 为例说明电容耦合隔离放大器的工作原理（见图 2-40）。ISO102 的输入和输

出之间没有电气连接，相对于输入"地"电位的模拟输入电压，被精确地"复制"成相对于输出"地"电位的输出电压。由于隔离栅是数字式的，输入和输出部分的公共地电位点之间的电势差可以允许有很宽的幅度和频率偏差。

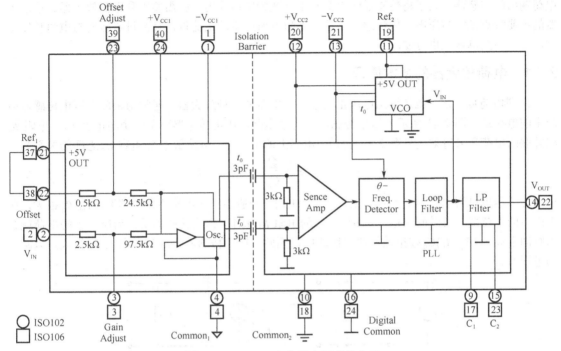

图 2-40　ISO102 电容耦合隔离放大器

在图 2-40 所示的电路中，输入部分包括一个压控振荡器（电压-频率转换器 VFC）、差分电容和锁相环。输入压控振荡器（VCO）输出的数字电平直接驱动两个 3pF 的隔离栅电容，这个数字信号是调频信号，并差动地加载在隔离栅的两端，而外加的隔离电压却是以共地电位为参考点的。

在隔离栅的另一端，一个高灵敏放大器专门用于检测差动信号。输出级利用锁相环对调频信号进行频率跟踪。锁相环（PLL）的反馈使用了第二个压控振荡器，其结构与第一个压控振荡器完全一致。锁相环强制第二个 VCO 按第一个 VCO 同样的频率进行工作，故两个 VCO 具有相同的输入电压。编码 VCO 的输入信号在经过一个 100kHz 的二阶有源滤波器后，转换为隔离栅的输出信号。

由于隔离栅是所有隔离产品取得高性能的关键，在 ISO102 的设计中，采用了两个 3pF 的高压陶瓷电容作隔离栅。由于电容极板被埋在封装的固体中，结构非常坚固，所以它可以承受 10kV 的电压，其电阻值为 $10^{14}\Omega$。输入和输出部分分别封装在固体型腔内，是第一个全气密的工业级隔离放大器。

对 3 种不同原理的隔离放大器进行比较：在变压器耦合的隔离放大器中，由于变压器体积大，成本高，功耗大，无法集成，因而造成整个元器件价格高，体积大，一般元器件的封装为非标准集成电路封装。但变压器隔离放大器一般把隔离电源也固化在元器件中，甚至可实现三端隔离，而且通过引脚将电源输出，可外接负载，不需用户另配隔离 DC/DC 变换器，使用方便。光耦合的隔离放大器全由半导体元器件构成，便于集成，成本低，体积小，性能稳定，使用时不需外接任何元器件，使用方便。但由于元器件本身不带隔离电源，因而需要用户另接隔离 DC/DC 变换器。电容耦合的隔离放大器引出线少，因而封装最小，不过仍需要用户另接隔离 DC/DC 变换器。

2.6 电荷放大器

目前在力、加速度、振动、冲击等测量中广泛应用着压电传感器,它是将被测物理量转换为电荷输出的传感器。为了将传感器的电荷输出转变为电压输出,就需要用到电荷放大器。该放大器的主要特点是它与压电晶体传感器连接后不影响所产生的电荷量,且测量灵敏度与电缆长度无关,为远距离测量提供方便。

2.6.1 电荷放大器的基本原理

所谓电荷放大器,就是输出电压正比于输入电荷的一种放大器,通常用来放大压电传感器所产生的电荷量。图 2-41 所示为压电传感器的等效电路。压电传感器可用一个与电容 C_q、电阻 R_q 相并联的电荷源来等效 [见图 2-41(a)]。电容上的电压 V、电荷量 Q 和电容 C_q 之间的关系为

$$V = \frac{Q}{C_q}$$

压电传感器也可用电压源来等效 [见图 2-41(b)]。一般由于压电传感器的泄漏电阻 R_q 很大,所以产生的电荷能较长时间保存。但如果外接的电阻 R_L 很小,那么传感器受力后所产生的电荷就会以时间常数 $\tau=(R_q//R_L)C_q$ 按指数规律很快放电,因此,压电传感器要求负载电阻 R_L 很大,以减小测量误差。

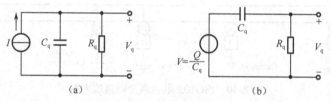

图 2-41 压电传感器的等效电路

电荷放大器是一种电容负反馈的高增益放大器。电荷放大器与压电传感器连接的基本电路如图 2-42 所示,图中 C_f 为反馈电容,R_f 为反馈电阻。并联反馈电阻的目的是避免电容上不断积累直流电荷而造成运算放大器输出饱和。R 和 C 为传感器的等效参数,R 为压电传感器内阻 R_q 和电缆绝缘电阻 R_k 并联的结果,而 C 为传感器电容 C_q 和电缆电容 C_k 之和。

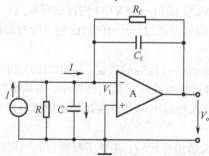

图 2-42 电荷放大器与压电传感器连接的基本电路

在理想运算放大器条件下,输入电流 I 等于反馈电流,所以有

$$I = (V_1 - V_o)\left(j\omega C_f + \frac{1}{R_f}\right) = [V_1 - (-A_o V_1)]\left(j\omega C_f + \frac{1}{R_f}\right)$$

$$= V_1 \left[j\omega(1+A_o)C_f + (1+A_o)\frac{1}{R_f}\right] \tag{2-78}$$

为了求出 V 和输入电荷量 Q 之间的关系式,先将 C_f 和 R_f 等效到运算放大器的输入端,然后用节点电位法确定并联电路的电位,使 V_1 作为一个理想放大器的输入。电荷放大器的等效电路如图 2-43 所示。为了便于求出 V_o 与 Q 的关系,图中的压电传感器用电压源电路进行等效。

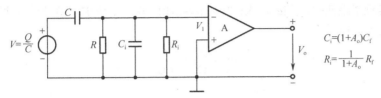

图 2-43 电荷放大器的等效电路

由式(2-78)可知,反馈支路的 C_f、R_f 等效到运算放大器的输入端时,电容 C_f 增大 $1+A_o$ 倍,电导 $1/R_f$ 也增大 $1+A_o$ 倍,所以图 2-43 中 $C_i=(1+A_o)C_f$,$1/R_i=(1+A_o)(1/R_f)$,这种现象就是"密勒效应"。

由图 2-43 可求得

$$V_1 = \frac{j\omega Q}{\left[\frac{1}{R}+(1+A_o)\frac{1}{R_f}\right]+j\omega[C+(1+A_o)C_f]} \tag{2-79}$$

$$V_o = -A_o V_1 = -\frac{j\omega Q A_o}{\left[\frac{1}{R}+(1+A_o)\frac{1}{R_f}\right]+j\omega[C+(1+A_o)C_f]} \tag{2-80}$$

只要 A_o 足够大,则分母中 $C \ll (1+A_o)C_f$,$1/R \ll (1+A_o)(1/R_f)$,传感器本身的电容和电缆的等效参数不影响或很少影响电荷放大器的输出。这是电荷放大器的特点。这一点使电荷放大器的使用非常方便。电荷放大器的输出电压只取决于输入电荷 Q 及反馈电路参数 C_f、R_f。由于通常 $1/R_f \ll \omega C_f$,所以 $1/R_f$ 可忽略,则输出电压为

$$V_o \approx -\frac{A_o Q}{(1+A_o)C_f} \approx -\frac{Q}{C_f} \tag{2-81}$$

只要 A_o 足够大,输出电压就与 A_o 无关,只取决于输入电荷 Q 和反馈电容 C_f,改变 C_f 的大小可方便地改变放大器的输出电压,不过反馈电容 C_f 必须采用高质量的电容,否则由于电容漏电会引起误差。

2.6.2 电荷放大器的特性分析

由式(2-80)可知,当 $1/R \ll (1+A_o)(1/R_f)$ 和 $C \ll (1+A_o)C_f$ 时,电荷放大器的输出电压为

$$V_o \approx -\frac{j\omega Q A_o}{\left[\frac{1+A_o}{R_f}+j\omega(1+A_o)C_f\right]} \approx -\frac{Q}{C_f+\frac{g_f}{j\omega}} \tag{2-82}$$

由式(2-82)可知,输出电压不仅取决于电荷量 Q,还与负反馈网络 C_f、R_f(或 g_f)及信号频率有关。当频率 ω 很高时,$C_f \gg g_f/j\omega$,则 V_o 与频率无关,输出可简化为

$$V_o \approx -\frac{Q}{C_f}$$

所以电荷放大器的上限频率由运算放大器的频率响应决定。如果电缆线太长,那么电缆电容和杂散电容会增加,导线电阻也增加,这些参数都会影响放大器的高频特性。若忽略运算放大器的输入电容和输入电导,同时忽略 g_f,则上限频率为

$$f_H = \frac{1}{2\pi R_k(C_q + C_k)}$$

式中，R_k 和 C_k 为电缆的等效电阻和等效电容；C_q 为传感器等效电容。

当输入信号频率很低时，$g_f/j\omega$ 增大。当 $g_f/j\omega = C_f$ 时，输出电压 V_o 下降到频率很高时的 $1/\sqrt{2}$，此时的频率称为下限频率，即

$$\omega_L = \frac{g_f}{C_f} = \frac{1}{R_f C_f}$$

所以

$$f_L = \frac{1}{2\pi R_f C_f} \tag{2-83}$$

由式（2-83）可知，适当选择反馈网络的参数 R_f、C_f，电荷放大器的下限频率可以很低。

低频时，输出电压 V_o 与输入电荷之间的相移为

$$\varphi = \tan^{-1}\frac{g_f}{\omega C_f} = \tan^{-1}\frac{1}{\omega R_f C_f} \tag{2-84}$$

在截止频率点，$g_f = \omega C_f$，$\varphi = \tan^{-1} 1 = 45°$。

电荷放大器的灵敏度为

$$S = -\frac{1}{C_f}$$

为提高灵敏度，就要求减小 C_f。然而 C_f 的取值受到输入端各电容的限制，取值不能太小，一般取 10pF～0.1μF。当 C_f 值选定后，下限频率就由反馈电阻 R_f 决定，但 R_f 的取值还应考虑电荷放大器工作的稳定性。

电荷放大器必须由高输入阻抗（一般在 $10^{12}\Omega$ 左右）运算放大器组成，它对内部、外部干扰都很敏感。设计时，除保证它有高开环增益、高输入阻抗外，还必须考虑低噪声设计要求，尤其是放大器第一级噪声要小，同时要采用一些防外部干扰的措施。

2.6.3 电荷放大器的应用

在电荷放大器的实际电路中，考虑到被测物理量的不同量程，以及后级放大器不致因输入信号太大而引起饱和，反馈电容的容量常做成可调的，范围一般在 100pF～0.01μF 之间。为了减小零漂，使电荷放大器工作稳定，一般在反馈电容的两端并联一个大电阻 R_f（约 10^8～$10^{10}\Omega$）（见图 2-44），其功能是提供直流反馈。

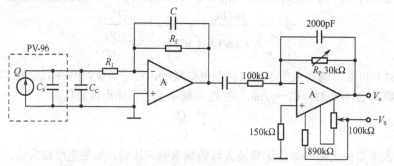

图 2-44 电荷放大器实用电路

图 2-44 所示为电荷放大器实用电路。它是压电加速度传感器 PV-96 的电荷放大电路。有很多压电振动传感器把电荷放大器做在了一起，这样给使用带来了很大的方便，也有效地避免了干扰。

习题

1. 求和运算放大器电路如图 2-45 所示。已知：$V_{i1}=V_{i2}=5\text{mV}$，$V_{os}=1\text{mV}$，$V_{i3}=0$。$R_1=R_2=R_3=R_4=1\text{k}\Omega$。试求

（1）$V_o=?$

（2）若 $V_{i1}=V_{i2}=V_{i3}=5\text{mV}$，则 $V_o=?$

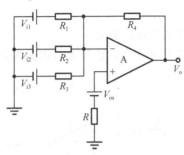

图 2-45　求和运算放大器电路

2. 运算放大器电路 1 如图 2-46 所示。其工作环境温度变化范围是 25～75℃，设运算放大器的 I_{os} 按最大值±0.3nA/℃变化，V_{os} 按最大值±30μV/℃变化，如果在 25℃时将运算放大器调零（$V_o=0$），那么当温度上升到 75℃时，求由于 I_{os}、V_{os} 的温漂在输出电压中可能引起的最大误差电压？

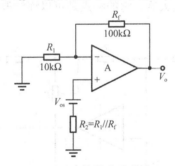

图 2-46　运算放大器电路 1

3. 运算放大器电路 2 如图 2-47 所示。设运算放大器的开环增益 $A \to \infty$，$R_i \to \infty$。

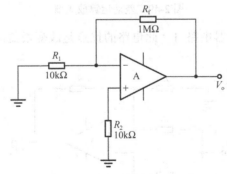

图 2-47　运算放大器电路 2

（1）若在 20℃时，运算放大器的 $V_{os}=2\text{mV}$；$I_{B+}=1\mu\text{A}$；$I_{B-}=0.5\mu\text{A}$；则 $V_o=?$

（2）若电路在 20℃时已调零，已知运算放大器的

$dV_{os}/dt = 10\mu\text{V}/℃$；

dI_{B+}/dt=−10nA/℃；

dI_{B-}/dt = −8nA/℃。

则：温度在50℃时的 V_o = ？

4. 同相运算放大器电路如图2-48所示。已知运算放大器的开环增益 $A_o=10^5$，$R_i = 1\text{M}\Omega$，共模输入电阻 $R_c = 100\text{M}\Omega$。V_{os}=5mV，I_{os}=10nA，CMRR=80dB，R_f = 90kΩ，R_1 = 10kΩ。

（1）R_2 应取多大值，为什么？

（2）A_f，β，R_{if} 各为多少？

（3）失调电压所造成的输出误差电压为多大？

（4）CMRR 有限带来的误差电压为多大，以及 ΔV_{ic} 占输入电压的百分比为多少？

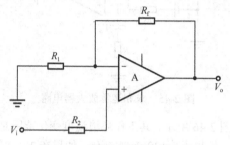

图2-48 同相运算放大器电路

5. 图2-49所示为差动运算放大器。它的特点是可以连续改变增益而不影响电路的共模抑制比，试求其输出电压的表达式。

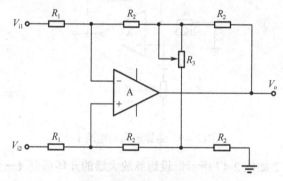

图2-49 差动运算放大器

6. 图2-50 所示为放大器电路 1，此电路的优点是改变增益而不改变输入阻抗。已知：$R_1=R_2=R_3=R_4=R$。试求

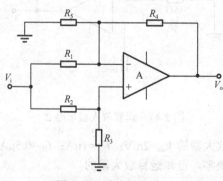

图2-50 放大器电路1

(1) 输入阻抗 $R_i = $?
(2) 放大倍数 $A_f = $?

7. 在图 2-51 所示的放大器电路 2 中，假设 A_1、A_2 均为理想的运算放大器，试求输出电压 V_o 与输入电压 V_i 的关系式。

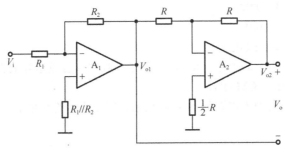

图 2-51 放大器电路 2

8. 同相差动运算放大器电路如图 2-52 所示。若

$$\frac{R_{f2}}{R_2} = \frac{R_1}{R_{f1}} = \frac{R_f}{R}$$

则放大器的闭环增益

$$A_f = \frac{V_o}{V_{i1} - V_{i2}} = ?$$

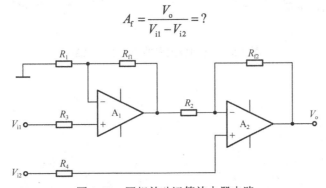

图 2-52 同相差动运算放大器电路

9. 仪表放大器电路如图 2-53 所示。已知 $R_1 = 25\text{k}\Omega$，$R_o = 50\Omega$，试求

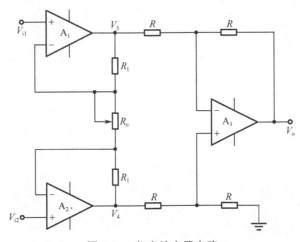

图 2-53 仪表放大器电路

(1) $A_f=?$

(2) 如果 $R_o \to \infty$,那么 $A_f=?$

(3) 若下列电压加到输入端,则 $\dfrac{V_3+V_4}{2}$ 及 $V_o=?$

① $V_{i1}=8.001\text{V}$, $V_{i2}=8.002\text{V}$;

② $V_{i1}=5.001\text{V}$, $V_{i2}=5.000\text{V}$;

③ $V_{i1}=-1.001\text{V}$, $V_{i2}=-1.002\text{V}$。

10. 求图 2-53 所示的测量放大器第一级的共模抑制比(假设运算放大器 A_1 的共模抑制比为 CMRR_1,A_2 的共模抑制比为 CMRR_2)。

11. 同相放大器的通用调零电路如图 2-54 所示,按图所示的参数值,求它们的闭环增益和调零范围。

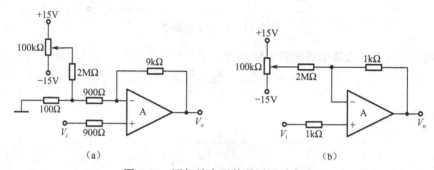

图 2-54 同相放大器的通用调零电路

第3章 信号调理电路

3.1 有源滤波器

3.1.1 有源滤波器的种类和基本性能

滤波器是一种能使一定频率的信号通过，而阻止或衰减其他频率信号的电路。滤波器可分为无源和有源两大类。无源滤波器一般是由电感、电容和电阻等无源元件组成的。例如，LC 滤波器和 RC 滤波器，前者在工作频率较低时因 L、C 过大而只用于大功率电路中，后者由于 R 消耗有用信号的能量而使滤波器的性能变差。有源滤波器（Active Filter）由集成运算放大器（有源器件）和 RC 网络组成。集成运算放大器是一种性能良好的有源器件，由它组成的有源滤波器低频性能好，具有体积小、质量小、精度高、稳定性好等一系列优点。但由于运算放大器工作频率的限制，这种滤波器的工作频率不能太高（<100kHz）。

按功能（或幅频特性）可将有源滤波器分为低通滤波器（Low Pass Filter, LPF）、高通滤波器（High Pass Filter, HPF）、带通滤波器（Band Pass Filter, BPF）和带阻滤波器（Band Elimination Filter, BEF）这 4 种。图 3-1 所示为滤波器的幅频特性，图中的虚线为理想特性曲线，实线为实际特性曲线。K_o 为频率特性的幅值，称为通带增益。ω_c 为幅值下降 3dB 时所对应的频率，称为截止频率，ω_{c1} 和 ω_{c2} 分别称为低端和高端截止频率。ω_o 为滤波器的固有频率，称为谐振频率或中心频率。B 称为滤波器的频带宽度，简称带宽。

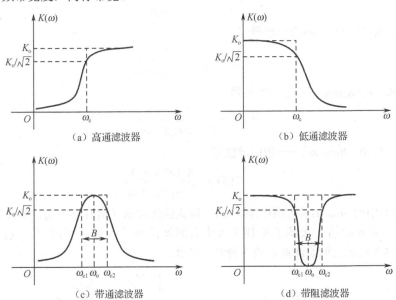

图 3-1 滤波器的幅频特性

滤波器的理想特性不可能在物理上实现，然而可用下面的传递函数对理想特性加以逼近，

$$K(S) = \frac{b_0 S^m + b_1 S^{m-1} + \cdots + b_{m-1} S + b_m}{S^n + a_1 S^{n-1} + \cdots + a_{n-1} S + a_n}, \quad (m \leq n) \tag{3-1}$$

其逼近的程度取决于阶数 n。图 3-2 所示为具有不同阶数的低通滤波器的幅频特性。式（3-1）是一个高阶函数，可把它分解成多个二阶函数（当 n 为偶数时）或分解成一个一阶函数和多个二阶函数（当 n 为奇数时），所以一个 n 阶的滤波器可用多个二阶滤波器或一个一阶滤波器和多个二阶滤波器级联而得到，因此二阶滤波器是最基本的滤波器。

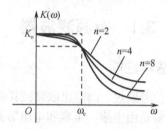

图 3-2　具有不同阶数的低通滤波器的幅频特性

二阶滤波器传递函数的一般形式为

$$K(S)=\frac{b_0S^2+b_1S+b_2}{S^2+a_1S+a_2} \tag{3-2}$$

为使其具有更为明显的物理意义，可令 $a_1=\alpha\omega_o$，$a_2=\omega_o^2$，则式（3-2）可改写为

$$K(S)=\frac{b_0S^2+b_1S+b_2}{S^2+\alpha\omega_oS+\omega_o^2} \tag{3-3}$$

式中，α 为阻尼系数；ω_o 为固有频率。当系数 b 取不同值时。可得到不同特性的滤波器。

① $b_0=b_1=0$，$b_2=K_o\omega_o^2$——低通滤波器

$$K(S)=\frac{K_o\omega_o^2}{S^2+\alpha\omega_oS+\omega_o^2} \tag{3-4}$$

② $b_0=K_o$，$b_1=b_2=0$——高通滤波器

$$K(S)=\frac{K_oS^2}{S^2+\alpha\omega_oS+\omega_o^2} \tag{3-5}$$

③ $b_0=b_2=0$，$b_1=K_o\alpha\omega_o$——带通滤波器

$$K(S)=\frac{K_o\alpha\omega_oS}{S^2+\alpha\omega_oS+\omega_o^2} \tag{3-6}$$

④ $b_0=K_o$，$b_1=0$，$b_2=K_o\omega_o^2$——带阻滤波器

$$K(S)=\frac{K_o(S^2+\omega_o^2)}{S^2+\alpha\omega_oS+\omega_o^2} \tag{3-7}$$

当式（3-2）中的 a_1、a_2 取值不同时，同一形式的滤波器又具有不同的滤波性能，其区别主要取决于阻尼系数 α 的值。按滤波特性又可将有源滤波器分为最大平坦型、纹波型和恒时延型滤波器。图 3-3 所示为低通滤波器的 3 种滤波特性。

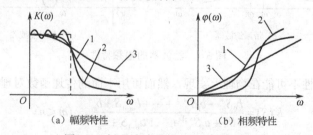

(a) 幅频特性　　　　　　　　(b) 相频特性

图 3-3　低通滤波器的 3 种滤波特性

当 $\alpha=\sqrt{2}$ 时，滤波器的幅频特性在通带内有最大的平坦区，如图 3-3（a）中的曲线 1 所示，但在阻带内衰减较为缓慢，选择性较差。滤波器的截止频率定义为幅值下降 3dB 时所对应的频率，其值等于固有频率，即 $\omega_c=\omega_o$。滤波器的相频特性是非线性的，如图 3-3（b）中的曲线 1 所示，故不同频率的信号通过滤波器后会有不同的相移。这种特性的滤波器称为最大平坦型滤波器，又称巴特沃思（Butterworth）滤波器。

当 $\alpha<\sqrt{2}$ 时，滤波器的幅值在通带内具有一定的波动 ΔK（常用 dB 表示），如图 3-3（a）中的曲线 2 所示，但在阻带内具有较陡的衰减特性，其选择性好，且波动越大，选择性越好。截止频率 ω_c 定义为增益幅值从峰值回到起始值时的频率，与固有频率的关系为 $\omega_c=\sqrt{2-\alpha^2}\omega_o$。滤波器的相频特性也是非线性的，如图 3-3（b）中的曲线 2 所示。这种特性的滤波器称为纹波形滤波器，又称切比雪夫（Chebyshev）滤波器。

当 $\alpha=\sqrt{3}$ 时，滤波器的幅频特性在通带内的平坦区较小，如图 3-3（a）中的曲线 3 所示，从通带到阻带过渡缓慢，但相频特性是线性的，如图 3-3（b）中的直线 3 所示，即在规定频率范围内，各种频率正弦信号通过滤波器后，信号的幅值不变，而相移与频率成正比，即延迟时间 T_d 是常数。这种特性的滤波器称为恒时延滤波器，又称贝塞尔（Bessel）滤波器。滤波器的延迟时间与固有频率的关系为 $f_o=0.15915/T_d$。为使时延准确，常取截止频率为最大信号频率的 1 倍。

以上 3 种滤波器各有特点，应根据具体需要加以选择。若要求在通带内具有最大平坦的幅频特性，则应选用巴特沃思滤波器。若在通带内允许幅值有一定波动，但需要有较快的衰减特性时，则应选取切比雪夫滤波器。若要求经过滤波器后的非正弦信号不产生波形失真，则可采用贝塞尔滤波器。

对于带通和带阻滤波器，常用品质因素 Q 表示滤波器的性能，Q 的定义为

$$Q=\frac{\omega_o}{B} \tag{3-8}$$

Q 与 α 的关系为

$$Q=\frac{1}{\alpha} \tag{3-9}$$

显然，Q 是衡量滤波器选择性的指标，Q 越大，选择性越好。

综上所述，标志滤波器性能的滤波参数有通带增益 K_o、中心频率 ω_o（或截止频率 ω_c）、阻尼系数 α（或品质因数 Q）和通带增益纹波 ΔK（dB）。此外，还有一个标志滤波器性能质量的重要参数是滤波器的灵敏度 S，其定义为

$$S_x^y=\frac{dy/y}{dx/x} \tag{3-10}$$

式中，y 表示滤波器的某个滤波参数；x 表示组成滤波器的某个元器件的参数。

式（3-10）表明：灵敏度是指滤波器电路中元器件数值的变化所引起的滤波器特性参数的变化。灵敏度是衡量滤波器性能稳定性的重要指标，滤波器电路的灵敏度越低，性能稳定性越好。

3.1.2 开关电容滤波器

上述有源滤波器在大部分情况下都可以很好地使用，但是也有一个明显的缺点，那就是它的截止频率不能很容易地进行调整，程控性能很差。为了克服这个缺点，人们研制出了开关电容滤波器。

开关电容滤波器是一种新型的大规模集成元器件。其主要特点是用开关和电容来代替电路中的电阻，它是数字电路和模拟电路结合的产物。利用这种方法可将一大类有源 RC 滤波器转换成开关电容滤波器。

开关电容网络如图 3-4 所示。开关电容网络有两种形式：一种是串联开关电容形式［见图 3-4

(a)]，另一种是并联开关电容形式［见图 3-4（b）］。图中 φ_1 和 φ_2 是由 MOS 管构成的开关，它们周期性地交替接通、断开。开关 φ_1、φ_2 的时序如图 3-5 所示。φ_1 闭合时，电容 C_R 处于初始化状态。此时，对串联形式，C_R 上电荷为零；对并联形式，C_R 上电荷为 $C_R V_i$。φ_2 闭合时，φ_1 断开，电荷 $C_R(V_i - V_o)$ 向输出端传输。如果每次采样间隔为 T，那么从输入端到输出端的平均电流 I_R 为

$$I_R = \frac{C_R(V_i - V_o)}{T} \tag{3-11}$$

于是电路的等效电阻值 R 为

$$R = \frac{V_i - V_o}{i_R} = \frac{T}{C_R} \tag{3-12}$$

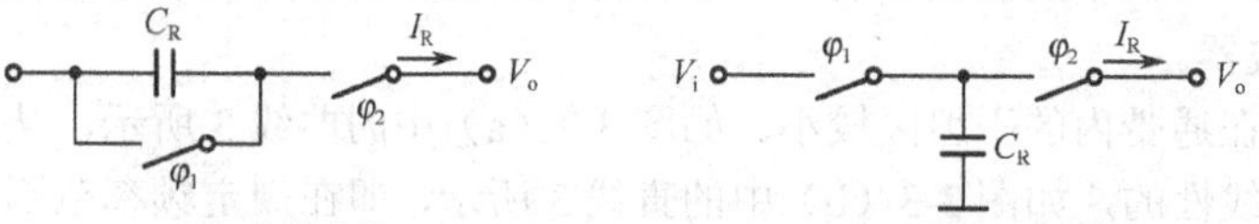

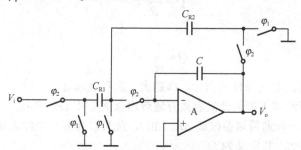

(a) 串联形式　　(b) 并联形式

图 3-4　开关电容网络　　　　　　图 3-5　开关 φ_1、φ_2 的时序

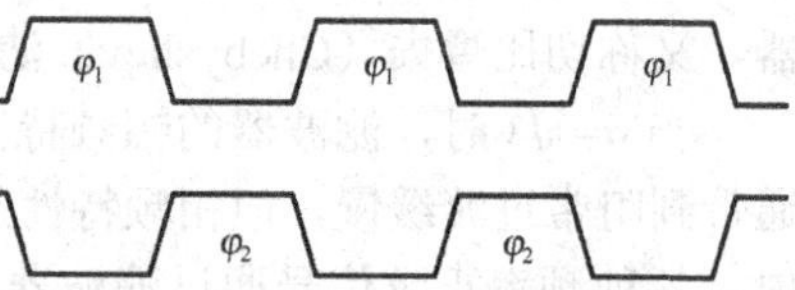

可见，当用 MOS 开关的通断来转移电容上的电荷时，其作用就像滤波器中的电阻。而其等效阻值则正比于开关的动作周期，结果就构成了离散时间滤波器。其所用电容值很小，可以和开关及运算放大器一起集成于基片上。

下面以一阶低通滤波器为例来介绍开关电容滤波器的原理。图 3-6 所示为串联型开关电容滤波器电路。该电路中，C_{R1} 和 C_{R2} 为开关电容，C 为积分电容。当 φ_1 闭合时，电容 C_{R1} 及 C_{R2} 的两极板均接地，其两端的电压均为零。当 φ_1 断开，φ_2 闭合时，V_i 向 C_{R1} 充电，充电电流同时也流过 $C_{R2} // C$，于是 φ_2 断开而 φ_1 闭合时，V_o 输出负电压。

图 3-6　串联型开关电容滤波器电路

根据开关的动作，列出电路的差分方程如下（注意到开关的次序，输入信号有半个节拍的延迟）。

$$C_{R1} V_i \left[\left(n - \frac{1}{2} \right) T \right] = -C_{R2} V_o(nT) - C\{V_o(nT) - V_o[(n-1)T]\} \tag{3-13}$$

对上式取 Z 变换为

$$C_{R1} z^{-\frac{1}{2}} V_i(z) = -C_{R2} V_o(z) - C V_o(z) + C z^{-1} V_o(z) \tag{3-14}$$

于是脉冲传递函数为

$$T(z) = \frac{V_o(z)}{V_i(z)} = \frac{C_{R1} z^{-\frac{1}{2}}}{C z^{-1} - (C_{R2} + C)} = \frac{C_{R1}}{C z^{-\frac{1}{2}} - (C_{R2} + C) z^{\frac{1}{2}}} = \frac{C_{R1}}{C e^{-\frac{1}{2} sT} - (C_{R2} + C) e^{\frac{1}{2} sT}} \tag{3-15}$$

令 $s = j\omega$，式（3-15）可改写为

$$H(j\omega) = \frac{C_{R1}}{C\left(\cos\frac{\omega T}{2} - j\sin\frac{\omega T}{2}\right) - (C_{R2} + C)\left(\cos\frac{\omega T}{2} + j\sin\frac{\omega T}{2}\right)}$$

$$= -\frac{C_{R1}}{2Cj\sin\frac{\omega T}{2} + C_{R2}\left(\cos\frac{\omega T}{2} + j\sin\frac{\omega T}{2}\right)} \tag{3-16}$$

当采样频率足够高，满足 $\omega T \ll 1$ 时，式（3-16）简化为

$$H(j\omega) = -\frac{C_{R1}}{C_{R2} + j\omega T\left(C + \frac{C_{R2}}{2}\right)} \tag{3-17}$$

令

$$K_o = -C_{R1}/C_{R2}$$

$$\omega_n = \frac{C_{R2}}{T\left(C + \frac{C_{R2}}{2}\right)} \tag{3-18}$$

得

$$H(j\omega) = \frac{K_o}{1 + j\dfrac{\omega}{\omega_n}} \tag{3-19}$$

可见，这是一个低通滤波器。特征角频率为 ω_n，直流增益为 K_o。由式（3-18）可知，开关电容滤波器的截止频率（其中-3dB 截止频率即特征角频率 ω_n）与采样周期 T 成反比。在集成电路中，电容 C_{R2} 和 C 参数固定，而采样频率由用户控制。因此，开关电容滤波器的截止频率容易调整。

开关电容滤波器由两类基本单元构成：（1）积分器；（2）代替有源滤波器中电阻的开关电容。由这两种基本元器件可以构成任意阶低通、高通、带通、带阻滤波器。

3.2 精密整流电路

3.2.1 概述

把正负极性交变的信号转换成单极性的直流信号的过程称为整流。单极性的直流输出电压与输入交流信号的幅值呈线性比例关系的整流称为线性整流，又称精密整流。

众所周知，利用二极管的单向导电性，可以实现较大信号的整流，但是由于二极管的正向伏安特性的非线性及其阈值电压的存在，无法实现精密的线性整流。二极管的伏安特性为

$$I = I_S(e^{\frac{qV}{KT}} - 1)$$

式中，I 为 PN 结二极管的电流（A）；I_S 为反向饱和电流（A）；V 为外加电压（V）；q 为电子电荷量（C）；K 为玻尔兹曼常数；T 为热力学温度（K）。

二极管的伏安特性曲线及等效电路如图 3-7 所示。图中，V_D 为二极管的阈值（导通）电压，r 为二极管的动态电阻，它表示当偏压高于 V_D 后特性曲线的斜率。二极管的特性可用图 3-7（b）所示的等效电路来描述，这里忽略了二极管的反向漏电流，实际上对于硅二极管这种反向漏电流是相当小的。二极管的这种非线性特性决定了用它无法实现良好的线性转换。例如，当输入信号为线性的三角波时，经二极管整流电路后的输出波形将产生明显的畸变。二极管整流电路的畸变现象如图 3-8 所示。输入信号越小，畸变越严重。当输入信号幅值小于二极管的阈值电压 V_D 之后，输出电压为零，电路失去整流作用。因此，为实现精密的线性整流，必须解决两个问题：一是改

善二极管的非线性特性,以实现良好的线性转换关系;二是减小二极管阈值电压的影响,使其能对尽可能小的输入信号进行转换。采用运算放大器和普通二极管组成的有源整流电路,能有效地解决以上两个问题。

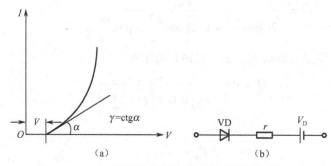

图 3-7 二极管的伏安特性曲线及等效电路

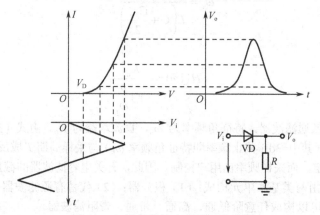

图 3-8 二极管整流电路的畸变现象

按整流特性可把精密整流电路分为精密半波整流电路、精密全波整流电路和峰值整流电路。用于整流检波电路的集成运算放大器,当信号频率小于 10kHz 时,使用 LF356 或 TL071 系列已能满足要求;当信号频率大于 10kHz 时,需使用高速集成运算放大器 LF138 或 HA2525、μA715 等。

3.2.2 精密半波整流电路

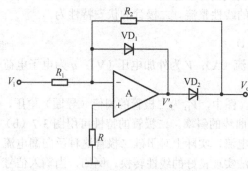

图 3-9 由运算放大器和二极管组成的精密半波整流电路

由运算放大器和二极管组成的精密半波整流电路如图 3-9 所示。两个二极管分别接在运算放大器的反馈回路中,运算放大器接成反相放大器形式。

设输入信号为正弦信号,即 $V_i = V_{im}\sin\omega t$。当输入电压为正时,运算放大器输出电压 V_o' 为负,二极管 VD_1 导通,VD_2 截止。VD_1 导通使运算放大器处于深度负反馈状态,从而保证了运算放大器的反相输入端为虚地。由于输出信号是从虚地经过电阻 R_2 而输出的,所以输出电压 $V_o = 0$。

当输入电压为负时,运算放大器的输出电压 V_o' 为正,二极管 VD_1 截止,而 VD_2 的状态取决于

V'_o 的大小。若 $V'_o<V_D$，VD_2 亦截止，则运算放大器处于开环工作状态，此时，$V'_o=-A_oV_o\leq V_D$，即有 $V_i\leq V_D/A_o$。因为运算放大器的开环增益很高（A_o 一般为 $10^4\sim10^6$），所以这时 $V_i\approx0$。因为 $V_o=V_i$，所以 V_o 亦很小，可看作零。这就相当于把二极管的阈值电压 V_D 降低 $1/A_o$，从而有效地克服了二极管的阈值电压 V_D 对整流性能的影响，大大地提高了电路对于小信号的整流能力。一旦 $V'_o>V_D$，VD_2 导通，运算放大器就处于反相比例放大工作状态，其输出的电压 $V_o=-(R_2/R_1)V_i$。如果取 $R_1=R_2$，那么有 $V_o=-V_i$。显然，由于 VD_2 的导通，使运算放大器处于深度负反馈闭环工作状态，而 VD_2 又处于反馈回路之中，因此二极管 VD_2 导通后的非线性特性由于负反馈的作用而明显地改善，使整流电路的输出和输入之间具有良好的线性关系。根据以上分析，精密半波整流电路的输出电压为

$$V_o = \begin{cases} 0 & V_i > 0 \\ |V_i| & V_i < 0 \end{cases} \tag{3-20}$$

精密半波整流器的波形图及整流特性如图 3-10 所示。图中 $\overline{V}_o$ 是指经滤波后的直流输出电压。

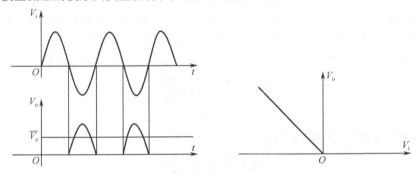

图 3-10 精密半波整流器的波形图及整流特性

如果需要对输入电压的正半周进行整流，那么只要把图 3-9 电路中的两个二极管同时反接即可。

为了定量地说明精密半波整流电路中的二极管阈值电压 V_D 和非线性电阻 r 所产生的非线性误差，可将图 3-9 中的二极管用图 3-7（b）中的等效电路描述。精密半波整流电路的等效电路如图 3-11 所示。

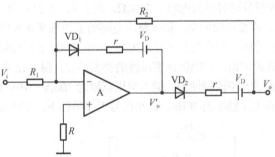

图 3-11 精密半波整流电路的等效电路

由图 3-11 可知，在输入信号 V_i 的负半周内，

$$V_o = \frac{R_2}{R_2+r}(V'_o - V_D)$$

而

$$V'_o = -A_o\left(\frac{R_2}{R_1+R_2}V_i + \frac{R_1}{R_1+R_2}V_o\right)$$

由以上两式得

$$V_o = -\frac{R_2}{R_2\left(1+\frac{1}{A_o\beta}\right)+\frac{r}{A_o\beta}}\left(\frac{R_2}{R_1}V_i + \frac{V_D}{A_o\beta}\right) \tag{3-21}$$

式中，$\beta = \frac{R_1}{R_1+R_2}$。

因为有

$$A_o\beta \gg 1$$

所以有

$$V_o = -\frac{R_2}{R_2+\frac{r}{A_o\beta}}\left(\frac{R_2}{R_1}V_i + \frac{V_D}{A_o\beta}\right) \tag{3-22}$$

该式表明，在精密半波整流电路中，二极管的阈值电压 V_D 和非线性电阻 r 仍会影响电路的输出而造成误差，但是由于负反馈的作用，把这种影响减小为原来的 $1/A_o\beta$。

若将这种电路用作平均值测量时，当输入电压为正弦波时，则输出电压的平均值为

$$\overline{V_o} = -\frac{2R_2V_{im}}{\pi R_1}\frac{R_2}{R_2+\frac{r}{A_o\beta}}\left(1+\frac{\pi R_1}{2R_2}\frac{V_D}{A_o\beta V_{im}}\right) \tag{3-23}$$

由式（3-21）可得 V_D 引起的相对误差为

$$\delta_V = \frac{\pi(R_1+R_2)}{2A_oR_2}\frac{V_D}{V_{im}} \tag{3-24}$$

r 引起的相对误差为

$$\delta_r = \frac{r}{A_o\beta R_2} \tag{3-25}$$

由于 A_o 很大，所以上述误差是很小的。例如，若 $A_o=10^5$，$R_1=R_2=10\text{k}\Omega$，$V_{im}=1\text{V}$，采用硅二极管，其阈值电压 $V_D=0.5\text{V}$，二极管导通时最大电阻 $r=500\text{k}\Omega$，则由式（3-24）和式（3-25）计算出的相对误差分别为：$\delta_V \approx 0$，$\delta_r = 0.1\%$。需要指出的是，精密整流电路的工作频率在大信号时会受到运算放大器压摆率（S_R）的限制，在小信号时，又会受到运算放大器-3dB 带宽（f_c）的限制。所以必须根据实际工作频率选择合适的集成运算放大器，才能保证整流器的整流精度。图 3-12 所示为精密半波整流器的实用电路。它对输入电压的正半波整流特性为：输入电压范围为 20mV～10V 范围内，误差小于 0.1%；在大信号工作条件下，最高工作频率为 7kHz，在小信号工作条件下，工作频率可达 700kHz。

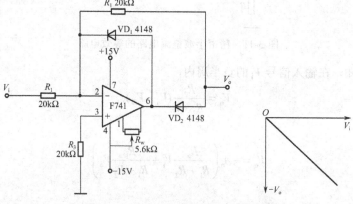

图 3-12 精密半波整流器的实用电路

3.2.3 精密全波整流电路

以前述精密半波整流电路为基础,可以构成精密全波整流电路。它的输出电压与输入电压幅值成比例,而与输入电压极性无关,即输出电压与输入电压的绝对值成比例,故将这种电路称为绝对值电路。构成绝对值电路的方法有很多,下面介绍几种基本的绝对值电路。

1. 简单绝对值电路

简单绝对值电路由半波整流电路和加法器电路两部分组成,图 3-13 所示为简单绝对值电路。图中 A_1 构成半波整流电路,A_2 构成加法器电路。

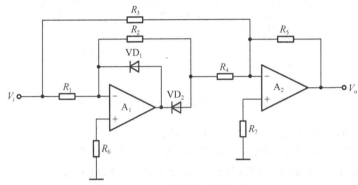

图 3-13 简单绝对值电路

一般取 $R_1=R_2=R_3=R_5=2R_4$,$R_4=R_0$。

当 $V_i>0$ 时,运算放大器 A_1 的输出电压 $V_{o1}<0$,VD_2 导通,VD_1 截止。$V_{o1}=-V_i$。

$$V_o=-2V_{o1}-V_i=V_i$$

当 $V_i<0$ 时,VD_1 导通,VD_2 截止。$V_{o1}=0$。

$$V_o=-V_i=|V_i|$$

简单绝对值电路的波形图及特性如图 3-14 所示。这种电路适合在频率较低时工作。频率较高时,由于 A_1 的相移会使输出波形失真。可以采用频率补偿,减少误差。输入阻抗小是它的另一个缺点,$R_i = R_1 // R_3$。

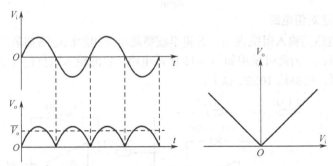

图 3-14 简单绝对值电路的波形图及特性

2. 仅需一对匹配电阻的绝对值电路

绝对值电路的增益为 1,而跟随器的增益也为 1,且跟随器不要求电阻匹配。故采用反相型半波整流电路和电压跟随器相结合的方式可以减少匹配电阻的数量。

仅需一对匹配电阻的绝对值电路如图 3-15 所示。

设 $R_1=R_2$,

当 $V_i>0$ 时，$V_{o1}<0$，VD_1 导通，VD_2 截止，同向输入使得 VD_4 导通，VD_3 截止。A_2 为跟随器（R_4 上电流为零），因此，

$$V_o = V_i$$

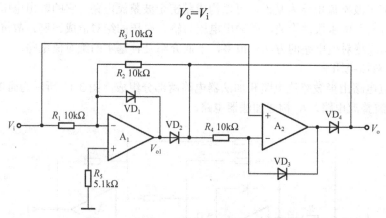

图 3-15 仅需一对匹配电阻的绝对值电路

A_2 的反馈电阻 R_4、输入电阻 R_3 与 A_2 的闭环增益无关。

当 $V_i<0$ 时，VD_2 导通，VD_3 导通，VD_4 截止，VD_3 导通。A_2 的输出与总输出断开。VD_3 仍使 A_2 处于闭环工作状态。VD_1 截止，VD_2 导通，A_1 处于反相比例放大状态。

$$V_o = -\frac{R_2}{R_1}V_i = -V_i$$

综上所述，电路的输出、输入关系为

$$V_o = \begin{cases} V_i, & V_i > 0 \\ -V_i, & V_i < 0 \end{cases} \tag{3-26}$$

即有

$$V_o = |V_i|$$

所以该电路亦能实现绝对值运算，而且仅需要一对匹配电阻。但是该电路的输入电阻依然较小，它取决于 R_1 的大小，即

$$R_i = R_1$$

3. 高输入阻抗绝对值电路

由于同相输入电路的输入阻抗很高，若将半波整流电路和加法电路都采用同相输入的形式，则能大大提高输入阻抗。为此可采用如图 3-16 所示电路，它的输入阻抗约等于两个运算放大器的共模输入电阻的并联，可高达 $10M\Omega$ 以上。

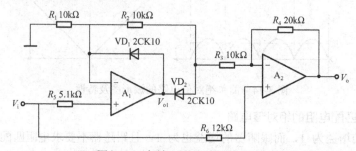

图 3-16 高输入阻抗绝对值电路

当 $V_i>0$ 时，VD_1 导通，VD_2 截止。A_1 的反相端电位与 A_2 的反相端电位相等，且均等于 V_i。此时 R_2 和 R_3 上无电流（因 VD_2 截止，R_2 和 R_3 两端电位相等），因而 R_4 上也不可能有电流。所以

A_2 为同相跟随器，其输出电压为

$$V_o = V_i$$

当 $V_i < 0$ 时，VD_1 截止，VD_2 导通。A_1 处于同相比例运算状态，A_1 电路的输出电压 $V_{o1} = \left(1 + \dfrac{R_2}{R_1}\right) V_i$。

A_2 的反相端输入电压为 V_{o1}，而同相端输入电压为 V_i，经 A_2 叠加后得电路的输出电压为

$$V_o = \left(1 + \dfrac{R_4}{R_3}\right) V_i - \dfrac{R_4}{R_3}\left(1 + \dfrac{R_2}{R_1}\right) V_i$$

若按下式选取匹配电阻，

$$R_1 = R_2 = R_3 = \dfrac{1}{2} R_4 \tag{3-27}$$

则得

$$V_o = -V_i$$

可见，该电路亦具有式（3-26）所示之输出、输入关系，即实现了绝对值运算。该电路输入阻抗高，但需要 4 个匹配电阻，而且由于采用同相电路，必须注意运算放大器的共模抑制比和共模输入电压范围的选用。

4. 高精度绝对值电路

用模拟开关取代二极管而组成的全波整流电路可完全消除二极管阈值电压 V_D 及非线性电阻 r 对整流性能的影响，从而组成高精度绝对值电路，如图 3-17（a）所示。它由反相器、过零检测器和模拟开关组成。过零检测器检测输入信号极性，其输出 V_c 为高低电平信号，用以控制模拟开关 S_1、S_2 的接通与断开。

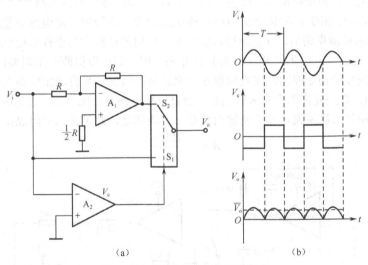

图 3-17　高输入阻抗绝对值电路

当 $V_i > 0$ 时，V_c 为低电平，输出端与 S_1 接通，输出电压为 $V_o = V_i$。当 $V_i < 0$ 时，V_c 为高电平，开关接向 S_2，输入 V_i 经反相后传向输出端，输出电压 $V_o = -V_i$。所以有 $V_o = |V_i|$，即实现了绝对值运算。当输入为正弦信号 V_i 时，电路的波形如图 3-17（b）所示。

这种电路可对 1mV 左右的小信号进行检测，其误差小于 0.05%。

3.2.4 峰值整流电路

峰值检波器的输出能跟踪输入信号的峰值，并保持峰值直到复位信号到来为止，或输入信号

终止后，通过放电电阻缓慢放电使输出复位。最基本的峰值电路是由半波整流电路、记忆电容和缓冲放大器组成的反馈电路，图 3-18 所示为峰值整流电路。

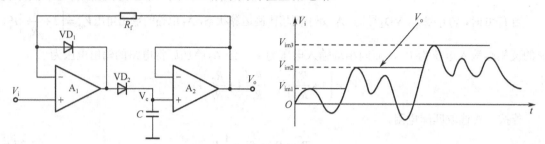

图 3-18 峰值整流电路

设电路的初始状态为 $V_i=0$ 时，$V_c=V_o=0$。当 V_i 为正时，VD_1 截止，VD_2 导通，电容 C 很快被充电，使 $V_c=V_i$。由于输出电压 V_o 通过电阻 R_f 反馈到 A_1 的反相端，使电路成为一个电压跟随器，所以 $V_o=V_i$，即输出电压 V_o 随着输入电压 V_i 的增大而增大，但不会超过 V_i。当 V_i 增大到峰值后开始下降时，A_1 的同相端电压就小于反相端电压，从而使得 VD_1 导通，VD_2 截止。电容 C 处于记忆状态，其电压 V_c 保持不变，则输出电压 V_o 保持为输入信号的第一个峰值 V_{imax}。只要 A_2 的输入阻抗足够高，VD_2 的反向漏电流足够小，A_1 和 A_2 的开环增益足够大，则 $V_o=V_{imax}$ 就足够精确。若 V_i 经下降后又继续增大，则当 $V_i>V_o$ 时，重复上述过程。所以峰值整流电路的实质是仅当后续信号大于前面的信号时，C 被充电，输出跟随该瞬时的输入电压。当输入电压减小时，输出电压保持为该瞬时前的最大输入电压。上述电路为正峰值整流电路，若把二极管 VD_1、VD_2 反接，则可构成负峰值整流电路。由正峰值和负峰值整流电路可组成峰-峰值整流电路。

图 3-19 所示为实用的峰-峰值整流电路。该电路由正、负峰值整流电路和差动放大器组成。输入信号 V_i 经峰值整流电路后，分别测得 $+V_p$ 和 $-V_p$，再由差动放大器进行减运算则可得输出电压为 $V_o=+V_p-(-V_p)=V_{p-p}$。图 3-19 中 S_1、S_2 为复位开关，用它们可以检测一定周期内的输入信号峰-峰值，复位开关受复位指令控制，在复位指令未来之前，输出信号自动跟踪输入信号的峰-峰值，并保持该峰-峰值，直到复位指令到来时为止。当复位指令使开关闭合后，记忆电容电压为零，接着打开开关，开始第二次整流。若要使输出具有一定的增益，则可接入电阻 R_G，电路的增益为

$$A = 1 + \frac{20\text{k}\Omega}{R_G}$$

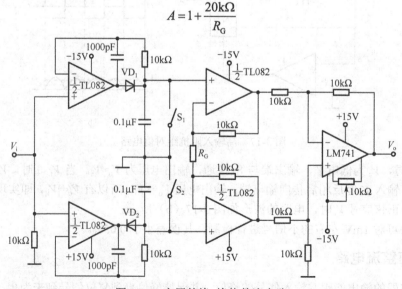

图 3-19 实用的峰-峰值整流电路

3.2.5 整流电路的应用

用两个运算放大器构成的快速全波整流器电路如图 3-20 所示,它是一种精密全波整流器的电路,它的性能如下。

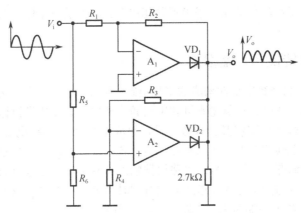

图 3-20 用两个运算放大器构成的快速全波整流器电路

(1) 在输入和输出(在链路中只有一个运算放大器)之间具有最小的延迟时间。
(2) 正输入和负输入延迟时间相似。
(3) 不需要匹配二极管或调整电路。

当 $V_i>0$ 时,运算放大器 A_1 的输出为负,因此,反向偏置的二极管 VD_1 阻塞了 A_1 至 V_o 的输出通道。而运算放大器 A_2 的输出为正,所以正向偏置的二极管 VD_2 决定了在 $V_i\left[\dfrac{R_6}{(R_6+R_5)}\right]$ 时的电压 V_B。此同相放大器的增益为 $\left[\dfrac{R_6}{(R_6+R_5)}\left(1+\dfrac{R_3}{R_4}\right)\right]$。

当 $V_i<0$ 时,运算放大器 A_1 的输出为正,所以 $V_A=0$,二极管 VD_1 变成正向偏置,反相放大器的增益为 R_2/R_1。而运算放大器 A_2 的输出为负,所以反向偏置的二极管 VD_2 阻塞了 A_2 至 V_o 的输出通道。图 3-20 所示电路有可能出现下述 3 种情况:

① 对于单位增益而言,$R_3=R_5=0$,$R_4=R_6=\infty$,$R_1=R_2$。对于这种设计,$R_1=R_4=4.75\text{k}\Omega\pm1\%$,并且在 25Hz 和 4Vrms 时,输入为正弦波。

② 对于增益大于单位增益来说,$R_5=0$,$R_6=\infty$,增益为 $\dfrac{R_2}{R_1}=\left(1+\dfrac{R_3}{R_4}\right)$。满足这个增益等式的正输入信号都会产生相等的增益。

③ 对于增益低于单位增益来说,$R_3=0$,$R_4=\infty$,增益为 $\dfrac{R_2}{R_1}=\dfrac{R_6}{R_6+R_5}$。满足这个增益等式的正输入信号和负输入信号都会产生相等的增益。

3.3 鉴相电路

3.3.1 概述

鉴相电路又称相位解调电路,它的作用是将输入端的两个信号之间的相位差转换成某种输入信号,从而实现调相波的解调。输入端的两个信号,一个为输入信号,另一个为参考相位信号。

输出信号可以是模拟电压，也可以是数字量。前者称为模拟鉴相电路，后者称为数字鉴相电路。输出信号的大小与输入信号相对于参考信号的相位移成比例，输出信号的正、负取决于输入信号相对于参考信号相位的超前、滞后关系。鉴相电路广泛地应用于锁相技术、角度调制解调、频率合成技术及检测仪器中。

鉴相电路可采用基于乘法原理而组成模拟鉴相电路，亦可采用相位/脉宽（转换式）鉴相器及相位/数字转换器。

3.3.2 相位/脉宽（转换式）鉴相器

相位/脉宽鉴相器是利用数字部件构成的鉴相电路，这种电路既简单又方便，它可把输入端信号间的相位差转换成脉冲宽度。该脉宽既可利用低通滤波器将其变成模拟输出电压，构成模拟鉴相电路，又可直接通过数字电路将其变成数字量，组成相位/数字鉴相电路。相位/脉宽鉴相器要求输入信号和参考信号必须都是方波序列脉冲信号，若不是方波信号，则应提前采用过零检测电路或放大整形电路将它们变成方波信号。电路根据输入和参考信号过零点的时间来工作，其输出亦为脉冲信号，脉冲宽度与两个输入波形之间的过零时间差（相位差）成比例，而与波形的其他部分无关。相位/脉宽鉴相电路通常由门电路和触发器组成。

1. 异或门鉴相器

异或门电路是指，当有两个输入信号时，在一个为 1，一个为 0 的情况下，输出为 1，否则输出为 0 的电路，或者说，"异"者为 1，"同"者为 0。能完成这种功能的异或门集成电路有 74LS86 和 CD4070B 等，也可由 4 个与非门电路组成，异或门鉴相器如图 3-21 所示。

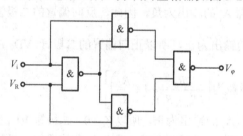

图 3-21 异或门鉴相器

设 V_R、V_i 为两个同周期的对称方波信号。当瞬时相位差 $\varphi_e = 0$ 时，这两个信号之间具有 $\pi/2$ 的初始固有相位移。这时异或门的输出电压 V_φ 为对称方波（占空比 $\delta = 50\%$），频率为输入信号的 2 倍，其波形如图 3-22（a）所示，输出电压的平均值 $\overline{V_\varphi} = 0$。当瞬时相位差 φ_e 为 $0 \sim -\dfrac{\pi}{2}$ 时，相当于在图 3-22（a）的基础上，把 V_i 的波形向右移，输出信号的占空比 δ 为 $0 \sim 50\%$，其平均值 $\overline{V_\varphi}$ 为负值，如图 3-22（b）所示。

当瞬时相位差 φ_e 为 $0 \sim \dfrac{\pi}{2}$ 时，相当于在图 3-22（a）的基础上，把 V_i 的波形向左移，使 V_i 的上升沿与 V_R 波形的下降沿相接近，输出信号的占空比 δ 为 $50\% \sim 100\%$，其平均值 $\overline{V_\varphi}$ 为正值，如图 3-22（c）所示。当 V_i 的上升沿与 V_R 的下降沿对齐时，瞬时相位差 $\varphi_e = \dfrac{\pi}{2}$，占空比 $\delta = 100\%$，输出电压的平均值达到正的最大，即 $\overline{V_\varphi} = V_m$。

综上所述，异或门鉴相器的鉴相特性为三角形特性，如图 3-22（d）所示。输出电压的平均值及线性范围分别为

$$\overline{V_\varphi} = \frac{2V_m}{\pi}\varphi_e \tag{3-28}$$

$$-\frac{\pi}{2} \leqslant \varphi_e \leqslant \frac{\pi}{2} \tag{3-29}$$

式中，V_m 为输出脉冲的幅值。

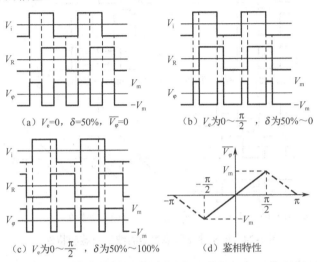

图 3-22 异或门鉴相器的波形图及鉴相特性

式（3-28）和式（3-29）表明，异或门鉴相器的线性范围较小，且要求两个输入信号的占空比 δ 必须为 50%，即它们是等宽方波。

2. R-S 触发器鉴相器

由触发器组成的鉴相器可由 R-S 触发器组成，也可由 J-K 触发器实现。图 3-23 所示为由与非门组成的 R-S 触发器鉴相器。

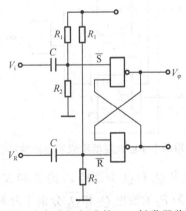

图 3-23 由与非门组成的 R-S 触发器鉴相器

图 3-23 由电阻 R_1、R_2 构成分压电路使触发器的 $\overline{R}$、$\overline{S}$ 端均为高电平，R_1、R_2 又与电容 C 组成微分电路，由信号波形的下降沿产生负脉冲使电路翻转。

根据 R-S 触发器的逻辑特性，可分别画出 $\varphi_e=0$、$\varphi_e<0$ 和 $\varphi_e>0$ 的输出信号的波形及鉴相特性，图 3-24 所示为 R-S 触发器鉴相器的波形及鉴相特性。

由图 3-24 可见，R-S 触发器的鉴相特性为锯齿特性。输出电压的平均值及线性范围分别为

$$\overline{V_\varphi} = \frac{V_m}{\pi}\varphi_e \tag{3-30}$$

$$-\pi < \varphi_e < \pi \tag{3-31}$$

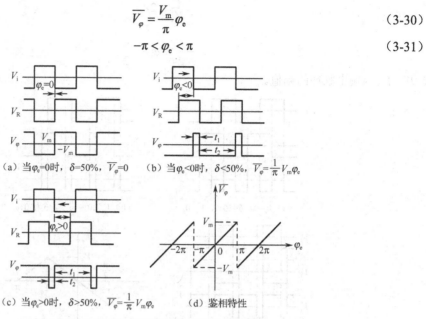

图 3-24　R-S 触发器鉴相器的波形及鉴相特性

显然，R-S 触发器鉴相器的线性范围比异或门鉴相器扩大了 1 倍，而且由于采用输入信号和参考信号的下降沿触发电路，故对输入和参考信号波形的占空比无特殊要求。但是在这种方案中利用 RC 微分网络提取跳变触发信号，虽然简单，却易受干扰而产生误触发。

3．J-K 触发器鉴相器

用两个 J-K 触发器组成的边沿触发型鉴相器如图 3-25 所示。

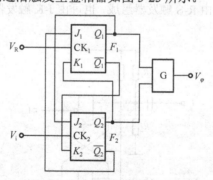

图 3-25　用两个 J-K 触发器组成的边沿触发型鉴相器

该电路的特点：因为 F_1 的输出 Q_1 和 $\overline{Q_1}$ 分别接 F_2 的 J_2 和 K_2，所以 F_2 在 CK_2 端受下跳沿触发后，建立的状态与 F_1 相同；因为 F_2 的输出 Q_2 和 $\overline{Q_2}$ 分别作为 F_1 的 K_1 和 J_1 的输入，所以 F_1 在 CK_1 端受下跳沿触发后，建立的状态与 F_2 相反。根据上述特点，并考虑到 F_1 和 F_2 是下跳沿触发的 J-K 触发器，就可分别画出当 $\varphi_e=0$，$\varphi_e<0$ 及 $\varphi_e>0$ 时 Q_1 和 Q_2 的输出波形及经过与门后的输出脉冲波形和鉴相特性，图 3-26 所示为 J-K 触发器鉴相器的波形及鉴相特性。

由图 3-26 可见，J-K 触发器鉴相器的鉴相特性亦为锯齿特性，输出电压平均值及鉴相线性范围分别为

$$\overline{V_\varphi} = \frac{V_m}{4\pi}\varphi_e \tag{3-32}$$

$$0 < \varphi_e < 2\pi \tag{3-33}$$

$\varphi_e=0$,2π,4π,…点是奇异点,其 $\overline{V_\varphi}$ 值不确定。所以 J-K 触发器鉴相器的有效鉴相范围为 2π。它在整个相位差范围内都是线性的。由于取消了 R-S 触发器中的 RC 微分网络,所以提高了鉴相器的抗干扰能力。

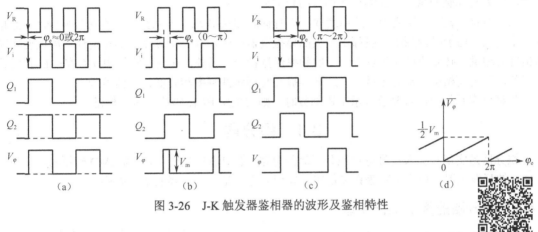

图 3-26 J-K 触发器鉴相器的波形及鉴相特性

JK 触发器鉴相器

3.3.3 相位/数字转换器

相位/数字转换器用以将输入信号与参考信号间的相位差转换为数字量输出。它可由模拟鉴相器和 A/D 转换器构成,但最简便的方法是利用基本数字电路将相位/脉宽鉴相器的输出脉冲宽度直接转换成数字量。采用图 3-23 的 R-S 触发器鉴相器组成的相位/数字转换器电路如图 3-27 所示。

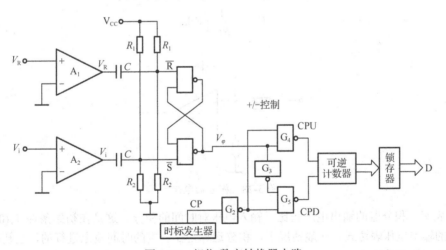

图 3-27 相位/数字转换器电路

图 3-27 中,输入信号 V_i 和参考信号 V_R 分别经鉴零器 A_1、A_2 变成方波信号 V_i 和 V_R。由 R-S 触发器组成相位/脉冲鉴相器,其输出信号 V_φ 的脉冲宽度与相位差成比例,由与非门 G_2、G_3、G_4 和 G_5 组成单时钟控制电路,由鉴相器的输出脉宽信号进行 +/- 控制。当 V_φ 为 1 时,可逆计数器进行加计数,而当 V_φ 为 0 时,进行减计数。由图 3-24 的波形图可以看出,当 $\overline{V_\varphi}=0$ 时,鉴相器的输出脉冲 V_φ 为对称方波,即 V_φ 为 1 的持续时间 t_1 与为 0 的持续时间 t_2 相等,可逆计数器的加计数值 N_1 与减计数值 N_2 相等,因而电路的输出数字量 $D=0$。当 $\overline{V_\varphi}<0$ 时,V_φ 为 1 的持续时间 t_1 小于为 0 的持续时间 t_2,可逆计数器的计数值 $N_1<N_2$,输出数字量 D 必为负。同理,当 $\overline{V_\varphi}>0$ 时,输出

数字量 D 为正。由输出数字量的正、负可判断输入信号与参考信号相位间的超前、滞后关系，而输出数字量的大小与两信号间的相位差成比例，即

$$D = n_\varphi = N_1 - N_2 = (t_1 - t_2)f_{cp} = T_\varphi f_{cp} = \frac{f_{cp}}{\omega}\varphi_e \qquad (3\text{-}34)$$

式中，f_{cp} 为时标脉冲频率；ω 为输入信号的角频率。

式（3-34）表明，检测相位的精度取决于时标脉冲频率 f_{cp}、输入频率、参考信号频率 f 的精度和稳定性。由于时钟频率一般都由石英晶体振荡器产生，具有十分良好的稳定性，所以要实现高精度的测量，必须使输入和参考信号的频率保持稳定。另外，在数字测量中还存在±1LSB 的量化误差，为提高相位测量的分辨率，应适当提高时标脉冲频率和降低输入信号频率。

目视仪表系统中，若要求显示十进制数时，则应采用 BCD 码的可逆计数器。

3.4 积分器

积分器是实现对输入信号进行积分运算的电路。它具有广泛的用途，如 A/D 转换器、压控振荡器、波形发生器、扫描电路等许多电路都能用到它，是一种重要的基本电路。

3.4.1 积分器的基本工作原理

一般常用的积分器均由运算放大器构成。图 3-28 所示为积分器电路。若运算放大器和电容均为理想的，利用运算放大器"虚地"概念，则有 $I_i = I_c$，$V_o = -V_c$，而

$$V_o = -V_c = -\frac{Q}{C} = -\frac{1}{C}\int I_c dt = -\frac{1}{C}\int I_i dt = -\frac{1}{RC}\int V_i dt = -\frac{1}{\tau}\int V_i dt$$

式中，$\tau = RC$，称为积分器的时间常数。所以，积分器的输出电压为

$$V_o = -\frac{1}{RC}\int V_i dt$$

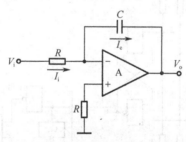

图 3-28 积分器电路

这就表明，积分器的输出电压正比于输入电压对时间的积分。这是在初始条件 $V_c(0)=0$ 的情况下得出的输出电压表达式。一般情况下，积分运算是在一定的时间段上进行的，当初始条件不为零时，积分器的输出为

$$V_o = -\frac{1}{RC}\int V_i dt - V_c(0)$$

不难看出，积分器能精确地实现积分运算的关键是运算放大器反相端的"虚地"，"虚地"既保证了电容的充电电流正比于输入电压，又保证了电容两端的电压在数值上等于输出电压。不论什么原因使运算放大器的反相端偏离"虚地"时，都会使积分器产生误差。

在特殊情况下，如果输入电压是一个常数，即 V_i 是直流电压，那么这时输出电压为

$$V_o = -\frac{V_i}{RC}t = -\frac{V_i}{\tau}t \qquad (\tau = RC)$$

这说明，当输入电压为直流电压时，输出电压是随时间变化的线性函数，其变化率与V_i成正比，这种电路可用于产生三角波或锯齿波。

如果输入电压为正弦交流电压，即如果输入正弦电压$V_i = V_m \sin \omega t$，那么输出电压为

$$V_o = \frac{V_m}{\omega RC} \cos \omega t = \frac{V_m}{\omega \tau} \cos \omega t$$

可见，输出亦为交流电压，其幅值与角频率ω成反比，而相位超前输入电压$\frac{\pi}{2}$。其幅频和相频特性为$\frac{1}{\omega RC}$，称为幅值放大倍数。以K表示，

$$K = \frac{1}{\omega RC} = \frac{\omega_0}{\omega}$$

若$\omega \to \infty$，则$K=0$；
若$\omega = \omega_0$，则$K=1$；
若$\omega = 0$，则$K \to \infty$。

这表明输入信号的频率越低，幅值放大倍数越大。当输入的信号频率等于$\omega_0 = \frac{1}{RC}$时，幅值放大倍数$K=1$。所以积分器是一个低通滤波器。

输出电压V_o超前于输入电压V_i的相位90°（$\frac{\pi}{2}$），即$\varphi(\omega) = \frac{\pi}{2}$。

积分器的幅相频率特性如图3-29所示。

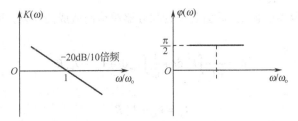

图3-29 积分器的幅相频率特性

3.4.2 积分器误差分析

前面的分析是在假定运算放大器及积分电容均为理想的情况下进行的。实际上，运算放大器的开环增益A_o和输入电阻R_i均非无穷大，而且积分电容还存在着漏电阻R_C，因此积分器输出电压的斜率并不是常数，而是随着时间的增长而逐渐减小，从而造成非线性误差。另外，运算放大器失调电压V_{os}、失调电流I_{os}及其漂移的存在，也会引起积分器的附加输出而产生积分漂移误差，非线性误差及漂移误差统称为积分器的静态误差。由于运算放大器的带宽增益积和积分电容的吸附效应的影响，会使积分器不能瞬时地响应交变的输入信号，从而引起动态误差。现对各主要误差源的影响分别加以讨论。

1. 积分漂移（漂移的积分）

积分漂移是指输入信号为零时，积分器的输出电压随时间增加而向正或负方向缓慢变化，直至运算放大器饱和。积分漂移可引起很大的积分误差。

假设运算放大器的开环增益A_o为无穷大，但考虑到运算放大器的失调电压V_{os}和同相端及反相端的偏置电流I_{b+}、I_{b-}，可将积分器漂移表示为图3-30所示的形式。

对图3-30所示的积分器，可列出如下方程，

$$V_i = IR + V_{os} - I_{b+}R_r$$

$$V_o = -\frac{1}{C}\int(I - I_{b-})dt + V_{os} - I_{b+}R_r$$

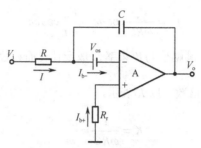

图 3-30 积分器的漂移

由上式解得

$$I = \frac{V_i}{R} - \frac{V_{os}}{R} + I_{b+}\frac{R_r}{R}$$

最后解得

$$V_o = -\frac{1}{RC}\int V_i dt + \frac{1}{RC}\int V_{os}dt + \frac{1}{C}\int\left(I_{b-} - \frac{R_r}{R}I_{b+}\right)dt + V_{os} - I_{b+}R_r$$

$$= -\frac{1}{RC}\int V_i dt + \delta$$

式中，第一项为理想积分器的输出；后面各项为积分器漂移而造成的误差，用 δ 表示。通常取 $R_r=R$，则该误差为

$$\delta = \frac{1}{RC}\int V_{os}dt + \frac{1}{C}\int I_{os}dt + V_{os} - I_{b+}R$$

当 $t=0$ 时，

$$V_o = V_{os} - I_{b+}R$$

式中，$I_{os} = I_{b-} - I_{b+}$，为运算放大器的失调电流。

由上式可以看出，减小积分漂移误差的根本措施是选用 V_{os}、I_b、I_{os} 小的运算放大器。一般通用运算放大器只可用作短时间的积分器，当积分时间较长时，应选用场效应管输入的运放或斩波稳零放大器。在保证积分时间常数 τ 一定的条件下，尽可能地选用较大的电容 C 可减小失调电流 I_{os} 的影响，不过大容量的电容会受到漏电阻和体积的限制。一旦运算放大器选定之后，对失调参数进行仔细的补偿调整亦是减小积分漂移的重要手段。另外可以看出，当 $t=0$ 时，$V_o = V_{os} - I_{b+}R$，这时因为电容两端的电压不能突变，所以 V_{os} 和 $I_{b+}R$ 直接反映到输出端。通过调零装置可将运算放大器的初始失调电压调整到零，从而减小积分器初始输出电压的跳变。

随着时间的增长，V_{os}、I_{os} 造成的误差将逐渐增大。

2. 运算放大器开环增益 A_o、输入电阻 R_i、积分电容的漏电阻 R_C 所引起的误差

考虑到运算放大器开环增益 A_o、输入电阻 R_i 和积分电容的漏电阻 R_C 有限的影响后，实际的积分器电路如图 3-31（a）所示。根据"密勒效应"，可得到图 3-31（b）所示的等效电路。电容 C 和漏电阻 R_C 可等效与接在运算放大器反相端与地之间的电容和 C_m 和电阻 R_m。其等效值为

$$C_m = (1+A_o)C \approx A_oC$$

$$R_m = \frac{R_C}{1+A_o} \approx \frac{R_C}{A_o}$$

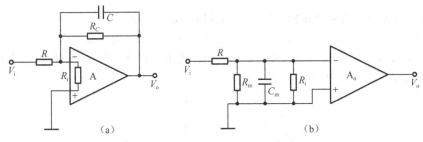

图 3-31　A_o、R_i 和 R_C 对积分器的影响

对图 3-31（b）进行拉氏变换可得

$$V_o(S) = -A_o \frac{R_i // R_m // (1/SC_m)}{R + R_i // R_m // (1/SC_m)} V_i(S)$$

$$= -A_o \frac{R_i R_m}{R(R_i + R_m) + R_i R_m} \frac{V_i(S)}{1 + \left[\dfrac{R_i R_m}{R(R_i + R_m) + R_i R_m}\right] RC_m S}$$

若积分器的输入电压为阶跃信号，则对上式进行拉氏反变换可得

$$V_o(t) = \frac{A_o R'}{R' + A_o R}(1 - e^{-\frac{t}{\tau}}) V_i \tag{3-35}$$

式中，$R' = A_o R_i // R_C$；$\tau = \dfrac{A_o R' R}{R' + A_o R} C$

将式（3-35）中的指数函数按麦克劳林级数展开并取前两项可得

$$V_o(t) = -\frac{V_i}{RC} t \left(1 - \frac{t}{2\tau}\right) = -\frac{V_i}{RC} t \left[1 - \frac{t}{2A_o R'' C}\right]$$

式中，$R'' = R // R_i // \left(\dfrac{R_C}{A_o}\right)$。上式第一项是积分器的理想输出，第二项是由 R_i、A_o、R_C 引起的非线性误差。相对误差为

$$\delta = \frac{t}{2A_o R'' C} = \frac{t}{2A_o RC} + \frac{t}{2A_o R_i C} + \frac{t}{2R_C C} = \delta_{A_o} + \delta_{R_i} + \delta_{R_C}$$

可见由 A_o、R_i、R_C 引起的非线性误差分别为

$$\delta_{A_o} = \frac{t}{2A_o RC} \tag{3-36}$$

$$\delta_{R_i} = \frac{t}{2A_o R_i C} \tag{3-37}$$

$$\delta_{R_C} = \frac{t}{2R_C C} \tag{3-38}$$

由上面的式子可见，在积分时间常数 RC 和积分时间一定的条件下，积分器的非线性误差与 A_o 成反比。在设计积分器时，δ_{A_o} 可用来估算在预定的非线性误差下，所需的积分器的运算放大器开环增益 A_o 的大小。δ_{R_i} 为运算放大器的 R_i 有限带来的误差。如取 $R = 0.1 R_i$ 时，R_i 有限带来的误差可忽略不计。δ_{R_C} 为电容漏电阻 R_C 有限带来的误差。由于电容的漏电阻与电容量的大小有一定的关系，当同一介质、同一温度条件时，电容 C 与漏电阻 R_C 之积为一个常数，称为电容的漏电时间常数。所以由漏电阻引起的误差与电容的漏电时间常数成反比。为减小这种误差，应选用漏电时间常数大的优质电容。

3. 运算放大器有限带宽增益积和电容吸附效应引起的误差

在理想情况下，当输入电压一加到积分器的输入端时，积分器立即就有输出，没有任何时间延滞。然而，由于实际运算放大器的带宽是有限的，使实际积分器的输出在时间上有点滞后。积分器对阶跃信号的瞬态响应如图 3-32 所示。

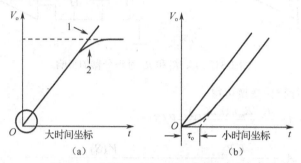

图 3-32　积分器对阶跃信号的瞬态响应

图 3-32（a）表示阶跃响应的后期特性，它表示了积分器的非线性误差，图中曲线 1 为理想的特性，曲线 2 为实际特性。显然，随着积分时间的增加，积分器的误差加大，响应特性的斜率在数值上越来越小。图 3-32（b）表示阶跃响应的初期特性，如果运算放大器的幅频特性曲线是单极点的，那么积分器对阶跃输入信号的初期响应特性可由下式近似表示，

$$V_o(t) = -\frac{V_i}{RC}\left(t - \frac{1}{A_o\omega_o}\right) \tag{3-39}$$

式中，$\omega_o=2\pi f_{BW}$，f_{BW} 为运算放大器的开环-3dB 带宽；$A_o\omega_o$ 为运算放大器的带宽增益积。

由式（3-39）可知，积分器的实际特性（曲线 2）与理想特性（曲线 1）间的时间延滞约为

$$\tau_o = \frac{1}{A_o\omega_o} \tag{3-40}$$

例如，运算放大器 LF741 的典型参数为 $A_o=10^5$，$\omega_o=30\text{rad/s}$，则由它组成的积分器的时间延滞 $\tau_o=0.3\mu s$。为减小积分器的时间延滞，应选用带宽增益积大的运算放大器。

电容的吸附效应亦会引起积分器的动态误差，特别是当积分器的运算速度较高时，吸附效应的影响就会更加突出。

电容的吸附效应是由电容介质内分子运动的黏滞性引起的。当电容被充电或放电时，由于这种黏滞性质的极化不能立即完成，因此需要一定的时间。当充电过程中途突然停止时，电容两端的电压仍会在略有下降或回升之后，才能稳定到某个数值上，从而带来误差。电容的吸附效应的大小是由吸附系数表示的，它是电容短路放电 1s 测得的残存电压对所加电压的百分数。例如，外加电压 10V，短路放电 1s 后，开路测得的残存电压为 5mV，则此电容的吸附系数为 0.05%。为减小电容的吸附效应引起的误差，应选用吸附系数小的电容。

3.5　电压比较器

3.5.1　概述

电压比较器简称比较器，其基本功能是对两个输入电压进行比较，并根据比较结果输出高电平或低电平电压，据此来判断输入信号的大小和极性。这两个输入电压，可以一个是模拟输入信号，另一个是参考电压，也可以两个都是模拟输入电压。在某些特殊应用中，也有对两个以上的电压信号进行比较的电路。显然，比较器的输入量是模拟量，输出量是数字量，所以它兼具模拟

电路和数字电路的某些属性,是模拟电路和数字电路之间联系的桥梁,是重要的接口电路。

普通运算放大器有时也能用作比较器,只要它的输出电平被钳位在要求的逻辑电平即可。但运算放大器电路在设计时,重点考虑的是输出与输入之间的线性放大特性及稳定性(包括频率补偿)等重要指标,因而运算放大器的响应时间一般较长。为解决响应时间和电平匹配问题,电压比较器被设计成专用的电路,并出现了各种集成电压比较器。和模拟放大器不同的是,比较器大多处于开环或正反馈的状态。只要在两个输入端加一个很小的信号,比较器就会进入非线性区,属于集成运算放大器的非线性区应用范围。在分析比较器时,虚断特性仍成立,虚短及虚地等概念仅在判断临界情况时才可以用。

比较器的技术指标有很多,归结起来,衡量比较器性能的基本指标是分辨率的高低、比较速度的快慢、输入电压范围的宽窄,以及逻辑电平兼容性的强弱。一个性能优良的比较器应具有高的分辨率、快的比较速度、大的输入电压范围和强的逻辑兼容性。

3.5.2 比较器的应用

1. 差动电压比较器

差动电压比较器是将一个模拟输入信号 V_i 与一个固定的参考电压 V_R 进行比较和鉴别的电路。在 $V_i > V_R$ 和 $V_i < V_R$ 两种情况下,电压比较器输出高电平 V_{OH} 或低电平 V_{OL}。当 V_i 一旦变化到 V_R 时,比较器的输出电压将从一个电平跳变到另一个电平。

参考电压为零的比较器称为零电平比较器。按输入方式的不同可分为反相输入和同相输入两种零电平比较器,如图3-33所示。

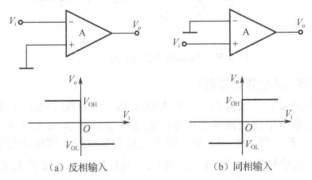

图 3-33 零电平比较器

因参考电压 $V_R=0$,故输入电压 V_i 与 0V 进行比较。以反相输入为例,当 $V_i<0$ 时,由于同相输入端接地,且运算放大器处于开环状态,净输入信号 $V_d=V_i=V_--V_+<0$。因此,只要加入很小的输入信号 V_i,便足以使输出电压达到高电平 V_{OH}。同理,当 $V_i>0$ 时,输出电压达到低电平 V_{OL}。而当 V_i 变化经过零时,输出电压从一个电平跳变到另一个电平,因此也称此种比较器为过零比较器。

通常用阈值电压和传输特性来描述比较器的工作特性。

阈值电压(又称门槛电平)是使比较器输出电压发生跳变时的输入电压值,简称阈值,用符号 V_{TH} 表示。估算阈值主要抓住输入信号使输出发生跳变时的临界条件。这个临界条件是集成运算放大器两个输入端的电位相等(两个输入端的电流也视为零),即 $V_+=V_-$。对于图3-33(a)所示的电路,$V_-=0$,$V_+=0$,$V_{TH}=0$。

传输特性是比较器的输出电压 V_o 与输入电压 V_i 在平面直角坐标系上的关系。画传输特性曲线的一般步骤是:先求阈值,然后根据电压比较器的具体电路,分析在输入电压由最低到最高(正向过程)和输入电压由最高到最低(负向过程)两种情况下,输出电压的变化规律,最后画出传输特性曲线。图3-33(a)所示的传输特性曲线表明,输入电压从低电平逐渐升高经过零时,V_o将从高电平跳到低电平。反之,当输入电压从高电平逐渐降低经过零时,V_o将从低电平跳变为高电平。

比较器的输出通常采用集电极开路的 OC 门作为输出(见图3-34),注意这时输出端要外接一个上拉电阻,这样当 T 截止,比较器输出高电平时,其大小等于电压 V_L,如果不接上拉电阻,那么比较器的高电平是不确定的。采用 OC 门的优点是只要选择合适的上拉电压,就可以灵活地和后面的逻辑电平兼容。

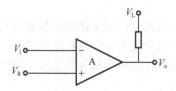

图3-34 集电极开路的比较器输出电路

为了分析方便,本书中有的比较器输出采用稳压管作为限幅电路(见图3-35),这时,$V_{OH} \approx +V_z$,$V_{OL} \approx -V_z$。注意,这是为了分析方便采用的示意电路,实际应用中比较器的输出电路很少采用稳压管的限幅电路。不过在比较器的输入端并联两个相反的二极管是很常见的做法,可以保护比较器的输入端不至于因为输入电压过大而破坏其工作状态。

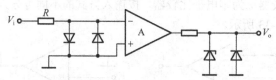

图3-35 限幅电路及过压保护电路

2. 任意电平比较器(非过零比较器)

将零电平比较器中的接地端改接为一个参考电压 V_R(设为直流电压),由于 V_R 的大小和极性均可调整,电路称为任意电平比较器或非过零比较器。在如图3-36(a)所示的同相输入电平比较器中,有 $V_- = V_R$,$V_+ = V_i$。即当 $V_i = V_R$ 时,输出电压发生跳变,则电压传输特性曲线如图3-36(b)所示。此时的电压传输特性和零电平比较器的传输特性相比右移了 V_R 的距离。若 $V_R < 0$,则相当于左移了 $|V_R|$ 的距离。

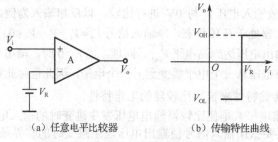

(a) 任意电平比较器   (b) 传输特性曲线

图3-36 任意电平比较器及传输特性

任意电平比较器也可接成反相输入方式,只要将图3-36中的 V_i 和 V_R 位置对调即可,可自行分析。

若将输入信号 V_i 和参考电压 V_R 均接在反相输入端,则任意电平比较器与反相加法器类似,故称反相求和型电压比较器。电平检测比较器传输特性如图3-37所示。根据求阈值的临界条件即

$V_- = V_+ = 0$,则有

$$V_i - \frac{V_i - V_R}{R_1 + R_2} R_1 = 0$$

这时,对应的 V_i 值就是阈值 V_{TH}。所以有

$$V_{TH} = -\frac{R_1}{R_2} V_R$$

或者根据 $\frac{V_i}{R_1} + \frac{V_R}{R_2} = 0$,同样得到上式。它的传输特性曲线如图 3-37(b)所示。当 $R_1 = 10\text{k}\Omega$,$R_2 = 100\text{k}\Omega$,$V_R = 10\text{V}$ 时,则 $V_{TH} = -1\text{V}$。

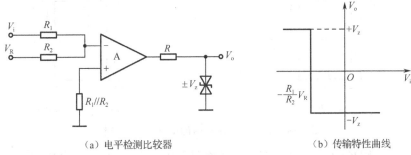

(a)电平检测比较器　　　　　　　(b)传输特性曲线

图 3-37　电平检测比较器传输特性

这个电平比较器将在 $V_i = -\frac{R_1}{R_2} V_R$ 输入幅度条件下转换状态,可用来检测输入信号的电平,又称它为电平检测比较器。改变 V_R 的大小、极性或 $\frac{R_1}{R_2}$ 的比值,就可检测不同幅度的输入信号了。

电平比较器结构简单,灵敏度高,但它的抗干扰能力差。如果输入信号因干扰在阈值附近变化时,输出电压将在高、低两个电平之间反复地跳变,可能使输出状态产生错误动作,这个现象称为"振铃"现象。为了提高电压比较器的抗干扰能力,可以采用有两个不同阈值的滞回电压比较器。

3. 滞回电压比较器

滞回电压比较器又称施密特触发器。这种比较器的特点是当输入信号 V_i 逐渐增大或逐渐减小时,它有两个阈值,且不相等,其传输特性具有"滞回"曲线的形状。

滞回电压比较器也有反相输入和同相输入两种方式。滞回电压比较器的电路及传输特性如图 3-38 所示。比较器的输出端至反相输入端为开环,输出端至同相输入端引入正反馈,目的是加速输出状态的跃变,使比较器经过线性区过渡的时间缩短。V_R 是某一固定电压,改变 V_R 值能改变阈值。

以图 3-38(a)所示的反相滞回电压比较器为例,计算阈值并画出传输特性曲线。

1)正向过程

因为图 3-38(a)所示的电路是反相输入接法,当 V_i 足够低时,V_o 为高电平,$V_{OH} = +V_z$;当 V_i 从足够低逐渐上升到阈值 V_{TH1} 时,V_o 由 V_{OH} 跳变到低电平 $V_{OL} = -V_z$。输出电压发生跳变的临界条件是 $V_- = V_+$,$V_+ = V_i$。

其中,

$$V_+ = V_R - \frac{V_R - V_{OH}}{R_2 + R_3} R_2 = \frac{R_3 V_R + R_2 V_{OH}}{R_2 + R_3}$$

因为 $V_- = V_+$ 时对应的 V_i 值就是阈值,故有正向过程的阈值为

$$V_{TH1} = \frac{R_3 V_R + R_2 V_{OH}}{R_2 + R_3} = \frac{R_3 V_R + R_2 V_z}{R_2 + R_3} \tag{3-41}$$

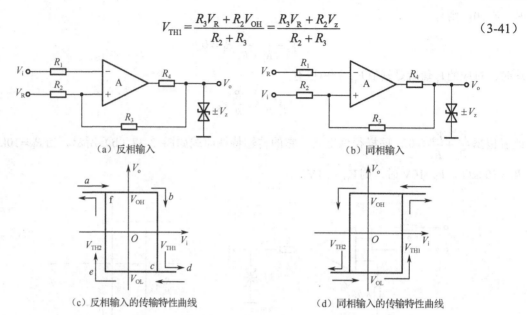

图 3-38 滞回电压比较器的电路及传输特性

若 $V_i < V_{TH1}$ 时，则 $V_o = V_{OH} = +V_z$ 不变。当 V_i 逐渐上升经过 V_{TH1} 时，V_o 由 V_{OH} 跳变为 $V_{OL} = -V_z$，在 $V_i > V_{TH1}$ 以后，$V_o = V_{OL} = -V_z$ 保持不变，形成电压传输特性的 abcd 段。

2）负向过程

当 V_i 足够高时，V_o 为低电平 $V_{OL} = -V_z$，V_i 从足够高逐渐下降使 V_o 由 V_{OL} 跳变为 V_{OH} 的阈值为 V_{TH2}，根据求阈值的临界条件 $V_- = V_+$，而

$$V_+ = V_R - \frac{V_R - V_{OL}}{R_2 + R_3} R_2 = \frac{R_3 V_R + R_2 V_{OL}}{R_2 + R_3}$$

则得负向过程的阈值为

$$V_{TH2} = \frac{R_3 V_R + R_2 V_{OL}}{R_2 + R_3} = \frac{R_3 V_R - R_2 V_z}{R_2 + R_3} \tag{3-42}$$

可见 $V_{TH1} > V_{TH2}$。

在 $V_i > V_{TH2}$ 以前，$V_o = V_{OL} = -V_z$ 不变；当 V_i 逐渐下降到 $V_i = V_{TH2}$ 时（注意不是 V_{TH1}），V_o 跳变到 V_{OH}，在 $V_i < V_{TH2}$ 以后，$V_o = V_{OH}$ 保持不变。形成电压传输特性上的 defa 段。由于它与滞回线形状相似，故称之为滞回电压比较器。根据以上分析，画出了图 3-38（a）所示电路的完整传输特性曲线，如图 3-38（c）所示。

设图 3-38（a）所示的反相滞回电压比较器的参数为 $R_1 = 10\text{k}\Omega$，$R_2 = 15\text{k}\Omega$，$R_3 = 30\text{k}\Omega$，$R_4 = 3\text{k}\Omega$，$V_R = 0$，$V_z = 6\text{V}$，根据式（3-41）和式（3-42）计算出 $V_{TH1} = 2\text{V}$，$V_{TH2} = -2\text{V}$。如果输入一个三角波电压信号，那么可以画出它的输出电压波形是矩形波。可知，滞回电压比较器能将连续变化的周期信号变换为矩形波，比较器的波形变换如图 3-39 所示。

利用求阈值的临界条件和叠加原理方法，不难计算出图 3-38（b）所示的同相滞回电压比较器的两个阈值，

$$V_{TH1} = \left(1 + \frac{R_2}{R_3}\right) V_R - \frac{R_2}{R_3} V_{OL}$$

$$V_{TH2} = \left(1 + \frac{R_2}{R_3}\right)V_R - \frac{R_2}{R_3}V_{OH}$$

两个阈值的差值 $\Delta V_{TH} = V_{TH1} - V_{TH2}$ 称为回差。由上式分析可知，改变 R_2 的值可改变回差大小，调整 V_R 可改变 V_{TH1} 和 V_{TH2}，但不影响回差大小。即滞回电压比较器的传输特性将平行右移或左移，滞回曲线宽度不变。

滞回电压比较器由于有回差电压存在，大大提高了电路的抗干扰能力，回差 ΔV_{TH} 越大，抗干扰能力越强。因为输入信号因受干扰或其他原因发生变化时，只要变化量不超过回差 ΔV_{TH}，这种比较器的输出电压就不会来回变化。例如，滞回（后）电压比较器的传输特性曲线和输入电压的波形如图3-40（a）和3-40（b）所示。根据传输特性和两个阈值（$V_{TH1}=2V$，$V_{TH2}=-2V$），可画出输出电压 V_o 的波形，如图3-40（c）所示。从图3-40（c）可见，V_i 在 V_{TH1} 与 V_{TH2} 之间变化，不会引起 V_o 的跳变，但回差也导致了输出电压的滞后现象，使电平鉴别产生误差。

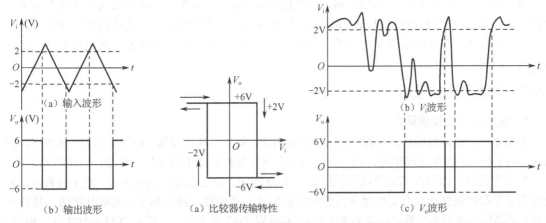

图3-39 比较器的波形变换　　图3-40 滞回（后）电压比较器抗干扰能力示意图

4. 窗口电压比较器

窗口电压比较器和滞回电压比较器有一个共同特点，即 V_i 单方向变化（正向过程或负向过程）时，V_o 只跳变一次。只能检测一个输入信号的电平的比较器称为单限比较器。

滞回电压比较器

双限比较器又称窗口电压比较器。它的特点是输入信号单方向变化（例如，V_i 从足够低单调升高到足够高），可使输出电压 V_o 跳变两次，其传输特性曲线如图3-41（b）所示，它形似窗口，称为窗口电压比较器。窗口电压比较器提供了两个阈值和两种输出稳定状态，可用来判断 V_i 是否在某两个电平之间。比如，从检查产品的角度看，可区分参数值在一定范围之内和之外的产品。

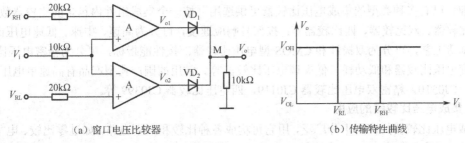

（a）窗口电压比较器　　　　　　　（b）传输特性曲线

图3-41 窗口电压比较器及传输特性

窗口电压比较器可由两个阈值不同的电平比较器组成。阈值小的电平比较器采用反相输入接法，阈值大的电平比较器采用同相输入接法。用两个二极管将两个简单比较器的输出端引到同一点作为输出端，具体电路如图3-41（a）所示。参考电压$V_{RH}>V_{RL}$。下面按输入电压V_i与参考电压V_{RH}、V_{RL}的大小分3种情况分析它的工作原理。

(1) 当$V_i<V_{RL}$时，V_{o2}为高电平，二极管VD_2导通。因$V_i<V_{RH}$，V_{o1}为低电平（负值），二极管VD_1截止。这种情况该电路相当于反相输入电平比较器。此时，$V_o \approx V_{o2}=V_{OH}$。

(2) 当$V_i>V_{RH}$时，V_{o1}为高电平，VD_1导通，当然，$V_i>V_{RL}$，V_{o2}为低电平（负值），VD_2截止。这种情况该电路相当于同相输入简单比较器。此时，$V_i \approx V_{o1}=V_{OH}$。

(3) 当$V_{RL}<V_i<V_{RH}$时，V_{o1}和V_{o2}均为低电平，VD_1和VD_2均截止，所以$V_o=0$，此时，窗口电压比较器输出为零电平。

综上所述，窗口电压比较器有两个阈值，它们是V_{RH}和V_{RL}，窗口比较器有两个稳定状态。

电压比较器是模拟电路与数字电路之间的过渡电路。但通用型集成运算放大器构成的电压比较器的高、低电平与数字电路 TTL（晶体管-晶体管逻辑）器件的高、低电平的数值相差很大，一般需要加限幅电路才能驱动 TTL 器件，给使用带来不便，而且响应速度低。采用集成电压比较器可以克服这些缺点。

3.5.3 集成电压比较器

1. 集成电压比较器简介

与前面所介绍的由运算放大器组成的比较器相比，集成电压比较器也可以输出高、低电平，但加入了电平移动和数字驱动电路，因此可与数字电路直接相连，作为A/D转换器的一个核心部件。

集成电压比较器的内部电路结构框图如图3-42所示。它主要由差动输入级、电平转换级、输出逻辑电平和控制级（具有集电极开路结构的输出级）及偏置电路等几个基本部分组成。其特点是输出的高低电平分别与数字电路的逻辑"1"和逻辑"0"电平相等，能与 TTL、DTL（二极管-晶体管逻辑）、HTL（高阈值逻辑）、CMOS 等数字电路的电平兼容，有些比较器输出还可直接驱动继电器和指示灯等，而且电源的选用范围较大；可选用单电源或双电源；电源电压在几伏至几十伏之间，使用简单方便。

图3-42 集成电压比较器的内部电路结构框图

目前，已有多种类型的集成电压比较器可供选用。按一个集成组件内包含的比较器数目，可分为单比较器、双比较器、四比较器等；按信号响应速度，可分为高速、中速、低速电压比较器；按集成制造工艺，可分为双极性和 CMOS 型电压比较器；按性能指标，可分为精密电压比较器、高灵敏度电压比较器和低功耗、低失调电压比较器等。常用的国产典型产品有高速单电压比较器 CJ0710、CJ0510，精密双电压比较器 CJ0119，四电压比较器 CJ0399 等。

2. 集成电压比较器的应用

集成电压比较器的应用十分广泛，用它可构成各种比较和判别电路，如过零比较、电平比较、窗口比较（或称双限比较）、三态比较等。还可将电压比较器用于各种定时电路、延迟电路、波形产生电路、电平转换和驱动电路等。为了说明集成电压比较器的应用方法，这里举一个集成电压比较器用于比较和判别的例子。

图3-43（a）所示为由集成电压比较器CJ0510构成的任意电平比较器电路，其连接方式和工作原理与运算放大器构成的比较器相似，图3-43（b）所示为它的电压传输特性。查询集成电压比较器参数表，可知CJ0510输出高电平V_{OH}=4V，低电平V_{OL}=-0.5V。

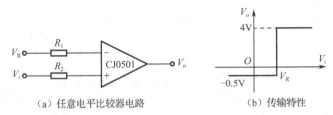

（a）任意电平比较器电路　　　　　　（b）传输特性

图3-43　由集成电压比较器CJ0510构成的任意电平比较器电路及其传输特性

习题

1. 图3-44所示为直流变换电路。
（1）分析电路的工作原理。
（2）若R_3已知，电路的放大倍数为A_f，则R_2及R_4应如何选择？
（3）若R_3=10kΩ，A_f=1，求R_1、R_2及R_4的大小？

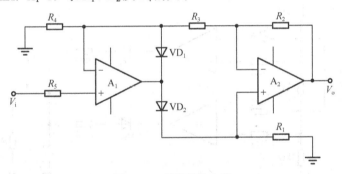

图3-44　直流变换电路

2. 绝对值电路1如图3-45所示。试证明该电路是一个绝对值电路，并求A_1、A_2的失调电压V_{os1}、V_{os1}造成的误差电压ΔV_o？

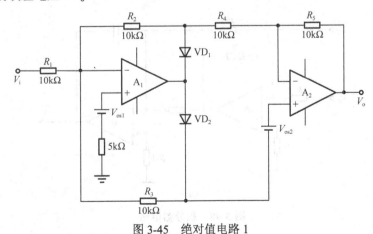

图3-45　绝对值电路1

3. 绝对值电路 2 如图 3-46 所示，若 $R_{f1}=R_{f2}$，$2R_{f4}=R_{f5}=R_{f3}$，则输入电压 $V_i=V_m\sin\omega t$，试画出输出电压 V_o 的波形图。

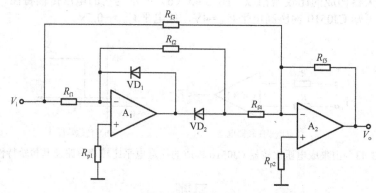

图 3-46　绝对值电路 2

4. 写出如图 3-47 所示电路的输出电压与输入电压之间的关系式。

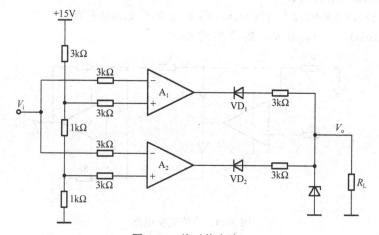

图 3-47　绝对值电路 3

5. 写出如图 3-48 所示电路的输入、输出电压表达式。

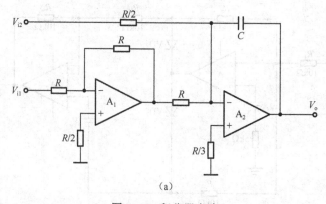

(a)

图 3-48　积分器电路

第 3 章 信号调理电路 73

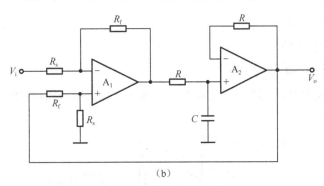

(b)

图 3-48 积分器电路（续）

6．积分器电路及参数如图 3-49 所示，试求

（1）积分器的输入电阻。

（2）设电容上的起始电压为 0V。请画出在输入如图 3-49（b）、3-49（c）所示的电压波形作用下积分器相应的输出波形图。

（3）如果图 3-49（a）所示的输入波形的幅值由 0～60ms 改为 3V，60ms 后 V_i 仍为 -6V，那么输出电压首次回零的时间是多少？

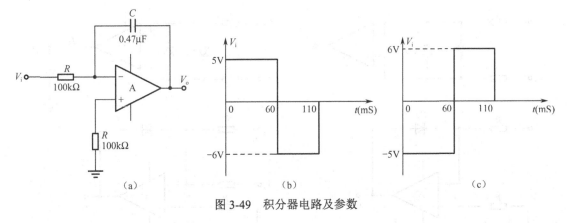

图 3-49 积分器电路及参数

7．求和积分器电路和差动积分器电路如图 3-50 所示，试分别推导出它们的输出电压 $V_o(t)$ 的表达式。

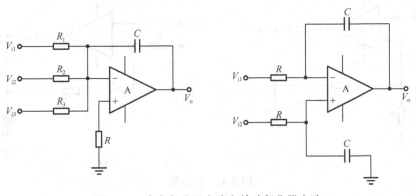

图 3-50 求和积分器电路和差动积分器电路

8. 按下列要求设计积分电路。

（1） $V_o(t) = -100\int V(t)dt$。

（2） $V_o(t) = -10\int V_1(t)dt - 5\int V_2(t)dt$。

9. 由比较器组成的混合迟滞比较器如图 3-51 所示。试说明该比较器的工作原理并画出它的传输特性图（$V_{R1} > V_{R2}$）。

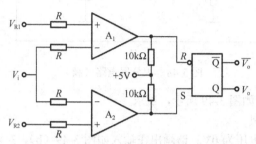

图 3-51 由比较器组成的混合迟滞比较器

10. 画出如图 3-52 所示各比较器的传输特性曲线。若图 3-52（a）、3-52（b）的 V_i 和 V_R 互换，则传输特性如何变化（$V_R > 0$）？

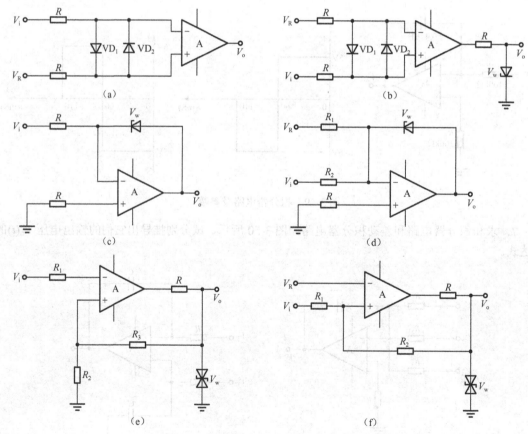

图 3-52 比较器

第4章 锁相环电路

锁相技术可广泛用于广播电视、雷达通信、频率合成、信号自动跟踪、自动控制、FM 解调、电动机稳速、抑制电网干扰、时钟同步等领域。本章首先介绍锁相环的基本概念,然后重点阐述 CMOS 集成锁相环 CD4046 的工作原理与使用技巧。

4.1 锁相环简介

众所周知,如果广播电台发射的信号频率不稳定,或者超外差式收音机的本级振荡频率不稳定,那么听众在收听节目时就很容易发生"跑台""串台"现象,严重影响收听效果。如果收音机具有自动跟踪电台的本领,能根据电台频率的变化随时调整本振频率,确保 465kHz 的差频不变,那么上述问题可迎刃而解。而这正是锁相环的用途之一。目前,现代通信设备、彩色电视机、高档收录机,广泛采用了锁相技术。

所谓锁相,就是实现相位同步。能使两个电信号的相位保持同步的闭环系统叫作锁相环(Phase Locked Loop,PLL)。锁相环主要包括 3 部分:相位比较器(PD,亦称鉴相器)、低通滤波器(LPF)、压控振荡器(VCO)(见图 4-1)。

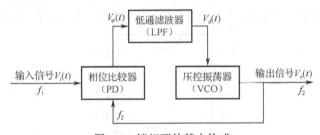

图 4-1 锁相环的基本构成

相位比较器的一端接输入信号 $V_i(t)$,另一端接比较信号 $V_o(t)$,$V_o(t)$ 即压控振荡器的输出信号。相位比较器将 $V_i(t)$ 与 $V_o(t)$ 的相位进行比较,产生一个与二者的相位差 $\Delta\varphi$ 成正比的误差电压 $V_\varphi(t)$。$V_\varphi(t)$ 经过低通滤波器滤除高频分量,得到平均值电压即控制电压 $V_d(t)$ 并加到 VCO 的控制端,使之振荡频率 f_2 向输入信号频率 f_1 靠拢,二者频率差迅速减小,直至 $\Delta f=0$,$f_2=f_1$。此时这两个信号的频率相同且相位差 $\Delta\varphi$ 保持恒定(同步),称作相位锁定。这一过程称作"捕捉"过程。能够最终锁定的最大初始频差叫作锁相环的"捕捉范围"。一旦锁相环被锁定在输入频率 f_1 上,它就能在一定的频率范围内自动跟踪 f_1 的任何变化,此频率范围叫作"锁定范围"。这表明锁相环总是先捕捉信号,再锁定信号。对锁相环而言,完成捕捉要比完成锁定更困难,因此捕捉范围一般要小于锁定范围。需要说明的是,当 $f_2 \ne f_1$ 时,$V_\varphi(t)$ 代表的是频率差,这对应于捕捉过程;当 $f_2=f_1$ 时,$V_\varphi(t)$ 代表相位差,这对应于锁定过程。锁相环属于负反馈系统,锁相环的信号流程图如图 4-2 所示。

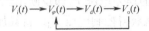

图 4-2 锁相环的信号流程图

使用锁相环时一般要在负反馈线路中插入一个运算器。若分别加除法器(÷N)、乘法器(×N)、加法器(+N)、减法器(-N),则锁相环的输出频率 f_2 依次为 Nf_1、f_1/N、f_1-N、f_1+N,图 4-3 所示为在负反馈中插入运算器。

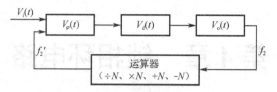

图 4-3 在负反馈中插入运算器

通用集成锁相环的典型产品有 CD4046,其最高工作频率为 1.2MHz;高速 CMOS 电路 74HC4046,其高工作频率可达 40MHz。

锁相环基本原理

4.2 集成锁相环的工作原理

CD4046 是目前国内外最常见的集成锁相环,其同类产品为 MC14046、CC4046,均属于 CMOS 集成电路。74HC4046 属于高速 CMOS 电路。

1. CD4046 的引脚功能

CD4046 采用 DIP-16 封装,CD4046 引脚排列图如图 4-4 所示。各引脚的功能如下。PH_{I1} 为输入信号端,PH_{I2} 为比较信号输入端。PH_{O1} 是相位比较器 I 的输出端,PH_{O2} 是相位比较器 II 的输出端。PH_{O3} 为相位输出端,当环路入锁时呈高电平,环路失锁时为低电平,此端通过晶体管后驱动发光二极管,可构成入锁状态指示电路,入锁时灯亮。VCO_I、VCO_O 分别为压控振荡器的控制端、输出端。INH 为禁止端,接高电平时禁止压控振荡器工作。DEM_O 是解调输出端,用于 FM 解调。Z 为内部独立的齐纳稳压管的负端,其稳定电压 $V_Z \approx 5V$,在与 TTL 匹配时可作为辅助电源。

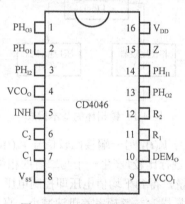

图 4-4 CD4046 引脚排列图

2. CD4046 的工作原理

CD4046 的逻辑框图如图 4-5 所示。其主要包括相位比较器 I 和相位比较器 II、压控振荡器 VCO、线性放大及整形电路 A_1,另需外接阻容元器件构成低通滤波器。现对基本工作过程进行简单介绍。输入信号 V_i 从引脚 14 输入后,经过 A_1 进行放大和整形,加至相位比较器 I 和相位比较器 II 的输入端。图 4-5 中将开关 S 拨到 2 端,相位比较器 I 将从引脚 3 输入的比较信号与输入信号 V_i 进行相位比较,由引脚 2 输出的误差电压 V_φ 即反映出二者的相位差。V_φ 经过由 R_3、R_4、C_2 组成的低通滤波器滤除高频之后,就获得控制电压 V_d,将其加至 VCO 的输入端来调整其振荡频率,使 f_2 迅速逼近于 Nf_1。VCO 的输出再经除法器($\div N$)进行 N 分频后,送至相位比较器 I,继续与 V_i 进行相位比较,使得 $f_2'=f_1$,二者的相位差为恒定值,从而实现了锁相。需要指出,由 $f_2'=f_2/N=f_1$,容易推导出 $f_2=Nf_1$。这表明,尽管从局部上看使用除法器完成的是 N 分频,但就锁相环整体而言则实现了 N 倍频。因此,利用锁相环可以构成 N 倍频器,N 是除法器的分频系数。

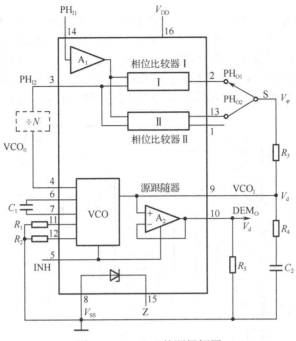

图 4-5　CD4046 的逻辑框图

下面介绍 CD4046 各单元电路的工作原理。

1）相位比较器

CD4046 有两个相位比较器，相位比较器 I 采用异或门结构。其特点是当两个输入端信号 V_i、V_o' 的电平相异时（一个为高电平，另一个为低电平），输出端信号 V_φ 为高电平；反之为低电平。因此，当 V_i 与 V_o' 的相位差 $\Delta\varphi$ 在 0°～180°范围内变化时，V_φ 的脉冲宽度 m 和占空比 D 也在改变，经低通滤波器得到的平均值电压 V_d 随之而变。V_φ、V_d 与 $\Delta\varphi$ 的变化关系如图 4-6 所示。由图可见，$\Delta\varphi\uparrow\rightarrow V_\varphi\uparrow\rightarrow V_d\uparrow$，$V_d$ 与 $\Delta\varphi$ 成正比。这就是相位比较器 I 的工作原理。由第 3.3.2 节可知，相位比较器 I 要求 V_i 和 V_o' 的占空比必须是 50%（方波），这样才能使锁定范围最大。

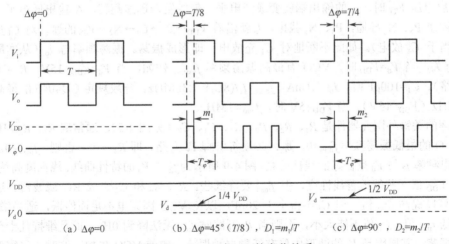

(a) $\Delta\varphi=0$　　(b) $\Delta\varphi=45°$（$T/8$），$D_1=m_1/T$　　(c) $\Delta\varphi=90°$，$D_2=m_2/T$

图 4-6　V_φ、V_d 与 $\Delta\varphi$ 的变化关系

相位比较器 II 是一个由信号上升沿控制的数字存储网络。相位比较器 II 的逻辑图如图 4-7 所示。它由门电路、RS 触发器、三态 P 沟道和 N 沟道场效应管等组成。由于它仅在 V_i 与 V_o' 的上升

沿起作用，与二者是否为方波无关，因此可接受任意占空比的输入信号。相位比较器 II 的输出状态有以下 4 种情况：①当 $f_2<f_1$ 时，P 沟道管导通，$V_\varphi=1$；②当 $f_2>f_1$ 时，N 沟道管导通，$V_\varphi=0$；③当 $f_2=f_1$ 时，视二者相位差而定，当 V_i 超前于 V_o' 时，$V_\varphi=1$，V_i 滞后于 V_o' 时，$V_\varphi=0$。④当 $f_2=f_1$ 且 $\Delta\varphi=0$（相位锁定）时，P、N 沟道管均截止，输出呈高阻态。注意：高阻态仅是动态平衡过程中的一个瞬间状态，只要 f_1 发生微小变化，就重复上述过程，实现新的平衡。

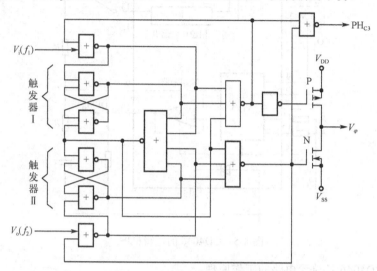

图 4-7 相位比较器 II 的逻辑图

2）压控振荡器

压控振荡器是电压控制型振荡器的简称。压控振荡器的简化电路如图 4-8 示。控制电压 V_d 通过控制恒流源电流 I_o 值的大小，来改变 VCO 的振荡频率。N_2 和 N_3 为 N 沟道场效应管，其开启电压 $V_{TN}\approx+2V$。P_4 与 P_5 是 P 沟道场效应管，其开启电压 $V_{TP}\approx-3V$。门电路 A、B、C、D 组成触发器。C_1 是外部振荡电容。假定初始状态为 A 输出高电平，B 输出低电平，此时 P_4、N_3 导通，P_5、N_2 截止。I_o 沿着 $V_{DD}\rightarrow P_4\rightarrow C_1\rightarrow N_3\rightarrow V_{SS}$ 的途径对 C_1 充电，使 V_{C_1} 逐渐升高。当 V_{C_1} 大于反相器 E 的开启电压 V_{TE} 时，E 的输出端就变成低电平，使触发器迅速翻转，A 输出低电平，B 输出高电平，致使 P_5、N_2 导通，P_4、N_3 截止，I_o 就沿着 $V_{DD}\rightarrow P_5\rightarrow C_1\rightarrow N_2\rightarrow V_{SS}$ 的途径对 C_1 反方向充电（这相当于 C_1 放电）。如此不断地对 C_1 充放电，即形成振荡。振荡频率与 I_o（从本质上讲是 V_d）、C_1 有关。当 $V_d=V_{DD}$ 时，VCO 有最高振荡频率 f_{max}。例如，当 $V_d=V_{DD}=15V$、$R_1=10k\Omega$、$R_2\rightarrow\infty$（开路）、$C_1=100pF$ 时，$I_o=1.1mA$，$f_{max}=I_o/(8C_1)=1.38MHz$。一般规定 CD4046 的最高工作频率为 1.2MHz（$V_{DD}=15V$）。当 $V_{DD}=5V$ 时，$f_{max}\approx 1MHz$。

锁相环的关键外围元器件是 R_1、R_2、R_3、R_4、C_1、C_2（见图 4-5）。通常取 R_1、$R_2\geq 10k\Omega$。如果要求 VCO 的最低振荡频率 $f_{min}=0$，那么必须将引脚 12 开路，即 $R_2\rightarrow\infty$。否则，$f_{max}>0$。压控振荡器的输出频率 f_2 与 V_d 呈良好的线性关系。图 4-9 所示为 f_2 与 V_d 的特性曲线。线性度高达 0.3%~0.9%。选 V_{DD} 低一些能改善线性度，但 f_{max} 要降低些。R_3、R_4 和 C_2 组成 RC 滤波器。适当减小 C_1 的容量可以提高 f_{max} 值，但 C_1 不得小于 20pF，以免 VCO 因充电不足而停振，适当增大 C_2 的容量可降低 f_{min} 值。C_2 值不能太小，否则当 R_2 开路时 f_{min} 无法降到 0Hz，而是维持几十至上百赫兹的低频振荡，其原因是 V_d 的波形中伴有低频自激振荡，致使 VCO 失控。这时，只需要适当增大 C_2 的容量，即可滤除低频干扰，从示波器上可观察到 V_d 恢复成平滑变化的直流电压。

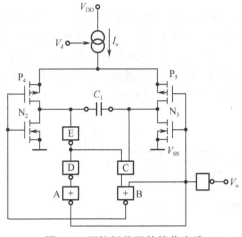

图 4-8 压控振荡器的简化电路

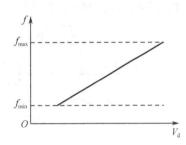

图 4-9 f_2 与 V_d 的特性曲线

3）线性放大及整形电路

在 CMOS 反相器的电压转移特性曲线上有一个线性放大区，只要给反相器的输入、输出端之间并联一个 10MΩ 左右的负反馈电阻 R_F，即可将反相器的工作点偏置在放大区。尽管该放大区很窄，线性度也较差，但其输入阻抗高、功耗低，可对保真度要求不高的模拟信号和脉冲频率信号进行放大。由 CMOS 反相器构成的电压放大器的工作原理如图 4-10 所示。图 4-10（a）中 OA 为负载线，电压转移特性曲线与 OA 的交点即静态工作点 Q。图 4-10（b）所示为波形图。显然，反相器并上 R_f 后，因 R_f 远低于 CMOS 门电路的输入阻抗，故 $V_i=V_o$，Q 点必定位于线性放大区的中点。由此可构成电压放大器，其放大倍数 $K_V \approx -20$，负号表示反相放大。图 4-11 所示为由两级反相器构成的交流电压放大器电路。R_1 为输入端限流电阻，C_1 是高频滤波电容。VD_1 和 VD_2 是双向限幅二极管，起过压保护作用。C_2、C_3 为交流耦合电容。$K_V \approx (-20) \times (-20) = 400$。

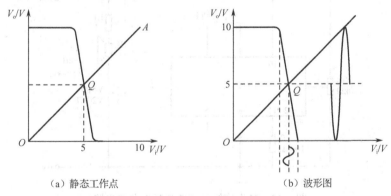

（a）静态工作点　　　　　　　　（b）波形图

图 4-10 由 CMOS 反相器构成的电压放大器的工作原理

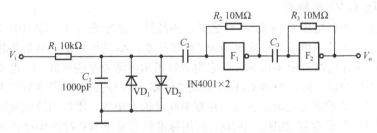

图 4-11 由两级反相器构成的交流电压放大器电路

为简化外围电路，CD4046 采用了一种特殊方法，即牺牲第一级反相器的方法，使后面 4 级反相器偏置在放大区，CD4046 中的线性放大和整形电路如图 4-12 所示。具体方法是把第一级反相器 F_1 的输入端与输出端短接，强迫 $V_i=V_o=V_{DD}/2$。又因 V_o 即 F_2 的静态输入电压 V_i'，从而把第二级反相器 F_2 偏置在放大区工作。利用 F_2~F_5 多级放大，还能起到削波整形的作用。该放大器可将从 PH_{I1} 端输入的 100mV 弱信号放大整形成脉冲信号，送至相位比较器。

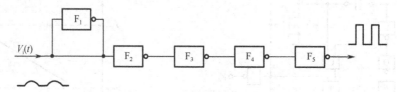

图 4-12　CD4046 中的线性放大和整形电路

4.3　CD4046 的典型应用

CD4046 的典型应用包括组成 V/f 转换器、f/V 转换器、电动机自动稳速电路等。

1. 电压/频率（V/f）转换器

单独使用锁相环中的压控振荡器，可构成 V/f 转换器。频率连续可调的音频振荡器电路如图 4-13 所示。将引脚 12 悬空，使 $R_2 \to \infty$，$f_{min}=0$。取 $R_1=100\text{k}\Omega$，$C_1=100\text{pF}$，$V_{DD}=10\text{V}$ 时，$f_{max} \approx 20\text{kHz}$。改变电位器 RP_1 的滑臂位置，使 VCO 的控制电压 V_d 从 0V 连续升到 V_{DD}，从引脚 4 可得到 0Hz~20kHz 的输出信号。将 VMOS 管 V20AT 作为功率输出级，监听扬声器 BL 与 RP_2 组成漏极负载，RP_2 兼作音量调节。将 RP_1 的频率刻度盘用标准频率计校准后，即可作为音频信号发生器使用。该电路若去掉 RP_1，改用传感元器件（如热敏元件、力敏元件、气敏元件）和电压比较放大器构成输入级，则为多用途越限报警器。

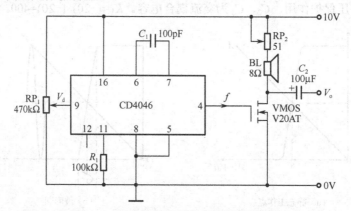

图 4-13　频率连续可调的音频振荡器电路

2. 频率/电压（f/V）转换器

由图 4-5 可见，控制电压 V_d 除接 VCO 之外，还经过源跟随器 A_2 从引脚 10（DEM_o）上获得与输入频率成正比的平均值电压。由此可构成 f/V 转换器。A_2 的作用是提高带负载能力，推动灵敏表头。模拟式频率计电路如图 4-14 所示，它用表针指示被测频率的高低。R_1 由 4.7kΩ 固定电阻与 51kΩ 电位器串联而成。R_4、R_5 和 C_4 构成低通滤波器。R_3 与表头 M 串联后作为源跟随器的负载，R_3 还用于调节表头的满度电流。表头上并有 100μF 的大电容，用以消除低频时表针的抖动现象。该频率计测量频率范围为 20Hz~1kHz。在用标准信号发生器和标准频率计进行校准时，需调整 51kΩ 电位器。利用 XFD-6 型低频信号发生器依次输出 20Hz、100Hz、1kHz 的频率信号，用 DT830 型数字多用表实测引脚 10 输出的电压依次为 0.10V、0.50V、5.03V，证明该模拟频率计具有良好的线性度。

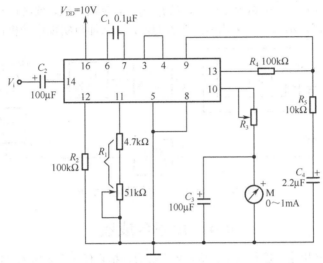

图 4-14　模拟式频率计电路

国外设计的一种金属探测仪电路如图 4-15 所示。VT 与 C_1、C_2、探头 L 一起组成振荡器，振荡频率约为 300kHz。探头采用 ϕ440mm 的线圈（亦可用磁棒线圈代替）。当探头接近埋在地下的金属物体时，金属物体相当于短路环，使 L 的电感量减小，振荡频率随之升高，表针偏转角度改变。表头宜采用零位指示器，零点位于刻度盘中央。该电路仍用于 f/V 转换器，因使用相位比较器Ⅱ，故可接受任意占空比的波形。

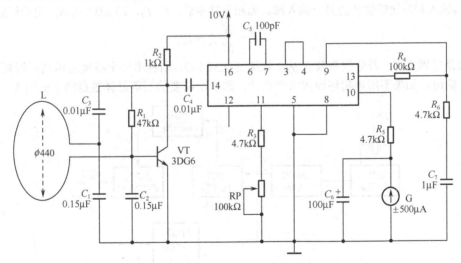

图 4-15　国外设计的一种金属探测仪电路

3. 电动机自动稳速电路

利用锁相环可以精确地控制直流电动机的转速，使之在最佳转速值上长期稳定地工作。电动机自动稳速电路框图如图 4-16 所示。M 表示直流电动机。由磁电（或光电）式传感器发出的转速信号经过放大后，作为输入频率信号 f_1 接相位比较器Ⅱ的引脚 14。由晶振分频电路获得的基准频率信号 f_2 作为比较信号，接引脚 3。经过相位比较、滤波和功率放大后得到电压 E，作为直流电动机的电源电压。E 的高低就决定了电动机转速的快慢。该电路有两个特点：第一，用电动机来代替压控振荡器，V_d 不是控制 VCO 的振荡频率，而是控制电动机的转动频率 f_1，亦即控制电动机转速。电路仍属闭环系统。根据锁相原理，当 $f_1=f_2$ 时，环路入锁，此时电动机转速的稳定性与基准频率的稳定性相同。第二，如果连续改变 f_2 的值，那么即可实现电动机调速。

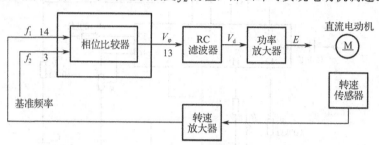

图 4-16　电动机自动稳速电路框图

4.4　频率合成器

锁相环的一个重要用途是进行频率合成。频率合成是指将任一个给定的基准频率（通常是由石英晶体振荡器产生的高稳定度基准频率）变换成一系列新的频率信号 $f_1, f_2, \cdots, f_n$；而这些新频率的稳定度与基准频率相当。例如，如果基准频率的稳定度为 10^{-8}，那么所产生的一系列新频率的稳定度也是 10^{-8}。尤其对于倍频，这是用其他方法难以实现的。把计数器插在 VCO 的输出端与相位比较器Ⅱ之间作分频器（$\div N$）使用，可对输入频率进行准确的倍频。可编程倍频的原理如图 4-17 所示。设晶振频率为 f_0，经过固定分频电路得到基准频率 f_1。设分频系数为 M，$f_1=f_0/M$。将 f_1 输入相位比较器Ⅱ的一个输入端。VCO 产生的频率 f_2 经过一个可编程分频器得到 f_2'（$f_2'=f_2/N$，N 为分频系数），再输入相位比较器Ⅱ的另一输入端。当相位锁定后，$f_1=f_2'$，即 $f_0/M=f_2/N$，由此得到

$$f_2 = \frac{N}{M} f_0 = Nf_1 \tag{4-1}$$

这就是倍频原理。若分频系数 N 从 1 连续变化到 999，则利用一个石英晶体就可得到 999 个不同的 f_2 输出。如果不用锁相环而按常规设计，那么所需要的石英晶体数量将十分庞大。

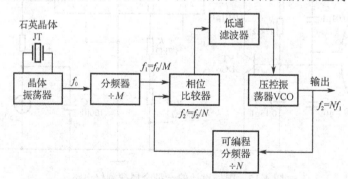

图 4-17　可编程倍频的原理

一种实用的频率合成电路如图 4-18 所示。可采用一个 100kHz 的石英谐振器，它与 CD4069 中的 3 个反相器组成晶振和放大、整形电路。经过一片 CD4518 完成 100 分频，产生 1kHz 的基准频率 f_1，输入 CD4046 的引脚 14。将 VCO 的输出输入到可编程分频器进行分频。可编程分频器由 3 片 MC14522 与 3 个 BCD 码指轮开关组成。因分频系数是个三位数，故可表示成

$$N=100N_3+10N_2+N_1 \tag{4-2}$$

第 4 章 锁相环电路

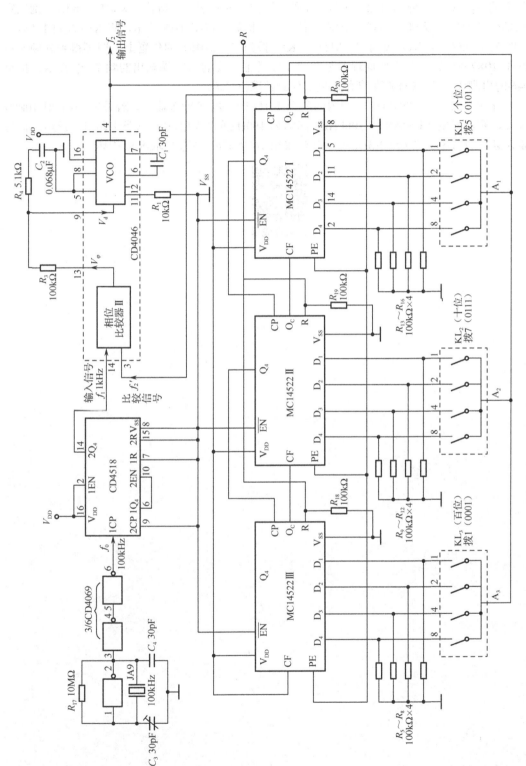

图 4-18 一种实用的频率合成电路

这里的 N_1、N_2、N_3 分别对应于个位、十位、百位上的数字。经指轮开关 $KL_1 \sim KL_3$ 分别设定 $N_1 \sim N_3$ 的值，即可组成 001～999 范围内的任何数。例如，按图 4-18 所示，将 KL_3 拨到 1（对应于 BCD 码的 0001）、KL_2 拨到 7（0111）、KL_1 拨到 5（0101）的位置上，即可得到分频系数 $N=100×1+10×7+5=175$。其工作原理参见图 4-17。个位计数器 O_C 端输出的频率 $f_2'=f_2/N$，接至 CD4046 的引脚 3，使 VCO 产生高稳定度的倍频基准信号 f_2。

该电路可获得在 1～999kHz 范围内间隔为 1kHz 的 999 种标频输出。若采用 JW1 型 10kHz 石英晶体，则能产生（1～999）×100kHz、间隔为 100Hz 的标频信号。这类电路可广泛用于信号发生器及通信设备中。当 $f_2>$1.2MHz 时，建议采用 74HC4046 高速 CMOS 锁相环。

频率合成器

第5章 模拟开关

5.1 模拟开关简介

1. 模拟开关及其分类

模拟开关电路是数据采集与处理中常用的一类基本电路,是一种将模拟信号接通或断开的元器件或电路。对它的要求如下。

(1) 静态特性:开关接通电阻小,开关断开电阻大。

(2) 动态特性:从加上驱动信号到开关元器件动作间的延迟时间要小,开关元器件通断时无过渡现象。

(3) 寄生特性:偏移电压、温差电势、尖峰电压等要小,输入信号与驱动信号间无相互干扰。

模拟开关一般分为两类:第一类是机械触点式开关,包括干簧继电器、水银继电器和机械振子式继电器等。这类开关具有理想的静态特性,而且驱动部分和开关动作元器件是隔开的,但是动态特性差(速度慢)、动作时会产生弹跳,并且寿命较短。第二类是电子元器件式开关,包括晶体管、场效应管、光电耦合器及集成电路等模拟开关。电子元器件式开关的特点是速度快、体积小,但导通电阻大,驱动部分与开关元器件不完全隔开。通常在慢速的场合使用机械式开关,当要求速度高时采用电子元器件式开关。

2. 模拟开关的应用

(1) 由于电子技术的发展,计算机的应用范围正在不断扩大。在以计算机为中心的数据获取处理设备中,从原始传感器所得到的信号多数为模拟量,在这种情况下,由传感器所得到的模拟信号经过多通道开关选择、经 A/D 转换器变换为数字信号,并送入计算机中,由计算机获取并处理,在这一系统中,模拟开关是构成多通道电路及 A/D 转换器的基本电路。

(2) 在以计算机为中心构成的现代控制系统中,如在武器控制系统中,雷达测量敌机的方位角、距离、高低角,而后经过 A/D 转换器,输入计算机中,计算机计算出武器发射时的水平瞄准角和高低瞄准角,以便控制武器的发射。在这样的数字控制系统中,A/D 转换器及 D/A 转换器是不可缺少的。武器射击敌机的准确度固然与雷达测量目标的准确性、计算机计算的准确性有关,但也与计算机两端的 A/D 转换器及 D/A 转换器的精度有密切关系。模拟开关电路是影响 A/D 转换器及 D/A 转换器精度的重要电路,也是以计算机为中心的现代控制系统中的重要电路。

(3) 在仪器仪表领域中,现在的仪器仪表大都是数字化的,而这些仪表的核心部件是 A/D 转换器,与之相应的是必须用到模拟开关,因而在仪器仪表中模拟开关有广泛的应用。

(4) 在现代化的 PCM (脉冲编码调制) 通信设备中,声音变换为数字信号后,再多路传输,而后将信号恢复为声音信号。这里需要高速 A/D 转换器,同时也需要多路转换器或多路模拟开关。

5.2 电子模拟开关

5.2.1 电子模拟开关的特性

电子模拟开关有二极管、双极型晶体管、场效应晶体管、光耦合器件及集成模拟开关等。就某些开关性能而言,电子模拟开关不如机械触点式开关。电子模拟开关有较大的导通电阻,断开电阻不如机械触点式开关大,但因具有响应速度快、控制功耗小等优点,被广泛应用于科学技术领域。

电子模拟开关由开关元器件和控制（驱动）电路组成。表示电子模拟开关性能的参数有静态特性和动态特性。

电子模拟开关的静态特性主要是指开关元器件的输入端和输出端之间的电阻。开关导通时的电阻称为导通电阻 R_{on}，开关截止（断开）时的电阻称为断开电阻 R_{off}，（有时用漏电流 I_{off} 表示）。电子模拟开关的静态特性还包括最大开关电压、最大开关电流、驱动功耗等。理想电子模拟开关的 $R_{on} \to 0$，$R_{off} \to \infty$。

电子模拟开关的动态特性是指开关动作延迟时间，包括开关导通延迟时间 t_{on} 和开关截止延迟时间 t_{off}，通常 $t_{on} > t_{off}$，理想电子模拟开关 $t_{on} \to 0$，$t_{off} \to 0$。

电子模拟开关和数字开关的区别在于数字开关传输数字信号，其逻辑电平为 1 或 0，开关导通或截止状态的电平高低可能稍有变化，但只要这种变化不超过规定的电平范围，逻辑状态就不会改变。电子模拟开关传输或切换的是模拟信号，要使开关不失真地传输模拟信号，就要求电子模拟开关具有高精度和高速度的特点。

5.2.2 集成模拟开关

1. CMOS 模拟门

CMOS 模拟门是可双向传输的模拟开关和驱动电路的组合电路。根据模电的知识可知，MOS 模拟开关的 R_{on} 随 V_{GS} 而改变，即随 V_i 而改变，这是单沟道 MOS 开关的主要缺点。采用互补对称 CMOS 模拟开关，能克服此缺点，CMOS 模拟门是利用一个 P 沟道增强型 MOS 管和一个 N 沟道增强型 MOS 管并联构成的，是 CMOS 电路的基本单元电路。

CMOS 模拟门主要用作电压控制开关，由于 MOS 管结构对称，源极和漏极可以互换，所以模拟门具有双向特性，电流能从门的两个方向流通，故称作双向模拟开关。由于 N 沟道和 P 沟道 MOS 管电阻变化特性相反，两管电阻可以互补，其等效导通电阻基本恒定，与模拟信号大小无关。CMOS 模拟门的基本结构及 $R_{on}=f(V_i)$ 曲线如图 5-1 所示。另外，CMOS 模拟门的 R_{on} 比 P 沟道增强型 MOS 管和 N 沟道增强型 MOS 管都小，这是我们所希望的。CMOS 模拟门具有输出电压和输入电压线性度好、开关速度高、功耗低、抗干扰能力强等一系列优点，但其也有不足之处。

（1）需同时加两个反相的控制电压。

（2）若栅极控制电压 V_{GSN}、V_{GSP} 选择不合适（指 V_{GSN}、V_{GSP} 偏离 V_{SS} 和 V_{DD} 值，如比 V_{SS} 高 ΔV 和比 V_{DD} 低 ΔV），则会引起导通性能变差，R_{on} 增大。

（3）若两管衬底电平固定，则当 V_i 改变时，衬底对源极形成一个变化的偏置电压，这一变化的电压将引起类似于结型场效应管栅极的控制作用，使沟道导通电阻变化，这就是衬底偏置效应（或背栅调变效应），V_T 也随衬底与源极电压的变化而改变。

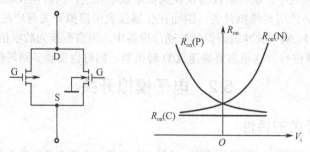

图 5-1 CMOS 模拟门的基本结构及 $R_{on}=f(V_i)$ 曲线

2. CMOS 模拟门实例分析

现以美国 National Semiconductor 公司生产的 CMOS 四双向模拟门 CD4066 为例，分析其电路组成。图 5-2 所示为 CMOS 双向模拟门 CD4066，而图中仅画出了四路中的一路。

在图 5-2 中，模拟门由 T_1、T_2、T_3 开关的控制部分，T_4、T_5 的模拟开关部分，以及辅助传输门 F_1、F_2 组成。控制部分实际上是一个 CMOS 反相器，T_4、T_5 为反相器的负载管。反相器 F_1 和 F_2 分别为两个栅极提供控制电压，因 CMOS 反相器输出满幅的性能，保证了 V_{GSN} 和 V_{GSP} 达到 V_{SS} 或 V_{DD} 电平。另外增加一个辅助传输门及其负载管 T_3，以保证导通时 N 沟道 MOS 管 T_4 的衬底电压与输入电压 V_i 等电位，截止时衬底接 V_{SS}（地）。以消除衬底偏置效应。由于工艺原因，P 沟道 MOS 管的衬底偏置效应不明显，所以没有加附加控制电路。

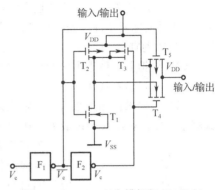

图 5-2 CMOS 双向模拟门 CD4066

CMOS 开关的工作原理：当 V_c 为高电平时，T_1 截止，T_2、T_3 导通，T_4 衬底电压等于 V_i，T_4、T_5 导通，V_i 通过开关管 T_4、T_5 传输到输出端。当 V_c 为低电平时，T_2、T_3 截止，T_1 导通，T_4 衬底接 V_{SS}（地），T_4、T_5 截止，输入和输出断开。

CMOS 模拟开关易于使用，这种模拟开关将 N 沟道 MOSFET 与 P 沟道 MOSFET 并联，可使信号同等畅通地沿任何方向通过。由于开关对电流流向不存在选择问题，因而也没有严格的输入端与输出端之分。两个 MOSFET 在内部的同相与反相放大器控制下导通或断开。根据控制信号是 CMOS 或是 TTL 逻辑，以及模拟电源电压是单或是双，这些放大器对数字输入信号进行电平转换。

求出各种电平 V_i 下的 P 沟道与 N 沟道 MOSFET 导通电阻（R_{on}）并联值，得到这种并联结构的复合导通电阻特性。在不考虑温度、电源电压和模拟输入电压对 R_{on} 影响的情况下，R_{on} 随 V_i 的变化曲线为直线。

集成模拟开关可在非常低的电源电压下工作，并且具有很小的封装尺寸和极佳的开关特性，无论是性能指标还是特殊功能都可提供多种选择，使设计人员可以根据特殊的需要选择理想的开关产品。

一些新型的产品（如 Maxim 的 MAX4601）工作于极低的电源电压时可提供最大为 2.5Ω 的导通电阻。电源电压对 R_{on} 有显著的影响（见图 5-3）。MAX4601 电源电压的范围为 4.5～36V 的单电源或±（4.5～20）V 的双电源。R_{on} 随着电源电压的降低而增大。最大 R_{on} 在+5V 时约为 8Ω，在+12V 时仅为 2.5Ω。有些新型模拟开关的额定工作电压可降至+2V。图 5-4 给出了 MAX4614 模拟开关、DG411 模拟开关与 74HC4066 型号的模拟开关在+5V 电源电压下的性能比较。

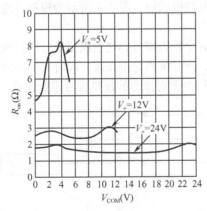

图 5-3 MAX4601 电源电压与导通电阻关系

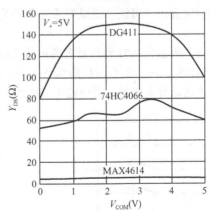

图 5-4 +5V 电源电压模拟开关导通电阻比较

3. 使用 CMOS 双向模拟开关应注意的有关问题

（1）传输电压范围不能超过电源电压范围（$V_{DD} \sim V_{SS}$），否则影响开关特性（R_{on} 和 I_{off} 均会增大），甚至损坏元器件。为减小 R_{on}，输入信号宜大于 3V，且比 V_{DD} 低 2V，若 $V_{DD}=15V$，则 V_i 取 3～11V 为宜。

（2）模拟开关属于电压控制元器件，控制电流极小。被传输的信号常是电压信号，它要求后接电路有高阻输入特性。

（3）若要求传输正弦信号，则应采用双电源工作，正负电源电压值应根据输入正弦信号的最大峰值而定，但不能超过最大工作电压。

若模拟开关采用单电源工作，则被传输的又是正弦信号，应在开关的输入端加分压式偏置电路，将输入端偏置在 $1/2 V_{DD}$ 上，另外输入端还应加隔直电容 C。图 5-5 所示为模拟开关传输交流信号的接法。图中 $R_1=R_2=100k\Omega$，C 为 0.01～10μF，电容容量与被传输信号的频率有关。

（4）CMOS 开关，一般 $R_{on}\leqslant 500\Omega$，$R_{off}\geqslant 50M\Omega$，为兼顾开关的两种工作状态，负载电阻一般取 100～200kΩ，这样传输损耗和截止泄漏均可在百分之零点几以下。负载电阻减小，有利于减小截止泄漏，不利于导通，线性度变差。若传输开关信号，则对电平要求不高，负载电阻选择余地较大。

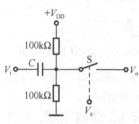

图 5-5 模拟开关传输交流信号的接法

5.2.3 模拟多通道开关电路

模拟多通道开关电路用于需要将多个模拟通道的信号源按照一定的顺序变换为"单个通道"信号源的地方。例如，A/D 转换器多通道应用时就要采用模拟多通道电路。

A/D 转换器的多通道工作方式在实际应用中是非常有必要的。例如，在复杂的自动控制系统中，电子计算机的原始模拟输入量往往是多个，数字输出量也可能是多个。甚至在有些情况下，模拟输入量、数字输出量可能达上百个。假如每个模拟输入量都单独用一个 A/D 转换器，每个数字输出量都单独用一个 D/A 转换器，这样显然是不合理的，因为所需代价太大。

一个设备的多通道应用在实际问题中非常必要，而且设备本身所能达到的工作频率往往高于单个通道信号所要求的工作频率。例如，A/D 转换器多通道应用中，当各模拟信号变化速度较低时，所要求的转换速率就不是很高，但 A/D 转换器可能达到的转换速率却高得多，在这种情况下，A/D 转换器有能力对模拟量进行多通道转换。也就是说，在这种情况下，A/D 转换器的高速性为多通道应用提供了可能。模拟多通道主要是由模拟开关电路组成的。图 5-6 所示为模拟多通道示意图。

图 5-7 所示为 A/D 转换器多通道应用框图。图中有 n 个模拟信号，这些模拟信号通过模拟开关 S_1、S_2、S_3、…、S_n 分时接通到 A/D 转换器的输入端。分时接通是指在某一段时间间隔内，只有某一个通道开关接通，其他通道开关断开，此时 A/D 转换器对接通的模拟信号进行变换。

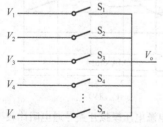

图 5-6 模拟多通道示意图

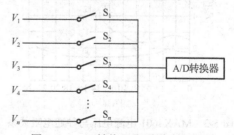

图 5-7 A/D 转换器多通道应用框图

图 5-8 所示为 3 个模拟电压 V_1、V_2、V_3 多通道转换的顺序。图 5-9 所示为 D/A 转换器的多通道工作框图。首先用一个 D/A 转换器得到多数字输入量的模拟电压，然后经过多通道电路分开。在图 5-9 中，各通道分时接通，电容 C_1、C_2、C_3、…、C_n 为存储电容，放大器起隔离负载的作用，以免存储电容放电破坏了输出电压的数值。电容 C 及放大器共同构成模拟电压保持电路，它的作用是在通道开关断开的时间内保持模拟电压的数值。

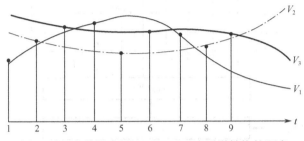

图 5-8　3 个模拟电压 V_1、V_2、V_3 多通道转换的顺序

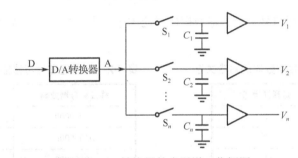

图 5-9　D/A 转换器的多通道工作框图

图 5-10 所示为 3 个通道的工作波形。多通道工作时，各通道的选择通常用下面两种方法：一种是译码器方法，即计数器对时标脉冲计数，计数器中的代码经译码器译码后控制通道开关。译码器方法的多通道工作方式如图 5-11 所示。另一种选择多通道的方法是用移位寄存器的方法。由触发器构成移位寄存器，每一位控制一个通道开关。工作开始时，移位寄存器清"0"。工作开始后，启动脉冲使寄存器量为 1000…0，此后在时标脉冲的作用下，移位寄存器中的"1"向后移位，如此，通道开关顺序接通。

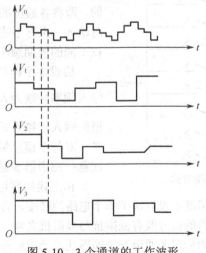

图 5-10　3 个通道的工作波形

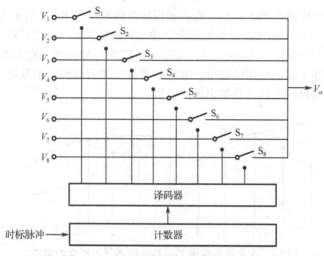

图 5-11 译码器方法的多通道工作方式

表 5-1 所示为选择通道号与计数器数码的对应关系。表 5-2 所示为选择通道号与移位寄存器数码的对应关系。

表 5-1 选择通道号与计数器数码的对应关系

计数器数码	选择通道号
0 0 0	1
0 0 1	2
0 1 0	3
0 1 1	4
1 0 0	5
1 0 1	6
1 1 0	7
1 1 1	8

表 5-2 选择通道号与移位寄存器数码的对应关系

移位寄存器数码	选择通道号
10000000	1
01000000	2
00100000	3
00010000	4
00001000	5
00000100	6
00000010	7
00000001	8

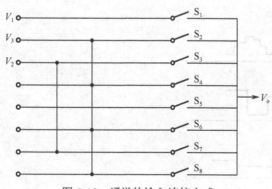

图 5-12 通道的输入连接方式

模拟多通道应用常用的工作方式是等周期的,即将各通道的模拟量以相同的周期顺序地分时输入。也有不等周期的,即每个通道的模拟量以不同的周期顺序地分时输入。

假设 3 个模拟量为 V_1、V_2、V_3,要求它们的输入频率分别为 f_1、f_2、f_3,并且 $f_1 = \frac{1}{2}f_2 = \frac{1}{4}f_3$。通道的输入连接方式如图 5-12 所示。图中的特点是,对每个模拟量来说,工作周期是等间隔的。注意:图中第 5 通道是空的。

由上述内容可知,模拟多通道电路主要是由模拟开关电路组成的。它们的精度不仅取决于单个电路的精度,各通道连接之后,通道间还存在着影响。另外,加入各模拟通道的信号既有低阻抗与高阻抗之别,又有高电平与低电平之别,所以从精度的角度出发,对不同的情况多通道开关的形式及要求应该不同。

5.3 模拟开关应用需要注意的问题及工程应用

1. 普通模拟开关的选择

对普通功用的模拟开关的选择主要考虑以下几个因素。

1) 导通电阻

模拟开关的导通电阻 R_{on} 会使信号电压产生衰减，衰减量与流过开关的电流成正比，对应于正常工作电流，这个衰减量应处于系统允许的误差范围之内。R_{on} 越小越好，但 R_{on} 小的元器件成本较高，应根据实际需要加以权衡。

R_{on} 不仅随输入电压的变化而变化，还与开关的供电电压有关，一般随电源电压的减小而增大。因此，R_{on} 确定后，还需要考虑通道间的失配度及 R_{on} 的平坦度。通道失配度用来描述同一芯片的不同通道间 R_{on} 的区别。

2) 开关时间

较低的导通电阻 R_{on} 需要占据较大的芯片面积，从而产生较大的电容。时间常数 $\tau=RC$，τ 取决于负载电阻 R 和开关电容 C，这说明 R_{on} 小的开关具有更长的导通和关断时间。通常希望元器件具有短的开关时间，但导通电阻和开关时间这两个参数的选择存在着矛盾，因此，应在导通电阻 R_{on} 和开关时间之间权衡，以选择相应的芯片型号。

3) 系统电源

由于模拟开关只能处理幅度在电源电压摆幅以内的信号，因此输入信号幅度必须保证在所规定的电源电压范围内。对于未加保护功能的模拟开关，过高或过低的输入信号将在开关内部的二极管网络产生失控电流，造成模拟开关的永久损坏。

应根据所设计的系统的电源情况，选择模拟开关产品。为单电源供电系统选择模拟开关时，应尽量选择那些专为单电源供电而设计的产品。同样，对于双电源供电系统，也应选用双电源供电开关。

4) 其他因素

应按系统实际需要的开关数量、种类（多刀多掷、常开常闭、多选一、控制逻辑）、封装形式等选择相应的芯片。

另外，很多元器件提供了特殊的保护功能。例如，具有静电放电（ESD）保护、过流保护、过压保护的新型模拟开关和多路复用器，适用于对系统可靠性要求较高的场合。

2. 多路模拟开关应用需要注意的问题

多路模拟开关主要用于传输或分配模拟信号。它是按时间分割方式在多路输入信号中选通 1 路到输出端的元器件。由于模拟开关的双向特性，也可以将输入、输出端互换，即将输入信号分配到某一输出端。所以 N 选 1 多路模拟开关也可以用作 1 到 N 的多路模拟分配器。成品的多路模拟开关有 2 选 1、4 选 1、8 选 1、16 选 1 等类型。它们的结构与原理相似，只是路数不同。以 8 选 1 多路模拟开关 54/74HC/HCT4051 为例扼要地介绍其组成和原理。

4051 的逻辑图和 4051 的引脚功能图如图 5-13 和图 5-14 所示，通常将 $Y_0 \sim Y_7$ 称为输入端，Y 称为输出端。4051 由逻辑电平转换（电平位移）、选择译码（8 选 1 时序译码器），以及由译码器输出控制的 8 个 CMOS 双向模拟开关（TG）组成。4051 各引脚的功能如表 5-3 所示。

INH 为公共的允许输入端（禁止端）。INH=0 时，模拟开关为 8 选 1 的传输状态；INH=1 时，8 个模拟开关均处于输入、输出阻断状态。8 选 1 多路模拟开关由选择输入 A、B、C（地址控制信号）控制，根据 A、B、C 的状态决定 8 个模拟开关中的某一个导通。4051 真值表如表 5-4 所示。

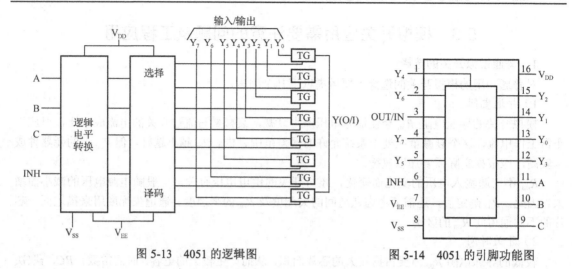

图 5-13　4051 的逻辑图　　　　　图 5-14　4051 的引脚功能图

表 5-3　4051 各引脚的功能

引脚符号	功能说明	备注
Y_0, Y_1, Y_2, Y_3, Y_4, Y_5, Y_6, Y_7	数据输入/输出端	双向
Y	数据输出/输入端	双向
A, B, C	选择输入端	
INH	允许输入端	
V_{DD}	正电源	
V_{EE}	负电源	
V_{SS}	地	GND

表 5-4　4051 真值表

输入状态				接通通道
INH	C	B	A	
0	0	0	0	0
0	0	0	1	1
0	0	1	0	2
0	0	1	1	3
0	1	0	0	4
0	1	0	1	5
0	1	1	0	6
0	1	1	1	7
1	x	x	x	均不接通

4051 内部的模拟开关（TG）实际上是一个 CMOS 传输门。CMOS 模拟开关等效电路如图 5-15 所示。CMOS 传输门并非理想的开关，导通时有几百欧姆的电阻（R_{on}），而断开时约有 $10^{10}\Omega$ 的电阻。工程化设计时，勿忽视导通电阻的存在。

第 5 章 模拟开关

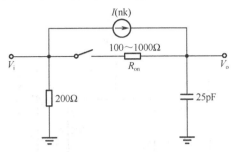

图 5-15 CMOS 模拟开关等效电路

多路模拟开关主要用于数据采集系统中，它将多路模拟输入信号依次地传输到公共放大器或公共 A/D 转换器上。这将提高放大器或 A/D 转换器的使用效率，减小工程化设计的体积和质量，降低工程化设计的成本。

工程化设计中应用多路模拟开关（IC）需要注意的问题包括以下几个方面。

1）选择供电电源

这类元器件除了 V_{DD}（正电源）和 V_{SS}（GND）端，还有 V_{EE}（负电源）端。当传输 0～5V 的模拟信号或逻辑信号时，取 V_{DD}=5V，V_{EE}=V_{SS}=0；当传输-5～+5V 的模拟信号时，取 V_{DD}=5V，V_{EE}=-5V，V_{SS}=0（GND）。两种情况下，都可用单极性 0～5V 的地址信号直接控制。4051 的电源电压范围为±7.5V，可据传输信号的峰值选择供电电压值。

2）输入端（Y_0～Y_7）的保护

输入电压（V_i）不许超出电源电压范围，即满足：$V_{EE} \leq V_i \leq V_{DD}$，若 $V_i > V_{DD}$ 或 $V_i < V_{EE}$，则应在输入端串联数千欧姆的电阻，对 IC 起保护作用。

3）防范锁定效应的措施

锁定效应（晶闸管效应）是 CMOS 集成电路中固有的问题。除空脚外，当各引脚上出现高电压或大电流时均可能导致 CMOS 集成电路内部寄生晶闸管被触发。若寄生晶闸管被触发，而电源又没采取限流措施，则会因电流过大而使 IC 损坏。为此需采取以下保护措施。

（1）电源加限流电阻。

单电源时，在 IC 的 V_{DD} 与正电源之间串联限流电阻，如图 5-16 中的 R_1；双电源时，还需在 IC 的 V_{EE} 与负电源之间串联限电电阻，如图 5-16 中的 R_2。电源限流在 30mA 以内，IC 便得到保护。当双电源±5V，V_i=5V，I_o（输出电流）为 0 时，74HC4051 的 I_{DD} 最大值为 160μA，54HC4051 的 I_{DD} 最大值为 320μA。若 R_1（R_2）取 150Ω，则 74HC4051 的 V_{DD}=4.976V，V_{EE}=-4.976V，54HC4051 的 V_{DD}=4.952V，V_{EE}=-4.952V，即限流电阻对电源电压（V_{DD}、V_{EE}）的影响不大。设 IC 内部电源短路，当 V_{DD}=+5V，V_{EE}=-5V，R_1=R_2=150Ω 时，I_{DD}=33mA，所以 R_1（R_2）取值为几十欧姆即可。

（2）电源输入端加去耦电容。

单电源时，在 V_{DD} 至 V_{SS} 之间并联一个 2.2μF 的钽电容（见图 5-16 中的 C_1）；双电源时，还需在 V_{EE} 至 V_{SS} 之间并联一个 2.2μF 的钽电容（见图 5-16 中的 C_2）。小容量钽电容的特点是高频阻抗小，在 500kHz～20MHz 范围内阻抗小于 1Ω；漏电流小于 0.5μA。这样可防止 V_{DD}、V_{EE} 端出现瞬态的高压。

（3）不使用的输入端应对地短路。

由图 5-15 所示的 CMOS 模拟开关等效电路可知，其输入端对地的阻抗高达 200MΩ。这样高度绝缘的输入端很容易产生感应电压。所以，不使用的输入端不能悬空，应将其对地短路，如图 5-16 中的引脚 2（第 7 个输入端 Y_6）、引脚 4（第 8 个输入端 Y_7）。

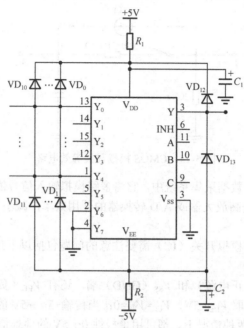

图 5-16　一种可以防范锁定效应措施的 4051 外围电路

例题：试用两个 CD4051 扩展成一个 1×16 路的模拟开关。

分析：图 5-17 所示为两个 CD4051 扩展为 1×16 路模拟开关的电路。数据总线 $D_0 \sim D_3$ 作为通道选择信号，D_3 用来控制两个多路开关的禁止端。当 $D_3=0$ 时，选中上面的多路开关，此时若 D_2、D_1、D_0 从 000 变为 111，则依次选通 $S_0 \sim S_7$ 通道；当 $D_3=1$ 时，D_3 电平经反相器变成低电平，选中下面的多路开关，此时若 D_2、D_1、D_0 从 000 变为 111，则依次选通 $S_8 \sim S_{15}$ 通道。如此，组成一个 16 路的模拟开关。

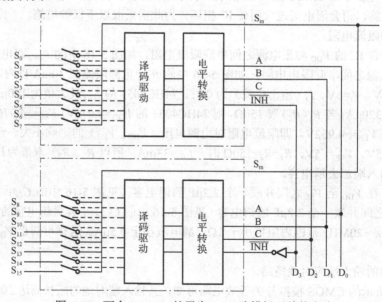

图 5-17　两个 CD4051 扩展为 1×16 路模拟开关的电路

模拟开关

习题

图 5-18 所示为程控放大电路。设 A 为理想运算放大器。多路模拟开关 5G 4051 的地址输入禁止端和地址输入端的取值有下列 4 种情况（其中，"1"表示高电平，"0"表示低电平），试求各种情况下输出电压 V_o 与输入电压 V_i 的关系式。

（1）$I_{nk}=1$，$cba=000$。
（2）$I_{nk}=0$，$cba=011$。
（3）$I_{nk}=0$，$cba=100$。
（4）$I_{nk}=0$，$cba=101$。

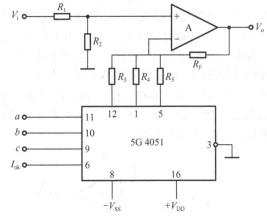

图 5-18 程控放大电路

第 6 章 采样/保持器

6.1 概述

采样/保持器是指在输入逻辑电平控制下处于"采样"或"保持"两种工作状态的电路。在"采样"状态下电路的输出跟踪输入模拟信号。转为"保持"状态后,电路的输出保持着前一次采样结束时刻的瞬时输入模拟信号,直至进入下一次采样状态为止。在许多实际系统中,采样/保持器常用于锁存某一时刻的模拟信号,以便进行数据处理(量化)或模拟控制。例如,数据采集系统中应用采样/保持器对输入模拟信号进行短时间储存,以备采集;在逐次逼近式 A/D 转换器前必须使用采样/保持(S/H)器,否则会造成过大的转换误差,甚至无法工作;有时,经斩波或调制处理的模拟信号,为消除尖峰脉冲的影响,也采用采样/保持器。总之,一切需要对模拟信号瞬时采样和存储的地方都要应用采样/保持器。最基本的采样/保持器由模拟开关、存储元件(保持电容)和缓冲放大器组成。采样/保持器原理图如图 6-1 所示。图 6-1 中 S 为模拟开关,V_c 为确定采样或保持状态的模拟开关的控制信号,C_H 为保持电容。

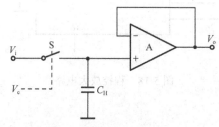

图 6-1 采样/保持器原理图

采样/保持器的工作原理:当 V_c 为采样电平时,开关 S 导通,模拟信号 V_i 通过开关 S 向 C_H 充电,输出电压 V_o 跟踪输入模拟信号的变化。当 V_c 为保持电平时,开关 S 断开,输出电压 V_o 保持在模拟开关断开瞬间的输入信号值。高输入阻抗的缓冲放大器 A 的作用是把 C_H 和负载隔离,否则,保持阶段在 C_H 上的电荷会通过负载放电,无法实现保持功能。

采样/保持器的主要性能参数定义如下。

1. 孔径时间 t_{AP}

由于模拟开关有一定的动作滞后,从发出保持指令开始到模拟开关完全断开,电路进入保持状态,输出停止跟踪输入所经历的这段时间称为孔径时间,用 t_{AP} 表示。由于孔径时间的存在,采样时间被额外地延迟了。当被采样的信号是时变信号时,孔径时间的存在使保持指令到达时,采样/保持器的输出仍跟踪输入信号的变化。当这一时间结束后,电路的稳定输出已不代表保持指令到达时刻输入信号的瞬时值,而是代表 t_{AP} 时刻之后的输入信号的瞬时值,两者之差称为孔径误差。采样/保持器的主要性能参数如图 6-2 所示。最大孔径误差等于孔径时间内输入信号的最大时间变化率与孔径时间的乘积,即

$$\Delta V_{o\max} = \left(\frac{dV_i}{dt}\right)_{\max} t_{AP} \tag{6-1}$$

若输入信号为 $V_i = V_m \sin\omega t$,则其最大变化率为

$$\left(\frac{\mathrm{d}V_\mathrm{i}}{\mathrm{d}t}\right)_{\max} = V_\mathrm{m}\omega\cos\omega t\big|_{t=0} = V_\mathrm{m}\omega \tag{6-2}$$

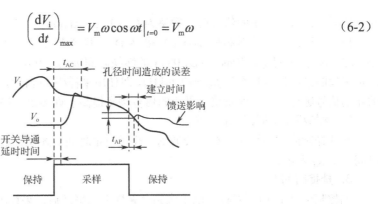

图 6-2 采样/保持器的主要性能参数

在数据采集系统中,要求最大孔径误差不超过 A/D 转换器输出数字量的最低有效位(LSB)所代表电压值的一半,即 $\Delta V_\mathrm{omax} \leq 1/2 V_\mathrm{LSB}$。第 6 章将说明对一个具有 n 位二进制数输出的 A/D 转换器,$1V_\mathrm{LSB} = \frac{1}{2^n} V_\mathrm{FS}$。这里 V_FS 是 A/D 转换器额定的满度输入电压。若输入电压为正弦信号,取 $V_\mathrm{FS} = 2V_\mathrm{m}$,则孔径误差的相对值应满足下式,

$$\frac{\Delta V_\mathrm{omax}}{V_\mathrm{m}} = \omega t_\mathrm{AP} = 2\pi f t_\mathrm{AP} \leq \frac{1}{2^n} \tag{6-3}$$

由此可得

$$f \leq \frac{1}{2^{n+1}\pi t_\mathrm{AP}} \tag{6-4}$$

式(6-4)给出了对输入信号最大变化率的限制。需要说明的是,式(6-4)是考虑最坏情况的计算式,实际上被连续采样的大量数据中只有少数落入具有最大变化率的范围,这就是说,输入信号的变化频率超过式(6-4)的计算值时所产生的孔径误差并不总是大于 $1/2 V_\mathrm{LSB}$。

采样/保持器如果具有恒定的孔径时间,那么可采取措施消除其影响,若把保持指令提前 t_AP 时间发出,则电路的实际输出值就是预定时刻输入信号的瞬时值。但完全补偿是十分困难的,由于开关的截止时间在连续多次切换时存在某种涨落现象,以及电路中各种因素的影响,使 t_AP 存在一定的不确定性,这种现象称为孔径抖动或孔径时间不定性。孔径抖动是指多次采样中孔径时间的最大变化量,其值等于最大孔径时间与最小孔径时间之差。孔径抖动的典型数值约比孔径时间小一个数量级左右。

在数据采集系统中,A/D 转换器的输入端常常会使用采样/保持器,这有利于扩大输入信号的频率范围。

采样/保持器的孔径时间

一个 n 位的 A/D 转换器能表示的最大数字是 2^n-1,设它的满量程电压为 V_FS,则它的量化单位 LSB 所代表的电压 $V = V_\mathrm{FS}/2^n$。如果在转换时间 t_CONV 内,正弦信号电压的最大变化不超过 1LSB 所代表的电压,那么数据采集系统可采集的最高频率为 $f_\mathrm{max} = 1/(2^n \pi t_\mathrm{CONV})$,若允许正弦信号变化为 LSB/2,则系统可采集的最高信号频率为 $f_\mathrm{max} = 1/(2^{n+1} \pi t_\mathrm{CONV})$。

[例] 已知 A/D 转换器的型号为 ADC0804,其转换时间为 $t_\mathrm{CONV} = 100\mu s$(时钟频率为 640kHz),位数为 $n=8$,转换时间内允许信号变化 LSB/2,计算系统可采集的最高信号频率为

$$f_\mathrm{max} = 1/(2^{n+1} \pi t_\mathrm{CONV}) \approx 1/(2^{8+1} \times 3.14 \times 100 \times 10^{-6}) \approx 6.22\mathrm{Hz}$$

结论:按照上述要求,ADC0804 只能对频率低于 6.22Hz 的信号进行采样。

若在 A/D 转换器前加采样/保持器后,则变成在 $\Delta t = t_\mathrm{AP}$ 内,即在采样/保持器的孔径时间内讨论系统可采集模拟信号的最高频率。仍考虑对正弦信号采样,则在 n 位 A/D 转换器前加上采样/

保持器后，系统可采集的信号最高频率为 $f_{max}=1/(2^{n+1}\pi t_{AP})$。

[例] 用采样/保持器芯片 AD582 和 A/D 转换器芯片 ADC0804 组成一个采集系统。已知 AD582 的孔径时间 t_{AP}=50ns，ADC0804 的转换时间 t_{CONV}=100μs（时钟频率为 640kHz），计算系统可采集的最高信号频率为 f_{max}=12.44kHz，即使用采样/保持器后，系统能对频率不高于 12.44kHz 的正的信号进行采样，使系统可采集的信号频率提高了许多倍，提高了系统的采样速率。

2. 保持稳定的时间 t_{ST}

经孔径时间后的输出还有一段波动，经过一定时间后才保持稳定，这段时间称为保持稳定的时间，用 t_{ST} 表示。

3. 捕捉时间 t_{AC}

当控制信号 V_c 由"保持"电平转为"采样"电平之后，采样/保持器的输出电压 V_o 从原来的保持值过渡到跟踪输入信号 V_i 值（在确定的精度范围内）所需的时间称为捕捉时间，用 t_{AC} 表示。它包括模拟开关的导通延迟时间和建立跟踪输入信号的稳定过程时间。显然，采样时间必须大于捕捉时间，才能保证在采样阶段充分地采集到所需的输入模拟信号。捕捉时间主要由电路充电时间常数和所要求的逼近精度所决定，还与开关的导通时间、缓冲放大器的压摆率和稳定时间有关。对于一个采样/保持器电路，它的 t_{AC} 与外接保持电容的容量、输入信号的变化幅度及容许的逼近精度密切相关。t_{AC} 反映了采样/保持器的采样速率，它限定了该电路在给定精度下获得输入信号瞬时值所需的最小采样时间，为了减小这一时间，应选导通电阻小、切换速度快的模拟开关，同时应选频带宽、压摆率高的运算放大器作为输入和输出缓冲放大器，输入运算放大器还应具有大的输出电流。产品数据表格上给出的 t_{AC} 都是相对于某一保持电容和逼近精度而言的，同时还假定电路的初始输出电压为零，输入信号是一定大小（通常为 10V 或 20V）的阶跃电压，如 AD582 的 t_{AC} 在 C_H=100pF、阶跃输入为 10V、逼近精度为 0.1%时为 6μs，而在 C_H=1000pF、逼近精度为 0.01%时为 25μs。通常用 $t_{AC}\approx\tau=RC_H$ 来估算捕捉时间。式中 R 为充电回路中的电阻值，C_H 为保持电容，若要求逼近精度为 0.1%，则电容至少应充电到稳态值的 99.9%，$t_{AC}=7\tau$，逼近精度为 0.05%，则 $t_{AC}=7.6\tau$。

4. 保持电压变化率

在保持阶段，开关 S 断开，保持电容 C_H 上所充的电荷通过模拟开关的断开电阻 R_{off1}、保持电容泄漏电阻 R_{off2} 和负载电阻 R_L（输出运算放大器的输入电阻）逐渐泄放，保持电容端电压按指数规律变化，根据放电回路可写出如下方程，

$$V_o(t)=V_o(t_s)e^{-\frac{t}{R_H C_H}} \tag{6-5}$$

式中，$V_o(t_s)$ 为采样结束时刻的输出电压；$R_H = R_{off1} // R_{off2} // R_L$。

由式（6-5）可知，

$$\frac{dV_o(t)}{dt}=-\frac{V_o(t_s)}{R_H C_H}e^{-\frac{t}{R_H C_H}}$$

为保证输出电压 $V_o(t)$ 不衰变过大，应使 $t \ll R_H C_H$，此时 $e^{-\frac{t}{R_H C_H}} \to 1$，因此，

$$\frac{dV_o(t)}{dt}=\frac{V_o(t_s)}{R_H C_H}=-\frac{I_D}{C_H} \tag{6-6}$$

式中，I_D 是保持阶段流过保持电容 C_H 的总漏电流，包括 C_H 内部的漏电流、模拟开关断开时的漏电流、输出运算放大器的输入电流等。

由式（6-6）可知，当 $t \ll R_H C_H$ 时，采样/保持器的输出电压在保持阶段以近乎恒定的速率在变化。由于 I_D 的极性可正、可负，所以保持电压的变化率 $\frac{dV_o(t)}{dt}$ 的极性也有两种可能。

保持电压的变化率 $\dfrac{dV_o(t)}{dt}$ 表示在保持阶段输出电压在单位时间内的变化量，常用的单位有 $\mu V/\mu s$、$mV/\mu s$ 和 mV/s 等。

由式（6-6）可知，增大 C_H 值可减小保持电压的变化率，但 C_H 的增大导致捕捉时间的增加。选用高质量的保持电容，使 C_H 本身的介质漏电和介质吸附效应引起的电荷变化减小。选用漏电流小的模拟开关，以及采用高输入阻抗的输出运算放大器，可减小总的漏电流 I_D，以达到减小保持电压变化率的目的，从而提高输出信号的质量。

5. 馈送

在保持阶段，虽然模拟开关处于断开状态，但由于开关源、漏极间的极间电容和其他途径的耦合作用，使输入信号的变化耦合到输出端，这个过程称为馈送。这时采样/保持电路的输出电压（捕捉到的输入电压的瞬时值）上叠加了馈送所产生的误差电压，相当于纹波干扰。输入信号变化快的区域，馈送影响也大。馈送误差常用输入电压的百分数或分贝值来表示，它主要取决于开关的极间电容和保持电容的比值。图 6-2 中也显示出了这种影响。

6. 电荷转移偏差

在保持状态时，电荷通过寄生电容转移到保持电容上引起的偏差电压叫作电荷转移偏差，可通过增大保持电容的容量来克服。不过当增大保持电容的容量时，也增加了采样/保持器的捕捉时间。

7. 跟踪到保持的偏差

跟踪到保持的偏差是指跟踪最终值与建立保持时的保持值之间的偏差电压，这种偏差是电荷转换误差补偿以后剩余的误差。该误差与输入信号有关，是一个不可预估的误差。

以上介绍了采样/保持器的主要性能参数，可以看出，采样/保持器的性能在很大程度上取决于保持电容 C_H 的质量。因此，对于外接保持电容的采样/保持器，选择优质电容是至关重要的。在选择保持电容 C_H 时，重点考虑的是电容的绝缘电阻和电容的吸附效应。

由电容吸附效应的特点可知，如果先对一个电容充电到一定电压 V_e，然后对它短路放电一定时间后再开路，那么电容上的电压将从零向 V_e 方向缓变。电容表现出来的"电压记忆"特性称为电容的介质吸收，此特性将对保持电压产生误差。图 6-3 所示为电容的介质吸收造成误差的示例。设保持电容原先的保持电压为+5V，当由保持状态转为跟踪状态时，采样/保持器输入电压为-5V。

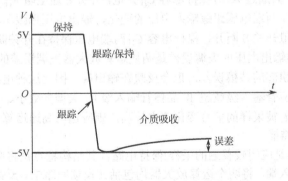

图 6-3 电容的介质吸收造成误差的示例

经过一段时间的跟踪，电容电压先变为-5V，然后又转为保持状态。这时，电容电压会逐渐向+5V 方向变动，使保持电压发生变动，从而产生误差。（为了清楚起见，图 6-3 中对介质吸收造成的电压变动进行了夸大处理）。因此，需要注意电容吸附效应对保持电压的影响。

表 6-1 所示为符合高精度要求的保持电容的性能，可在应用时参考。

表 6-1 符合高精度要求的保持电容的性能

类　型	工作温度范围/℃	25℃时绝缘电阻/MΩ	125℃时绝缘电阻/MΩ	电介质吸收率
聚碳酸酯	−55 ～ +125	$5×10^5$	$1.5×10^4$	0.05%
金属化聚碳酸酯	−55 ～ +125	$3×10^5$	$4×10^3$	0.05%
聚丙烯	−55 ～ +105	$7×10^5$	$5×10^3$（105℃）	0.03%
金属化聚丙烯	−55 ～ +105	$7×10^5$	$5×10^3$（105℃）	0.03%
聚苯乙烯	−55 ～ +85	$1×10^5$	$7×10^4$（85℃）	0.02%
聚四氟乙烯	−55 ～ +200	$1×10^5$	$1×10^5$	0.01%
金属化聚四氟乙烯	−55 ～ +200	$5×10^5$	$2.5×10^4$	0.02%

6.2 采样/保持器的基本结构及工作原理

采样/保持器一般由 3 部分组成：输入、输出缓冲放大器，采样/保持开关及其控制逻辑电路，保持电容（存储元件）。采样/保持器可用通用元器件组成，也可直接用集成采样/保持器。过去保持电容一般需外接，现在有许多集成采样/保持器将保持电容集成到芯片中了。

1. 串联型采样/保持器

串联型采样/保持器如图 6-4 所示。

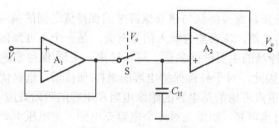

图 6-4　串联型采样/保持器

图 6-4 中运算放大器 A_1、A_2 为输入、输出缓冲放大器，模拟开关 S 受控制信号 V_c 控制。采样时，S 导通，输入信号 V_i 通过 A_1 对保持电容 C_H 充电，开关导通电阻 R_{on} 和 A_1 的输出阻抗很小，充电速度很快，所以 C_H 两端电压跟踪输入电压的变化，输出电压也跟踪输入电压的变化，实现采样功能。保持时，模拟开关 S 断开，保持电容 C_H 两端电压保持在开关断开瞬时的输入电压值。

串联型采样/保持器输出电压的失调误差是两块运算放大器失调误差的代数和，两块运算放大器的共模抑制比有限所引起的共模误差，也会反映在输出端，因此这种电路的精度不够高。通常选用输入阻抗高（场效应管输入级或超 β 晶体管输入级）、失调参数小、共模抑制比高的运算放大器作为缓冲放大器。若被采样的信号变化速率较高，则应选用高速运算放大器。

2. 反馈型采样/保持器

反馈型采样/保持器是应用较普遍的采样/保持电路。其结构特点是将串联型采样/保持器的输出端通过电阻反馈到输入端，将两个运算放大器均包括在反馈回路中。反馈型采样/保持器电路如图 6-5 所示。

反馈型采样/保持器的工作原理如下。

采样时：开关 S_1 导通，开关 S_2 断开，运算放大器 A_1、A_2 构成跟随器。V_i 很快对 C_H 充电，使 $V_{C_H}=V_i$，且 V_{C_H} 在 A_2 的输出端输出，从而实现输出跟踪输入的变化。

保持时：开关 S_1 断开，开关 S_2 导通，电容 C_H 两端的电压 V_{C_H} 保持在开关 S_1 断开瞬时的 V_i 值，输出电压 V_o 即保持在开关 S_1 断开瞬时的 V_i 值。设置开关 S_2 的目的是避免保持阶段由于输入电压的变化引起运算放大器 A_1 饱和（若无 S_2，在保持阶段的运算放大器 A_1 则处于开环状态，必将饱和，这样当保持阶段结束并进行第二次采样时，运算放大器 A_1 需要退出饱和才能跟踪输入信号的变化，从而造成延时误差，使采样/保持器的动态性能变差），与保持电容 C_H 相串联的电阻 r 用来抑制电路可能产生的振荡，并使运算放大器 A_1 驱动较大的 C_H 时有平坦的频率特性，但 r 的存在限制了 C_H 的充电速度，增加了捕捉时间 t_{AC}，所以 r 取值一般较小，为几十欧姆。高速采样/保持器中的 $r=0$。选择保持电容 C_H 时，应考虑精度要求，因保持电压的变化率、馈送、采样频率等均与 C_H 有关，C_H 的容量一般选取 $0.01\sim0.1\mu F$。必须选用低介质吸收效应的电容，尤其是用于多通道数据采集系统中的采样/保持器，每次采集不同通道的信号，若其电压变化范围较大，由于 C_H 的介质吸收效应来不及快速响应，则会引起误差，所以要选介质吸收效应小的电容，如聚苯乙烯、聚丙烯或聚四氟乙烯电容。

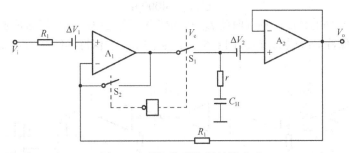

图 6-5 反馈型采样/保持器电路

反馈型采样/保持器的误差分析如下。

设运算放大器 A_1、A_2 折算到输入端的失调误差分别为 ΔV_1、ΔV_2，极性如图 6-5 所示，V_i 为输入信号。

采样阶段：输出跟踪输入的变化，采样/保持器的输出电压为
$$V_o = [A_{o1}(V_i + \Delta V_1 - V_o) + \Delta V_2 - V_o]A_{o2}$$
因此，
$$V_o = \frac{A_{o1}A_{o2}(V_i+\Delta V_1)}{1+A_{o2}+A_{o1}A_{o2}} + \frac{A_{o2}\Delta V_2}{1+A_{o2}+A_{o1}A_{o2}}$$
$$\approx V_i + \Delta V_1 + \frac{\Delta V_2}{A_{o1}} \approx V_i + \Delta V_1 \tag{6-7}$$

由式（6-7）可知，反馈型采样/保持器的误差近似于运算放大器 A_1 的失调误差，运算放大器 A_2 的失调误差由于反馈作用而减小到 $1/A_{o1}$，从而可忽略不计。所以反馈型采样/保持器具有较高的精度和工作速度。

反馈型采样/保持器的元器件选择原则与串联型采样/保持器相同，串联型采样/保持器提高静态精度的措施是选用失调参数小的运算放大器作为输入、输出缓冲放大器。提高保持精度的措施是选用漏电流小的模拟开关和高质量的保持电容。不过反馈型采样/保持器中输出运算放大器 A_2 对精度的影响不大。

3. 技术指标的统一考虑

（1）$\tau = RC_H$，其中，若 C_H 太大，则捕捉时间增大，引起精度降低。

（2）$\dfrac{dV_c}{dt} = \dfrac{I_D}{C_H}$，若 C_H 太小，则输出衰减率提高，引起精度降低。

这两个矛盾的具体例子如下。

例：$t_{AC} \leq 10\mu s$，$R_{on} = 400\Omega$，精度要求为 0.1%，则根据充电时间 $t=2.3\tau$，其中，$\tau=RC$，充电

电压达到 V_i 的 90%，直至 $t=6.9\tau$ 时，充电电压达到 V_i 的 99.9%，

$$C_{Hmax} = \frac{10}{7 \times 400} \approx 0.0036\mu F = 3600pF$$

若要求保持时间为 200ms，漏电流 $I_D = 100pA$，$V_i = 5V$，由于

$$\frac{dV_c}{dt} = \frac{I_D}{C} \qquad (6-8)$$

则

$$C = \frac{I_D \Delta t}{\Delta V} \qquad (6-9)$$

由 $\Delta V = 5 \times 0.1\%$，可以求出

$$C_{Hmin} = 4000pF$$

显然，要保证 0.1% 的精度，捕捉时间 t_{AC} 和保持电压变化率的两个指标是矛盾的。解决的办法是采用几个采样/保持器级联的方式。图 6-6 所示为采用采样/保持器级联的方式解决保持电容问题的示意图。

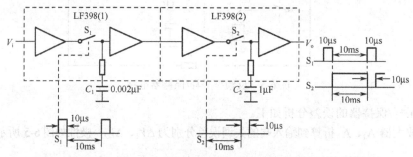

图 6-6 采用采样/保持器级联的方式解决保持电容问题的示意图

第一阶段：S_1 闭合，S_2 断开，V_i 通过 S_1 向 C_1 充电，其时间常数为

$$\tau = 400 \times 0.002 \times 10^{-6} = 0.8\mu s$$

若采样时间为 10μs，则可充电到 V_i 的 99.99% 以上，误差小于 0.01%。

第二阶段：S_1 断开，S_2 闭合，V_i 由 C_1 保持 10ms，输出衰减。

由式（6-9）可知，$\Delta V = \frac{I_D \Delta t}{C_1} = 0.5mV$。

输出衰减与输入电压之比为

$$\frac{\Delta V}{V_i} = 0.01\%$$

即保持精度为 0.01%。

同时，采样/保持器（1）输出经 S_2 向 C_2 充电，时间常数为

$$\tau_2 = 400 \times 1 \times 10^{-6} = 0.4ms$$

因采样/保持器（2）的采样时间为 10ms（采样时间为 t_{AC} 的几十倍），造成的误差也小于 0.01%。

第三阶段：S_1、S_2 均断开，V_i 由 C_2 保持，即使漏电流大到 1000pA，输出衰减为 0.01%，保持时间也有

$$\Delta t_H = \frac{\Delta V C_H}{I_D} = 500ms$$

由此可知，保持时间比单级采样/保持器要长得多，而总误差小于 0.04%。缺点：元器件增加。这种方法只用在采用单级采样/保持器不能满足技术要求的场合。

6.3 集成采样/保持器

1. 采样/保持器的分类

目前大都把采样/保持器所用的元器件集成在一块芯片上,构成集成采样/保持器,早些的采样/保持器的保持电容 C_H 由用户根据需要选择不同值外接。但是,现在有很多芯片已经把保持电容集成在芯片中(如 AD585),使芯片使用时的外围电路更加简单。

集成采样/保持器按其速度、精度或分辨率分类,一般分为通用型、高分辨率型、高速型和超高速型 4 类。

1)通用型

AD582、AD583、AD585 为美国 Analog Devices 公司的产品。

LF198、LF298、LF398 为美国 National Semiconductor 公司的产品。

2)高分辨率型

SHA1l44、SHA6、AD389 为美国 Analog Devices 公司的产品。

3)高速型

ADSHM-5、HIC-0500 为美国 Analog Devices 公司的产品。

HTS-0025、THC-1500 为美国 Analog Devices 公司的产品。

4)超高速型

HTC-0300(压摆率为 250V/μs)为美国 Analog Devices 公司的产品。

这些采样/保持器的性能指标可参阅有关手册。

2. 集成采样/保持器实例分析

现就美国 National Semiconductor 公司生产的通用型采样/保持器 LF398(与 LF198、LF298 电路完全一样,某些电气参数略有区别)进行简要说明。

LF398 集成采样/保持器原理电路如图 6-7 所示。

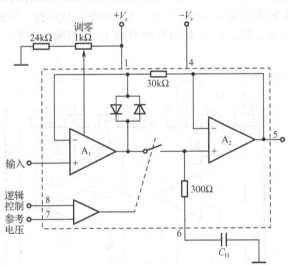

图 6-7 LF398 集成采样/保持器原理电路

LF398 采用双极型-结型场效应管工艺,将整个电路集成在一块芯片上,具有较高的直流精度、较高的采样速率、较低的保持电压变化率、较高的输入阻抗($10^{10}\Omega$)、较宽的带宽特性等优点。由图 6-7 可知,它是一种反馈型采样/保持器,A_1、A_2 是高输入阻抗运算放大器,模拟开关 S_2(见图 6-5)由两个二极管来代替,保持电容 C_H 需要外接,其容量大小与所要求的精度和捕捉时间有关。如果要求捕捉时间小于 12μS，那么 C_H 可取 0.01μF。控制信号加在 8、7 端之间，一般 7 端接地，8、7 两端构成驱动放大器的两个差动输入端，用以适应各种控制电平。当控制电平 $V_c=$"0"（<1.4V）时，电路处于保持状态。当 V_c 从 0 增大到 1.4V 以上时，电路处于采样状态。

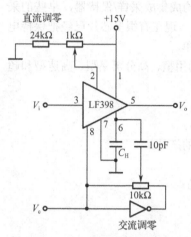

图 6-8　LF398 系列采样/保持器的调零电路

在采样/保持器使用时，需要对电路进行交直流调零，为此在电路中设置有交直流调零端。LF398 系列采样/保持器的调零电路如图 6-8 所示。直流调零方法是用一个 1kΩ 电位器，一端接正电源，中心抽头接芯片的偏置调节端 2，另一端通过一个电阻接地，该电阻的大小应使 1kΩ 电位器上通过的电流大约为 0.6mA，当通过调节电刷位置实现输入电压 $V_i=0$ 时，输出直流电压 $V_o=0$。交流调零是通过在输入端与输出端之间加一个电位器和一个反相器来实现的，一个 10pF 的电容接在保持电容 C_H 和电位器之间，调节电刷位置，可实现交流输出电压为 0。LF398 采样/保持器供电电压为±(15～18)V。

AD585 是美国 Analog Devices 公司生产的一种反馈型采样/保持器。集成采样/保持器 AD585 的原理图如图 6-9 所示。由图 6-9 可知，其保持电容 C_H 内接在运算放大器 A_2 的反相输入端和输出端之间，A_2 相当于积分器，利用"密勒效应"，可把 C_H 等效到运算放大器 A_2 的输入端，等效电容为 $C'_H=(1+A_{o2})C_H$。可知在相同的采样速率下，将同一输入信号寄存在保持电容上，AD585 的保持电容比 LF398 小得多，从而提高了采样的快速性。AD585 运算放大器 A_1 的输出端和反相输入端之间没有模拟开关 S，当电路处于保持状态时，运算放大器 A_1 处于开环状态，即使 A_1 的输入电压变化较小，运算放大器 A_1 也必然会进入"饱和"状态，因此采样开关 S 两端有较大的电位差。当模拟开关 S 闭合时，保持电容 C_H 的充电速度也较快，所以芯片的工作速度较快。从图 6-9 中可见，保持电容 C_H 为 100pF，它的精度为±0.01%，捕捉时间 $t_{AC} \leq 6μs$。AD585 采用双极型-MOS 工艺，工艺简单，成本低。引脚 3、引脚 4、引脚 5 之间接入电位器作为调零电阻。控制信号 V_c 可以由引脚 12 或引脚 14 接入。控制电路处于采样/保持状态。

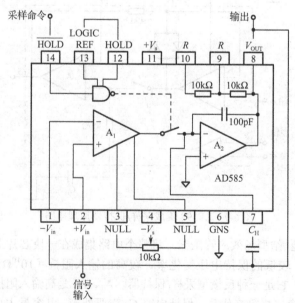

6.4 采样/保持器的应用

采样/保持器的典型应用是多通道数据采集系统。多通道数据采集系统如图 6-10 所示。由图 6-10 可知，它包括一个 8 输入通道的模拟多路器，一个采样/保持器和一个 A/D 转换器，还有逻辑控制电路。逻辑控制电路受 A/D 转换器输出状态 EOC 的控制，一方面使地址计数器步进计数，多路选通器依次接通 8 个通道中的每个通道，另一方面，逻辑控制电路发出采样/保持指令和转换启动指令，有顺序地控制采样/保持器和 A/D 转换器协调工作。如果地址计数器给出 001，那么通道 1 的模拟开关被接通，输入模拟信号通过模拟开关 1 接入采样/保持器。采样指令脉宽稍窄于通道地址指令脉宽，这样可以避免其他通道信号混入。采样/保持器进入保持状态，待孔径时间结束后，逻辑控制电路给出转换启动指令，A/D 转换器开始转换，A/D 转换器转换结束后，A/D 转换器的输出寄存器保存着已转换的数据。A/D 转换器 EOC 的输出变低，使逻辑控制电路给出信号，地址计数器加 1，接通第二通道模拟开关，并重复上述过程。从图 6-10（b）中可看出 T 是每一通道转换所需的时间，$1/T$ 是系统的数据通过率。

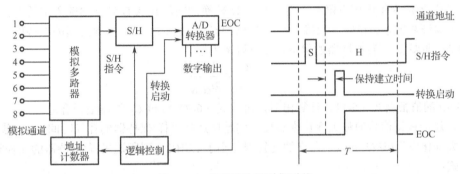

图 6-10 多通道数据采集系统

多通道数据采集的另一种应用是同时采样系统，即要求同一瞬间采集各模拟通道的信号，这时每一通道必须有一个采样/保持器，并且要求这些采样/保持器有很好的一致性，孔径时间相同，孔径抖动很小，以保证所有采样/保持器在同一保持指令下于同一瞬时进入保持状态，保持着同一瞬时的多通道模拟信号。通过多路选通器，顺序地把各通道的保持信号送到 A/D 转换器，转换成数字信号输出。在这种系统中，采样/保持器的保持时间较长，对采样/保持器要求有小的保持电压变化率。同时采样的多通道数据采集系统的电路框图如图 6-11 所示。

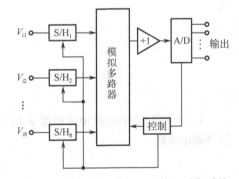

图 6-11 同时采样的多通道数据采集系统的电路框图

由图 6-11 可知，多路选通器安置在采样/保持器和 A/D 转换器之间，多路选通器模拟开关的导通电阻会影响传输误差，为此增加了高输入阻抗的缓冲放大器，以提高系统的传输精度。

6.5 采样/保持器使用中应注意的问题

采样/保持器在数据采集系统中，常用来为 A/D 转换器提供恒定的采样值，它位于模拟信号源与 A/D 转换器之间。每一次数据采集过程都包括一次采样和一次 A/D 转换，所以采样/保持器和 A/D

转换器各完成一次动作所需时间之和应小于采样周期 T_S。设 A/D 转换的时间为 t_{CONV}，则应有
$$t_{CONV} + t_{ST} + t_{AC} < T_S$$
或
$$f_S = \frac{1}{T_S} < \frac{1}{t_{CONV} + t_{ST} + t_{AC}} \tag{6-10}$$

t_{AC} 为采样/保持器的捕捉时间，t_{ST} 为采样/保持器的稳定时间。一般 $t_{ST} \ll t_{AC}$，在精度不高的数据采集系统中，采样/保持器由采样转入保持的指令同时也是启动 A/D 转换的指令，t_{ST} 可以不考虑。

这里应注意，采样/保持器的捕捉时间 t_{AC} 是指在一定的阶跃输入（通常为 10V）下，其输出进入其稳态值附近某一定误差范围内所需的时间。因而 t_{AC} 与规定误差范围有关，也与采样/保持器所选保持电容 C_H 的大小有关。例如，AD582 的捕捉时间在 C_H=10pF、精度为 0.1%时为 6μs；而在 C_H=1000pF、精度为 0.01%时为 25μs。采样/保持器捕捉时间的大小应与 A/D 转换器的精度配合。例如，8 位 A/D 转换器的分辨率为 2^{-8}=1/256=0.39%，所以与之相配的采样/保持器的误差带可取为 0.2%(±0.10%)。如果 A/D 转换器是 12 位的，那么应取采样/保持器的误差带为 0.01% (±0.005%)。

采样/保持器的保持电压下降率决定了在 A/D 转换期间加到 A/D 转换器输入端的电压的稳定程度。为了保证数据采集精度，应确保在 A/D 转换时间 t_{CONV} 内，采样/保持器的保持电压下降不超过 LSB/2，即要使采样/保持器的保持电压下降率为
$$\frac{dV}{dt} < \frac{LSB}{2t_{CONV}} \tag{6-11}$$

当 dV/dt 的值根据式（6-11）计算出后，可按式（6-9）校核 C_H 的值是否合适。

另外，还应根据信号的最大变化率和要求的精度选择采样/保持器的孔径时间 t_{AP}。若设输入信号的最大变化率为$(dV/dt)_{max}$，允许的孔径误差小于 LSB/2，则所选采样/保持器的孔径时间 t_{AP} 应满足下式：
$$\left(\frac{dV}{dt}\right)_{max} t_{AP} < \frac{1}{2}LSB \tag{6-12}$$
或
$$t_{AP} < \frac{LSB}{2\left(\frac{dV}{dt}\right)_{max}}$$

习题

1. 反相型采样/保持电路如图 6-12 所示。试说明电路的工作原理，并画出采样、保持各阶段的等效电路图。

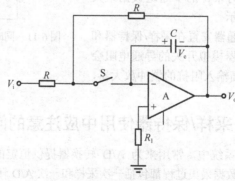

图 6-12 反相型采样/保持电路

2．高速 A/D 转换器中的采样/保持电路如图 6-13 所示。试分析电路的工作原理并说明输入电压和 V_+ 与 V_- 的关系。

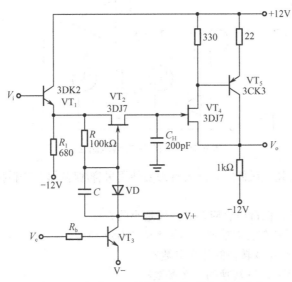

图 6-13 高速 A/D 转换器中的采样/保持电路

3．为补偿采样/保持电路保持阶段的衰减，采用如图 6-14 所示的电路，试分析其补偿原理。

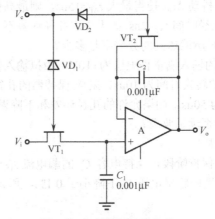

图 6-14 采样/保持器电路 1

4．图 6-15 所示为采样/保持器电路 2。模拟开关 S_1、S_2、S_3 为 N 沟道增强型 MOS-FET，开启电压 $V_T = 2V$，若输入模拟信号 V_i 的范围为 ±(0～1)V，

（1）分别画出采样和保持两个阶段的等效电路。

（2）为保证模拟开关的可靠导通，要求 $V_{GS} \geq 3V$，为保证模拟开关可靠截止，要求 $V_{GS} \leq 1V$，分析控制信号 V_C 的高电平和低电平应分别取多大？

（3）如果运算放大器的失调电压参数引起的误差电压为 ΔV，那么会引起多大的采样误差和保持误差呢？

5．用采样/保持器芯片 AD582 和 8 位 A/D 转换器芯片 ADC0804 组成一个采集系统。已知孔径时间 $t_{AP} = 50ns$，如果要求孔径误差不大于 1/2LSB，那么计算系统可采集的最高信号频率是多少呢？

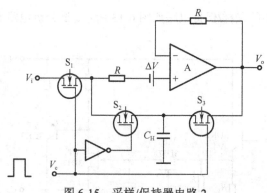

图 6-15 采样/保持器电路 2

6. 在模拟输入信号频率很低时，是否有必要使用采样/保持器？在模拟输入信号频率很高时呢？为什么？

7. 采样频率 f_S 高时，保持电容应取大些还是小些？

8. 采样/保持器是否具有放大功能？其放大值由什么决定？

9. 孔径时间 t_{AP} 影响 A/D 转换的什么参数？

10. 捕捉时间 t_{AC} 影响 A/D 转换的什么参数？

11. 设在某数据采集系统中，采样/保持器的孔径时间 t_{AP}=10ns，A/D 转换器的位数为 12 位，求：

（1）采样精度能达到 LSB/2 的最高信号频率 f_{max} 是多少？

（2）若采样/保持器的孔径抖动 Δt_{AP} 使得最大 t_{AP}=15ns，则最高信号频率 f_{max} 是多少？

12. 一个数据采集系统的孔径时间 t_{AP}=2ns，如果要求孔径误差不大于 1/2LSB，那么一个 10kHz 信号在其变化率最大点被采样时所能达到的分辨率是多少？

13. 设一个数据采集系统的输入满量程电压为+10V，模拟输入信号的最高频率是 1kHz，采样频率为 10kHz，A/D 转换器的转换时间为 10μs，采样/保持器的孔径时间 t_{AP}=20ns，保持电压的下降率为 100μV/s，捕捉时间为 50μs。如果允许的孔径误差和下降误差都是 0.02%，那么，

（1）所选的采样/保持器能否满足要求？

（2）捕捉时间能否满足要求？

14. 设一个采样/保持器在保持阶段，保持电容 C_H 的漏电流 I_D=10nA，保持时间为 10ns。如果希望在保持时间内采样/保持器的输出电压 V_o 下降小于 0.1%，那么试选择合适的 C_H 值。

第7章 D/A 转换器

数/模（D/A）转换器是一种把数字量转换成相应的模拟电压或电流的电子电路。随着微电子工业的发展，这类电路都已实现集成化了。D/A 转换器常用于计算机系统的后向模拟量输出通道（简称模出），以便控制模拟量驱动的执行机构或其他装置。另外，D/A 转换器也是某些 A/D 转换器的重要组成部分，它的性能直接决定着这类 A/D 转换器的技术性能。各种数字控制的波形发生器中，D/A 转换器也起到十分重要的转换作用。

7.1 量化与量化误差及 D/A 转换器的技术指标

1. 量化与量化误差

1）模拟量与数字量

模拟量——表示其大小的数值是无穷多的集合，在数轴上的分布是连续不断的，往往指幅值。在检测系统中，模拟量还有两种情况：幅值与时间上都连续的量；幅值上连续，时间上不连续的量（如采样后的模拟量）。

数字量——用有限个数字表示的量，人们在工程中、实际生活中用的都是数字量。

2）量化与分层

量化：把模拟量变成有限整数个分层数的过程。量化后得到的量叫作数字量。

分层：量化单位（q）。

量化与分层示意图如图 7-1 所示。

当模拟量在一个分层之间变化时，对应的数字量只有一个，这样 q 一定，一定范围内的模拟量可用有限的数字量来表示。

3）量化误差

用有限个模拟量表示无穷多个点，只有有限个点上无误差，其余各点均有误差，这种由量化引起的误差就是量化误差。量化误差是一种随机误差，服从统计规律。在实际应用中，一般将最大量化误差作为系统的量化误差。

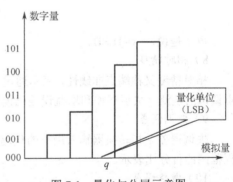

图 7-1 量化与分层示意图

最大的量化误差为 $1q$，也可表示为 1LSB（Least Significant Bit）。量化误差与分层有关，与被测模拟量的位置有关，与量化装置无直接关系——相同分层的量化装置，不管用何种方法，量化误差是一样的。

量化单位表示了量化装置的极限精度——理想的量化装置也存在量化误差。

分层反映了量化装置所能表示的最小模拟量的变化情况，所以量化单位与分辨率直接相关。

量化误差与分层的位置有关系。如果将特性曲线左移 $q/2$（物理上相当于给电压加一个偏置），那么量化误差改变为 $\pm q/2$。早先因为 D/A 转换器的成本比较高，人们这样做以期精度可以提高一点，现在已经很少这样处理了。

2. D/A 转换器的主要技术指标

1）最低有效位

最低有效位是指转换器输出或输入数据字的权最小的位，实际上就是量化单位。例如，12 位

的 D/A 转换器中

$$1\text{LSB} = \frac{V_{\text{REF}+} - V_{\text{REF}-}}{2^{12}}$$

2）最高有效位

最高有效位是指转换器输出或输入数据字的权最大的位。

3）漂移

漂移是指在指定的温度范围内参数（如增益、失调等）的变化。温度漂移系数以 $10^{-6}/℃$ 为单位，由在 $t_{\min}$、25℃和 $t_{\max}$ 下的参数的变化除以相应的温度变化量得到。

4）差分（微分）非线性

差分（微分）非线性表示 D/A 转换器中两个相邻代码之间变化 1LSB 时测量值与理想值的误差。

5）积分非线性

积分非线性也称线性误差（Linearity Error），它表示任意一个代码与传输函数的两个端点所连直线的最大偏差。传输函数的一个端点是负的满量程，高于一个转换点的 0.5LSB 处，而另一个端点是正的满量程，低于一个转换点的 0.5LSB 处。误差的大小以 LSB 为单位。

6）单调性

D/A 转换器的单调性是指当数字输入增大时，输出也增大或者保持为常数，即输出是输入的单值函数。

7）分辨率

分辨率是指转换器能反映的最小变化量。如果用公式来表达，那么一个 n 位的 D/A 转换器的分辨率 Δ 为

$$\Delta = \frac{V_{\text{REF}+} - V_{\text{REF}-}}{2^n}$$

也就是说，Δ=1LSB。

8）相对精度

相对精度又称端点非线性，表示通过 D/A 转换器转换函数的两端点直线的最大偏差。它在端点调试后检测（失调误差和增益误差已调整好），通常用 LSB 或满量程范围的百分比表示。

9）失调误差

失调误差是指转换器输入最小的代码时，输出信号和理想值之间的偏差，通常用 LSB 或满量程范围的百分比表示。

10）增益误差

转换器的第一个转换代码应出现在高于负满量程 0.5LSB 处，最后一个转换代码应出现在低于正满量程 0.5LSB 处。增益误差表示第一个转换代码与最后一个转换代码实际差值及它们的理想差值之间的偏差。

11）建立（稳定）时间

建立（稳定）时间是指从输出转换开始到达到和保持在它的最终允许误差范围内所需要的时间。

12）参考（基准）电压

参考（基准）电压是指加于转换器上作为转换比较基准的电压，通常用 V_{REF} 表示。

3. D/A 转换器的动态指标

1）建立时间 t_s

建立时间 t_s（见图 7-2）是指输入数字变化后，输出模拟量第一次达到相应数值范围±LSB/2 内所需的时间。实际建立时间的长短不仅与转换器本身的转换速度有关，还与输入数字的变化量

大小有关。输入数字从全 0 变到全 1（或反之）的建立时间最长，称为满量程变化的建立时间。

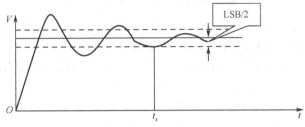

图 7-2 建立时间图示

输入数字变化 1 个单位，所对应的建立时间称为 1LSB 建立时间。可用建立时间的长短划分 D/A 转换器转换速率。

超高速：$t_s < 100\text{ns}$。
较高速：$100\text{ns} \sim 1\mu\text{s}$。
高速：$1\mu\text{s} \sim 10\mu\text{s}$。
中速：$10\mu\text{s} \sim 100\mu\text{s}$。
低速：$t_s > 100\mu\text{s}$。

2）尖峰

尖峰（见图 7-3）是输入数码发生变化时刻产生的瞬时误差，虽持续时间短（几 ns 至几十 ns），但幅值可能很大。

尖峰产生的原因是开关在换向过程中，"导通"延时时间比"截止"延时时间长所致，可采用一定的电路进行消除。

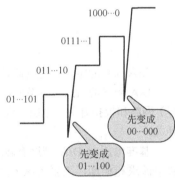

图 7-3 尖峰图示

4．D/A 转换器的环境及工作条件影响的指标

1）温度范围

一般军品的温度范围为-55～125℃，民品的温度范围为 0～70℃。

手册上给出的指标一般是在 25℃测得的。

2）失调温度系数

失调温度系数是指环境温度变化时，D/A 转换器的零点变化量与温度差值之比。单位为 μV/℃ 或"满量程的比值" ppm/℃。

3）增益温度系数

增益温度系数是指 D/A 转换器的增益随温度每变化 1℃时产生的误差相对满量程的比值。单位为 ppm/℃。

4）微分非线性误差温度系数

微分非线性误差温度系数是指 D/A 转换器的微分非线性误差随温度变化的比率。单位为 ppm/℃。

在选择 D/A 转换器芯片时，不仅要考虑上述的性能指标，也要考虑 D/A 转换器芯片的结构特性和应用特性。这些特性主要是：①数字输入特性，包括接收数码制式、数据格式和逻辑电平等；②模拟输出特性，包括输出形式是电流输出还是电压输出，满量程电压是多少（是否允许输出短路），以及输出电压允许的范围；③锁存特性及转换特性，包括是否具有锁存缓冲器，是单缓冲还是双缓冲，等等；④基准电源，是否具有内部基准电压或需要外部基准电源，基准电源的大小、极性等；⑤电源、功耗的大小，是否具有降低功耗的模式，正常工作需要几组电源及其电压的高低，这些都是选用 D/A 转换器器件的重要因素。

7.2 线性 D/A 转换原理

线性 D/A 转换是实现输出电压与输入数字量代码呈正比关系的一种转换，即将输入的每一位二进制码按其权的大小转换成相应的模拟量，并将代表各位的模拟量相加，所得的总模拟量与数字量成正比，这样便实现了从数字量到模拟量的转换。D/A 转换器原理图如图 7-4 所示。

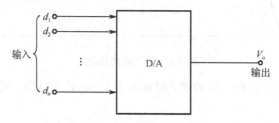

图 7-4 D/A 转换器原理图

$$V_o = K(d_1 2^{-1} + d_2 2^{-2} + \cdots + d_n 2^{-n}) \tag{7-1}$$

输入代码通常是二进制码、偏置二进制码或符号-数值二进制码，但也有采用 BCD 码输入的。

D/A 网络的组成包括解码网络、基准电压和运算放大器 3 个部分，其中，解码网络包括电阻（电容）网络和模拟开关。电阻（电容）网络的精度取决于电阻与电容的比值；模拟开关是指电压/电流开关。

基准电压对 D/A 精度有较大的影响，其程度应高于 D/A 的要求。运算放大器的功能是将各位电流求和相加，主要考虑 V_{os} 和 I_{os}。

常见的 D/A 转换方案有如下 4 种。

1. 权电阻网络 D/A 转换

一种工作原理简明的权电阻网络 D/A 转换电路如图 7-5 所示。运算放大器的虚短作用使权电阻网络的负载电阻可视为零（虚地）。根据反相加法放大器输入电流求和的特性，不难得出输出电压为

$$\begin{aligned} V_o &= -I_\Sigma R_f \\ &= -\frac{2V_R R_f}{R}(d_1 2^{-1} + d_2 2^{-2} + \cdots + d_n 2^{-n}) \end{aligned} \tag{7-2}$$

式中，V_R 是准确且已知的参考电压；d_1, d_2, $\cdots$, d_n 是输入二进制码。例如，输入代码为 $100\cdots0$，即 $d_1=1$，$d_2=d_3=\cdots=d_n=0$，模拟开关 S_1 接通 V_R，其余开关均接地，输入电流 $I_\Sigma = I_1 = V_R/R$，输出电压 $V_o = -V_R R_f/R$。如果进行类似的推理，那么可得出在各种开关状态组合下，输出电压均符合式(7-2)的关系的结论。因为输入各支路电流 I_1，I_2，I_3，$\cdots$，I_n 的数值比与二进制码的各位权相对应，而且各支路的电阻 R 又是按 2^m 关系逐路增加，所以将此方案称为权电阻网络 D/A 转换。

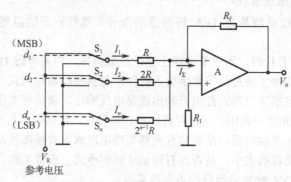

图 7-5 一种工作原理简明的权电阻网络 D/A 转换电路

由式（7-2）可知，当输入代码为 111…1 时，输出电压为

$$V_o = -\frac{2V_R R_f}{R}\left(1 - \frac{1}{2^n}\right) \tag{7-3}$$

这是最大输出电压。当输入代码为 000…0 时，输出电压为 0V。当输入代码最低有效位（LSB）增减 1（1LSB 的变化），输出电压的对应变化量为

$$\Delta V_o(\text{LSB}) = \frac{2V_R R_f}{R}\frac{1}{2^n} = \frac{V_R R_f}{2^{n-1}R} \tag{7-4}$$

D/A 转换器的分辨率常以输入二进制码的位数代表。其实应该是 $1/(2^n-1)$，有时还用 $1/2^n$ 近似表示之。式（7-2）或式（7-3）中的 $2V_R R_f/R$ 可称为标称（或名义）满量程输出，它比实际满量程输出总是大 1LSB 所对应的相对输出模拟量。

D/A 转换器的传递特性由不连续的点群组成。为简化起见，以一个 3 位二进制码输入的 D/A 转换器为例说明其传递性。图 7-6 所示为 D/A 转换器的传递特性。

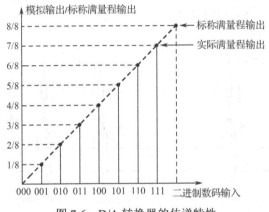

图 7-6　D/A 转换器的传递特性

[例]　若基准电压 $V_R=10\text{V}$，电阻 $R=10\text{k}\Omega$，$R_F=5\text{k}\Omega$，$n=10$，则权电阻网络 D/A 转换器的最大输出位为

$$V_{o\max} = \frac{10 \times 5}{2^9 \times 10} \times (2^{10} - 1) \approx 9.990\text{V}$$

而若位数 $n=4$，则

$$V_{o\max} = \frac{10 \times 5}{2^3 \times 10} \times (2^4 - 1) = 9.375\text{V}$$

由此可见，在原理上，只要位数足够多，权电阻网络 D/A 转换器输出电压就会有较高的精度，但实际上，由于电阻值总有一定误差，而且受温度的影响，况且模拟开关 S 不可能是理想开关，也会造成误差。

权电阻网络 D/A 转换器电路的优点：①线路简单、直观；②电阻数量少，每位一个电阻，对应一个电压开关。

权电阻网络 D/A 转换器电路的缺点：①阻值种类多，n 位就是 n 种；②阻值差距极大，最小为 $2^0 R$，最大为 $2^{n-1}R$；③各位电阻均要准确（精确）。归纳起来，它的主要缺点是阻值分布范围太大，不易采用微电子工艺制作成高精度的网络电阻。

权电阻网络中的各个电阻值是不相同的，阻值分散性很大，若 $R=10\text{k}\Omega$，$n=10$ 时，则最大的电阻值将是 $2^{n-1}R \approx 5\text{M}\Omega$，故难以实现集成和保证精度。为了保证输出电压的精度，阻值的精度要求很高，这给芯片制造带来较大的困难。为了克服权电阻网络 D/A 转换器的上述缺点，通常采用 R-2R 梯形电阻网络。

2. R-2R 梯形电阻网络 D/A 转换

一种实用且工作原理简明的梯形电阻网络 D/A 转换器电路如图 7-7 所示。该电路中,仍依靠运算放大器的虚短特性,使 R-2R 梯形电阻网络的输出以短路方式工作。由图 7-7 可知,不论各开关处于何种状态,$S_1 \sim S_n$ 的各点电位均可看作 0(虚地或实地)。从右到左观察图 7-7 中之 $N, M, \cdots, C, B, A$ 各点,其对地的电阻值均等于 R。而从左到右分析,可得出各路的电流分配,其规律是 $I_R/2, I_R/4, I_R/8, \cdots, I_R/2^{n-1}, I_R/2^n$,也满足按权分布的要求。考虑到模拟开关 $S_1 \sim S_n$ 对总电流 I_Σ 的控制作用,以及运算放大器 A 的输入电流求和特性,可得出运算放大器 A 的输出电压为

$$V_o = -\frac{V_R R_f}{R}(d_1 2^{-1} + d_2 2^{-2} + \cdots + d_n 2^{-n}) \tag{7-5}$$

此关系与式(7-2)相似,区别仅仅在于标度系数上。

R-2R 梯形电阻网络的阻值品种只有 R 和 $2R$ 两种,便于采用微电子工艺制造,这是它的优点。但是,电阻的个数比较多,这是它的缺点。

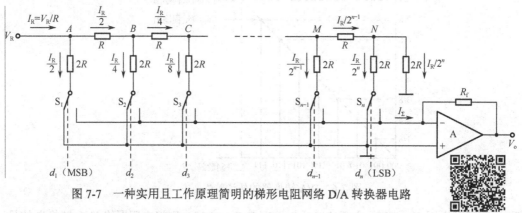

图 7-7 一种实用且工作原理简明的梯形电阻网络 D/A 转换器电路

3. $2^n R$ 电阻分压式 D/A 转换器

用均等的 2^n 个电阻串联成一串,对 V_R 进行分压,可得到 2^n 分层的电压。如果用 $n/2^n$ 译码器控制 2^n 个开关去选通这些分压器的分压端点,那么可以实现 n 位的线性 D/A 转换。这种方案的原理很简单,但需要大量的电阻和模拟开关。CMOS 集成电路技术的发展、MOS 器件的极高输入阻抗的特性,使得制作大量微功耗的电阻与开关元器件变得容易实现,且占用很小的芯片面积,于是这种方案也得到了实际应用。ADC0808 系列 A/D 转换器中就使用了 $2^8 R$ 电阻分压器与树形开关阵组合而成的 D/A 转换器。

为简明起见,先以 3 位二进制码输入的 $2^3 R$ 电阻与树形开关网络组成的 D/A 转换器进行讨论。$2^3 R$ 电阻分压器与树形开关网络 D/A 转换原理电路如图 7-8 所示。8 个均等的电阻将 V_R 分成 $V_R/8$,$2V_R/8$,$3V_R/8$,$\cdots$,$8V_R/8$。14 个开关按树权形规律连成选通开关网络,在 3 位二进制码 $d_1 d_2 d_3$ 及 $\overline{d_1 d_2 d_3}$ 的控制下,可完成选通各分压点以实现 D/A 转换的功能。例如,当输入 $d_1 d_2 d_3$=010 时,对应的 $\overline{d_1} \overline{d_2} \overline{d_3}$=101,这将使 S_2,S_3,S_5,S_8,S_{10},S_{12},S_{14} 各开关导通,其余断开。此时可形成 $S_2 \rightarrow S_5 \rightarrow S_{12} \rightarrow 2V_R/8$ 通路,即输出电压 $V_o = 2V_R/8$。当输入为 $d_1 d_2 d_3$=101 时,通路变成 $S_1 \rightarrow S_4 \rightarrow S_9 \rightarrow 5V_R/8$,输出电压 $V_o = 5V_R/8$。以此类推,在任何数字输入下,此电路均可符合线性 D/A 转换的关系。

扩展到 n 位 D/A 转换,电路中需要 2^n 个电阻和 $(2^{n+1}-2)$ 个模拟开关。元器件的数量虽然多,但因为最后的 CMOS 极高输入阻抗同相跟随器几乎不需要输入信号电流,所以这些电阻和开关可以设计得十分微小。CMOS 单片集成化的 ADC0808 系列 A/D 转换器中,就包含了一个这种方案的 8 位 D/A 转换器电路。

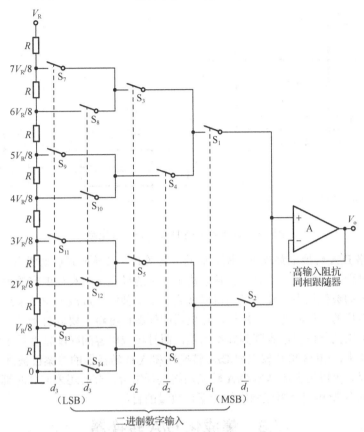

图 7-8 2^3R 电阻分压器与树形开关网络 D/A 转换原理电路

4. 权电容网络 D/A 转换

权电容网络 D/A 转换电路与权电阻网络 D/A 转换电路有些相似之处。为简单起见，用如图 7-9 所示的 4 位二进制码 D/A 转换电路进行分析。在这里用电容量大小按权分布的电容代替权电阻，以实现受二进制码控制的电容分压器的功能。

权电容网络 D/A 转换器在每次转换之前，需要先做一步复零操作，亦即将各位控制开关 $S_1 \sim S_4$ 及 S_R 均接地，让所有的电容全部放电复零，转换开始时，S_R 断开，其他开关由输入数字进行控制。例如，若输入数字为 0001 时，开关 S_4 接通参考电压 V_R，其余开关 $S_1 \sim S_3$ 接公共端（注意，在转换过程中 S_R 总是断开的，否则输出端就与公共端短路了），则此时的等效电路如图 7-9（b）所示。因此，此时的输出电压 V_o 可以由电容分压关系得出，

$$V_o = \frac{V_R}{16}$$

若对应的输入数字改为 0011，开关 S_3 和 S_4 接通参考电压 V_R，S_1 和 S_2 仍旧接公共端，则等效电路如图 7-9（c）所示，从而可算出，此时输出电压为

$$V_o = \left(\frac{1}{8} + \frac{1}{16}\right)V_R = \frac{3}{16}V_R$$

以此类推，在任意输入数字 $d_1d_2d_3d_4$ 之下，其输出电压为

$$V_o = V_R(d_1 2^{-1} + d_2 2^{-2} + d_3 2^{-3} + d_4 2^{-4}) \tag{7-6}$$

扩展到 n 位的权电容网络 D/A 转换电路，其输出电压为

$$V_o = V_R(d_1 2^{-1} + d_2 2^{-2} + \cdots + d_n 2^{-n}) \tag{7-7}$$

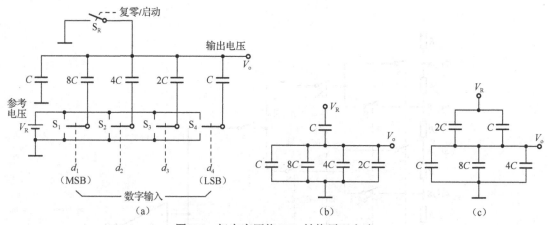

图 7-9 权电容网络 D/A 转换原理电路

对权电容网络 D/A 转换电路来说，刚开始建立开关状态（转换到启动状态）时，存在着一个电容充电的过渡过程。过渡过程的时间常数取决于开关的导通电阻和权电容的数值。在集成化的转换器中，权电容的数值很小，建立时间可以做到小于微秒级。过渡过程结束后，开关的导通电阻不影响电容充电后的电压静态值。所以，该电路的静态精度将主要取决于各权电容比值的匹配精度。利用 MOS 工艺制作权电容阵列并不困难，而且集成电容的匹配精度优于集成电阻的匹配精度。因此，近年来，MOS 单片权电容 D/A 转换器和 A/D 转换器的方案已被采用。

值得指出的是，可以用上述基本 D/A 转换网络进行组合，有的还采取分时细化的方法，以达到更多位数的 D/A 转换和减少组成网络的元器件数量的目的。

7.3 集成化 D/A 转换器

按制作工艺划分，集成化 D/A 转换器可分为双极型和 CMOS 型两类。电阻网络有采用离子注入或扩散电阻条的，但高精度的 D/A 转换网络电阻多采用薄膜电阻。电容分压网络一般只适用于 CMOS 电路。目前高速双极型 D/A 转换器大多采用不饱和晶体管电流模拟开关，建立（稳定）时间可短到数十到数百纳秒。CMOS 型 D/A 转换器中采用 CMOS 模拟开关及驱动电路。它具有制造容易、造价低的优点，但转换速率目前尚不如双极型的高。

典型的 CMOS 型集成化 D/A 转换器是 AD7520 系列集成 D/A 转换器（最先由美国 Analog Devices 公司研制成），其中 AD7520 和 7530 是 10 位 D/A 转换器，建立时间为 500ns；同类产品还有 DAC1020（美国 National Semiconductor 公司生产）。AD7521 和 AD7541 是 12 位 D/A 转换器，同类产品有 DAC1220。

AD7520 的内部电路结构原理及引脚分布图如图 7-10 所示，它与图 7-7 基本一致。该电路中所用的 R-2R 梯形电阻网络由硅-铬薄膜电阻组成。它们是用薄膜工艺在同一硅基片上生成的。这种薄膜电阻网络的绝对温度系数约为 $150\times10^{-5}/℃$，而温度变化时各电阻比值跟踪性能优于 $1\times10^{-5}/℃$。因此，在较大的温度范围内（军品级为 $-55\sim+125℃$）仍能保证一定的精度（线性度误差≤0.05%）。AD7520 内部包含一个 10kΩ 的反馈电阻 R_{fb}，此电阻是为组成读出电路用的。例如，图 7-11 所示为 AD7520 型 D/A 转换器的输出电路接法，在这里它是电流/电压转换放大器的反馈电阻。AD7520 系列的 D/A 转换器采用 CMOS 电流开关及驱动电路。输入阈值电平为+1.4V，能与 TTL 或 CMOS 逻辑电平相容，为了保证线性度要求，前 6 位的电流开关几何尺寸是逐级减小的，使前 6 位的开关导通电阻分别为 20Ω、40Ω、80Ω、160Ω、320Ω 和 640Ω。这样，可保证电流开关上的压降为 0.5mA×20Ω=0.25mA×40Ω=0.125mA×80Ω=⋯=10mV。这是一项元器件本身的刻度系数（增益）误差，但它可以被调整掉，所以不影响线性度。

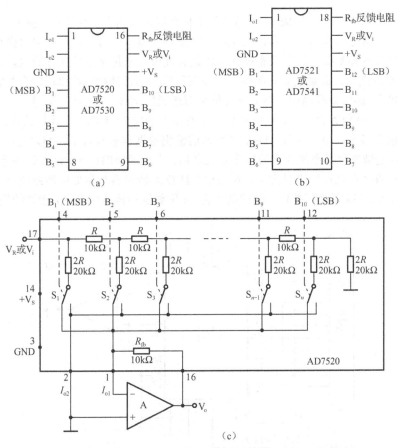

图 7-10 AD7520 的内部电路结构原理及引脚分布图

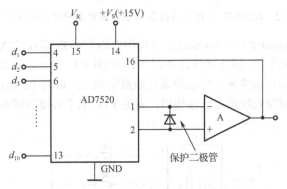

图 7-11 AD7520 型 D/A 转换器的输出电路接法

AD7520 系列 D/A 转换器是乘法型 D/A 转换器，V_R 在较大的范围内变化可满足式（7-5）的关系，即实现 V_R 与输入二进制码（$d_1 d_2 \cdots d_n$）相乘的运算。模拟输入电压 V_R（或作为参考电压）可以是双极性的，若输入数码是偏置二进制码，则能很方便地组成四象限乘、除运算器。但是，由于 AD7520 系列 D/A 转换器各位电流的产生取决于无源电阻网络，不具有电流源特性，所以输出端 I_{o1} 或 I_{o2} 一般不能直接带负载，而必须通过运算放大器使 I_{o1} 或 I_{o2} 端保持地（公共端）或虚地电位，如图 7-11 所示。这一点与 DAC-08 类型的双极型 D/A 转换器不同，在使用时必须注意。

由于 CMOS 工艺可集成度高，功耗低，所以很容易在 7520 电路结构的基础上开发出使用上更加方便的各种 D/A 转换器，构成 7520 系列的多种数据转换器和功能芯片。例如，AD7522 就是一种内部具有移位寄存器和数据锁存器的 10 位 D/A 转换器，它可直接接收来自微处理器系统或其他系统的控制命令和数据。输入数据模式可以是分高位、低位字节的并行数据，也可以是串行数据。在接受 8 位微处理器系统并行数据时，先在低位字节选通控制线 24 上送 ⌐ 信号，将 8 位数据存入 8 位锁存-移位寄存器中。然后在高位字节选通控制线 25 上送 ⌐ 信号，将高位字节中的二位数据存入锁存-移位寄存器中，送完数后，在锁存命令端 22 上加一个 ⌐⌐ 脉冲，将 10 位数据同时存入数据锁存器中，与此同时，D/A 转换器的输出数据也被刷新了。AD7522 内部设置的双缓存结构，可以使微处理器系统在送数程序完成之后，去处理别的程序。D/A 转换器保持着输入，直至下一次的送数锁存操作到来时为止。AD7522 型 D/A 转换器与微处理器系统连接的典型方案如图 7-12 所示。它可以实现在微处理的控制下将 10 位数据转换成单（负）极性的模拟电压输出。

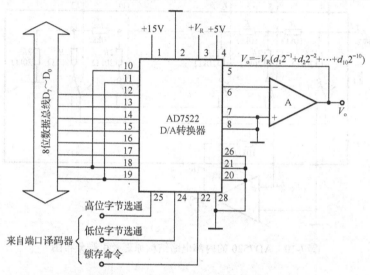

图 7-12　AD7522 型 D/A 转换器与微处理器系统连接的典型方案

DAC0832 为美国 National Semiconductor 公司生产的 CMOS 芯片。DAC0832 单极性工作输出接线图和 DAC0832 双极性工作输出接线图如图 7-13 和图 7-14 所示，其原理是基于 R-2R 梯形电阻网络的，它的特点包括：双缓冲、单缓冲或直通数字输入；可与 12 位 DAC1230 系列互换，且引脚兼容；与所有通用型微处理器可直接接口；满足 TTL 电平规范的逻辑输入；若需要，则可独立（无微处理器）工作。

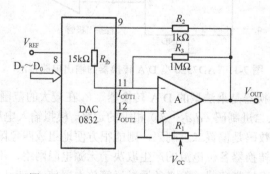

图 7-13　DAC0832 单极性工作输出接线图

CMOS 单片集成化的 DAC0808 是一种基于 $2^n R$ 电阻分压式转换原理的 8 位 D/A 转换器电路，其中，DAC0808 电路引脚图如图 7-15 所示。

第7章 D/A 转换器

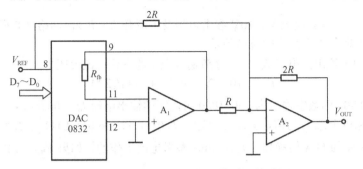

图 7-14　DAC0832 双极性工作输出接线图

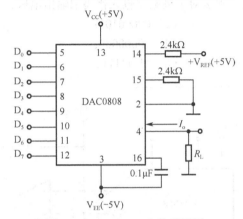

图 7-15　DAC0808 电路引脚图

习题

1. 8 位权电阻 D/A 转换器如图 7-16 所示，试推导出电压 V_o 的表达式。

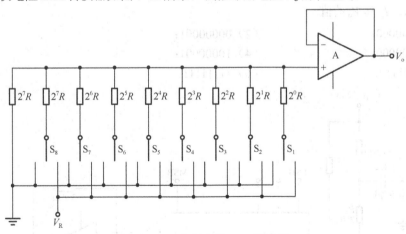

图 7-16　8 位权电阻 D/A 转换器

2. 试用 10V 参考电压和二进制权电阻网络及模拟开关一起组成一个 4 位 D/A 转换器。若 MSB 的电流增量为 1mA，则需要何种电阻值？输入下列数字，求出 D/A 转换器所产生的短路电流。

0000；1000；1111。

3. 试用 R-2R 梯形电阻网络、10V 参考电压及数字操作开关，组成 4 位自然二进制 D/A 转换器。当所有的开关"接通" V_R 时，D/A 转换器产生 1.875mA 的短路电流。试画出电路图并求出电阻值。

4. 试说明如何用运算放大器、10V 参考电压及电流开关、R-2R 网络（T 型网络）组成一个 D/A 转换器，并实现下式所描述的转换关系。

从参考电压源中流出的电流 I_R=？它会随输入数字的变化而改变吗？
$$V_o = -10(d_1 2^{-1} + d_2 2^{-2} + \cdots + d_6 2^{-6})$$

5. 某个 DAC-08 的数字输入为 10001000 时，它的输出电流 I_o=1.0625mA。求该 D/A 转换器的参考电流反向输出电流 $\overline{I_o}$ 的值，并求数字输入为 01111111 和 01110111 时 I_o 和 $\overline{I_o}$ 的值。

6. 图 7-17 所示的 D/A 转换器 1 是用 2mA 参考电流工作的，如果 V_{REF}=10V，那么电路中应取何种电阻值？

如果 D/A 转换器有 8 位，那么对下列数字输入代码求输出电压。

（1）00000000；　　　　　　（2）00000101；
（3）01111111；　　　　　　（4）10000000；
（5）10000001；　　　　　　（6）11111111。

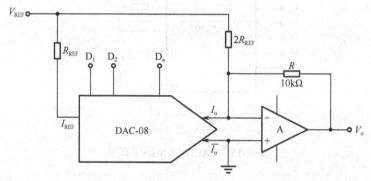

图 7-17　D/A 转换器 1

7. 图 7-18 中，DAC-08 的参考电流是多少？假定电阻取图中所标的值，当数字输入为下列代码时，求 I_o、$\overline{I_o}$ 和 V_o 的值。

（1）00000000；　　　　　　（2）00000001；
（3）10000000；　　　　　　（4）10000001；
（5）11111110；　　　　　　（6）11111111。

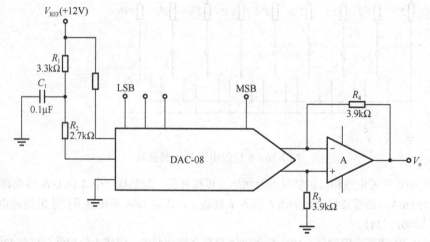

图 7-18　D/A 转换器 2

8. 采用 10 位自然二进制计数器的数字输出作为 10 位自然二进制 D/A 转换器的数字输入，若计数器的时钟信号为 1MHz，则当其为递增时，画出 D/A 转换器所产生的模拟输出波形。

9. 输出建立时间 t_s 为 500ns 的某个 D/A 转换器，使用采样时间 t_a 为 2μs 的采样/保持器作为尖峰信号消除器。试求 D/A 转换器能改变到新值的最大频率。

10. 图 7-19 所示为 AD7520 型 D/A 转换器的两种典型电路连接图，试分别求其输出电压 V_o 的表达式。

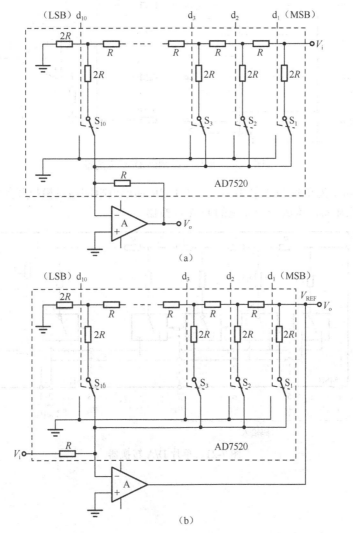

图 7-19　AD7520 型 D/A 转换器的两种典型电路连接图

11. 设有一个 12 位的 D/A 转换器，在 25℃时的微分非线性误差规定为 ±1/2LSB。假如微分非线性误差温度规定为 4×10^{-6} 满量程/℃，那么在什么温度范围内，D/A 转换器的传递函数能保持单调？

12. 某 10 位自然二进制 D/A 转换器中，MSB 的权比正确值小 0.2%，假定其他位的权无误差，则在 D/A 转换器传递函数中会有多少微分非线性误差？在何种代码变换时会发生误差？D/A 转换器是否为单调的？

13. 如果要求一个 D/A 转换器能分辨 5mV 的电压，设其满量程电压为 10V，那么其输入端数字量需多少数字位?

14. 一个 6 位的 D/A 转换器,具有单向电流输出,当 D_{in}=110100 时,I_o=5mv,试求 D_{in}=110011 时 I_o 的值。

15. 图 7-20 所示为加权电阻网络 D/A 转换器。当 n=8,V_R=10V,R_f=2R 时,试求 D_{in}=110011 时的输出电压值。

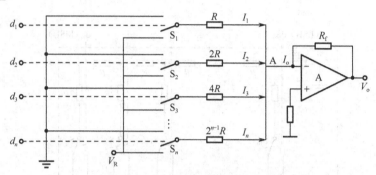

图 7-20 加权电阻网络 D/A 转换器

16. 图 7-21 所示为单片 D/A 转换器。它由 R-2R 梯形电阻网络及模拟开关组成,试将该电路加接基准电源和相加器,构成一个完整的 D/A 转换器。

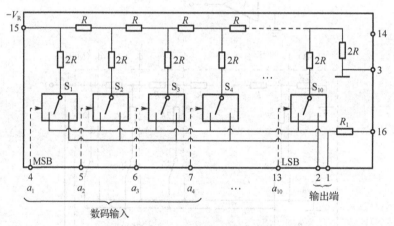

图 7-21 单片 D/A 转换器

第8章 A/D 转换器

8.1 概述

A/D 转换器是实现模拟量到数字量转换的接口器件，A/D 转换器的速度和精度在不断提高。目前，A/D 转换器的速率可达 1000MHz 以上，分辨率可达 24 位。A/D 转换器的这种发展速度完全依赖于超大规模集成电路制造技术，如 CS5532 是一个高达 24 位精度的 A/D 转换器，其内部有二阶 Σ-Δ 调制器，三阶数字滤波器，采用多种自校正技术，输入端有可编程放大器，输出端有内部微处理器，内部还有 5 个寄存器分别用作指令寄存器、命令寄存器、数据输出寄存器、失调校正寄存器，以及满量程校正寄存器，此外还有常规的基准电压、时钟产生电路等，其复杂程度完全可以和一个微处理器相媲美。

A/D 转换器发展到今天，产品的性能参数指标基本上可以满足大部分场合的应用要求，目前 A/D 转换器的转换速率从每秒几次到 1000MHz 的都有，精度指标为 6~24 位，横跨了一个较大的范围。在转换原理上，有逐次逼近（比较）式、积分式、并行式、Σ-Δ 式、跟踪式等。本章主要介绍目前使用比较多的几种 A/D 转换器的转换原理。

8.2 逐次逼近式 A/D 转换器

逐次逼近式 A/D 转换器（Successive Approximation A/D Converter）是一种转换速率较高、转换精度也较高的 A/D 转换器。目前常用的单片集成逐次逼近式 A/D 转换器的分辨率为 8~12 位，一次转换时间在数微秒至几百微秒范围内。它们被广泛地应用于中高速数据采集系统、在线自动检测系统、动态测控系统等领域中。这类转换器的缺点是抗干扰能力较积分式的差，价格也高于同精度的双积分式 A/D 转换器。

8.2.1 逐次逼近式 A/D 转换的原理

顾名思义，这种转换技术的原理是建立在逐次"逼近"的基础上的，将未知的被测电压 V_i 与已知的分档量化电压 V_f 由粗到细逐次比较，直到两者的差别小于某一误差范围之内才算结束（平衡）。平衡时，分档的量化电压所对应的数码，就等于被测电压的数字量。

人们常常用天平测量某物体质量的过程去比拟逐次逼近技术，在这里，假设砝码的质量分档是按 $2^n g$ 划分的。砝码按二进制码编码如图 8-1 所示。称量逻辑操作过程如表 8-1 所示，完成 6 步操作之后，得出被称物体的质量为

$$M_x = 0\times32g + 1\times16g + 1\times8g + 0\times4g + 1\times2g + 1\times1g$$
$$= 27g$$
$$= 0\times2^5g + 1\times2^4g + 1\times2^3g + 0\times2^2g + 1\times2^1g + 1\times2^0g$$

式中对应的转换结果：$d_1d_2d_3d_4d_5d_6 = 011011$。

32g	16g	8g	4g	2g	1g
d_1	d_2	d_3	d_4	d_5	d_6

图 8-1 砝码按二进制码编码

由于砝码的质量分档恰好按二进制权分布，因此，可以用二进制码 011011 来代替砝码计数。

表 8-1 称重逻辑操作过程

步 号	加砝码	天平指示	（去码/留码）操作记录
1	32g	超重	去码，$X_1 = 0$
2	16g	欠重	留码，$X_2 = 1$
3	8g	欠重	留码，$X_3 = 1$
4	4g	超重	去码，$X_4 = 0$
5	2g	欠重	留码，$X_5 = 1$
6	1g	平衡	留码，$X_6 = 1$

逐次逼近式 A/D 转换原理类似于一架电子自动平衡天平。D/A 转换器能把数码变成量化的电压或电流输出，此电压或电流相当于电子"砝码"，比较器鉴别出被测输入电压与"砝码"电压或电流的差别，它相当于天平的杠杆与指针。还有一部分的组成电路是逐次逼近逻辑控制电路，一般称为逐次逼近寄存器（Successive Approximation Register，SAR）。它起到代替人们去执行加码或去码/留码操作，以及记录数码等各项逻辑操作的功能，实现自动检测的目的。

逐次逼近式 A/D 转换器的结构框图如图 8-2 所示。假设 D/A 转换器的传递特性为

$$V_f = V_R(d_1 2^{-1} + d_2 2^{-2} + \cdots + d_n 2^{-n})$$

其转换过程如下。

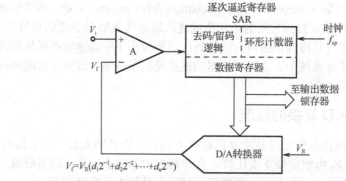

图 8-2 逐次逼近式 A/D 转换器的结构框图

第一次试探。在时钟 f_{cp} 驱动下，环形计数器对数据寄存器的最高有效位（MSB）加码，建立 100…0 码。几乎与此同时，D/A 转换器即把它转换成相应的模拟电压 $V_f = 1/2 V_R$，反馈到比较器的比较端。经短时间间隔（一般为 $T_{cp}/2$ 或者 $1T_{cp}$）后，去码/留码逻辑电路对比较的结果做出去码或留码的判断与操作。如果 $V_i \geq V_f$，那么应留码；如果 $V_i < V_f$，那么应去码。

第二次试探。在第二个时钟脉冲驱动下，环形计数器（移位寄存器）右移 1 位，并使数据寄存器次高位加码，建立 $X100…0$ 码，此码的最高位 X 是 1 还是 0，取决于前一次试探结果是 $V_i \geq V_f$ 还是 $V_i < V_f$。第二次试探 D/A 转换器产生的量化电压 V_f 可能是 $3/4 V_R$（对应 $V_i > 1/2 V_R$。试探码为 1100…0），或者是 $1/4 V_R$（对应 $V_i < 1/2 V_R$，试探码为 0100…0）。同样在 $T_{cp}/2$ 或者 $1T_{cp}$ 之后，对 V_i 和 V_f 比较结果做出判断与去码/留码操作。如果 $V_i \geq V_f$，那么次高位留码；如果 $V_i < V_f$，那么次高位去码。

第三次试探。类似于第一次和第二次试探，所不同的是加码和去码/留码逻辑发生在数据寄存器的第三高位上。

如此由高位到低位的试探，逐位进行，一直到最低位完成时为止。量化的反馈电压 V_f 一次比一次更逼近于 V_i，到完成最低位的比较逻辑之后，(V_i-V_f) 必小于 1LSB 所对应的模拟电压。

例如，假设 V_R=10.24V，被转换的电压 V_i=8.30V。要求将 V_i 转换成 8 位二进制码。8 位逐次逼近式 A/D 转换过程（V_R=10.24V，V_i=8.30V）如表 8-2 所示。在完成 8 次试探与比较逻辑之后，数据寄存器中所建立的最终数码 11001111 即转换结果。实际上，此数码所对应的量化电压值 V_f=8.28V，它与输入电压 V_i=8.30V，还相差 0.02V。不过，两者的差值（误差）已小于 1LSB 所对应的量化电压 0.04V 了。逐次逼近式 A/D 转换过程中 V_f 与 V_i 的比较如图 8-3 所示。

逐次逼近式 A/D 转换的结果可以从数据寄存器的并行输出端上取得。在完成最低位比较逻辑之后，由逻辑电路发出一个锁存信号，将此数据并行送入输出数据锁存器中，以供后续的计算机系统或显示系统取用。另外，它也可以以串行的方式向外发送数据。因为各次去码/留码判别后的逻辑电平信号正好对应着输出数据由高到低的各位数码（见表 8-2），所以由此输出的串行码也可供后续系统使用。

表 8-2 8 位逐次逼近式 A/D 转换过程（V_R = 10.24V，V_i = 8.30V）

试探步号	加码后数据寄存器数码	D/A 转换器输出的 V_f（V）	去码/留码判断	本步逻辑完成后的数码
1	10000000	5.12	留码（1）	10000000
2	11000000	7.65	留码（1）	11000000
3	11100000	8.96	去码（0）	11000000
4	11010000	8.32	去码（0）	11000000
5	11001000	8.00	留码（1）	11001000
6	11001100	8.16	留码（1）	11001100
7	11001110	8.24	留码（1）	11001110
8	11001111	8.28	留码（1）	11001111
转换结果				11001111

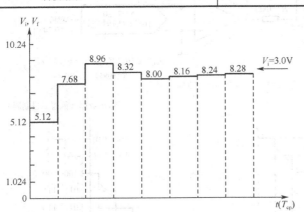

逐次逼近式 A/D 转换器转换原理

图 8-3 逐次逼近式 A/D 转换过程中 V_f 与 V_i 的比较

图 8-2 所示的逐次逼近式 A/D 转换器中，可能存在 1LSB 的最大量化误差。它的传递特性如图 8-4（a）所示，当输入相对电压 V_i/V_R 略小于 $1/2^n$ 时，理应得出 000⋯01 的输出数据，可是由于对最后一位加码后比较结果是去码，所以实际得出的输出数据是 000⋯00，造成了接近于-1LSB 的误差。如果改变逐次逼近逻辑，如将试探码改为 0111⋯1→x011⋯1→xx0⋯1→xxx⋯0 方式，那么还有可能得到图 8-4（b）所示的包含+1LSB 最大量化误差的传递特性。

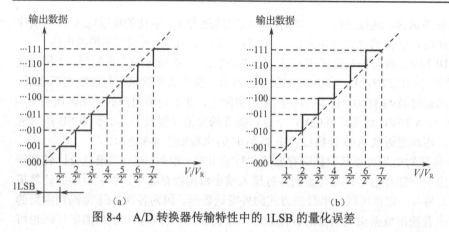

逐次逼近式 A/D 转换器 1/2LSB 偏置减小量化误差

图 8-4 A/D 转换器传输特性中的 1LSB 的量化误差

为了减小量化误差的影响,可以在逐次逼近式 A/D 转换器电路中增加 1/2LSB 偏置电路,使图 8-4(a)特性左移半格(1/2LSB),实现这种左移偏置的电路如图 8-5(a)所示。此时,暂且不考虑图中 R_5 支路,只看 R_4 支路的作用。由图 8-5 可知,V_R 经 $R_4=2048R_1$ 加在 A_1 的同相端,相当于在输入端叠加了一个固定电压$(V_R/2^{11}R_1)R_1=V_R/2^{11}$,它相当于 1/2LSB。如果 $V_i=V_R/2^{11}$,那么两者的叠加就等于 $V_R/2^{10}$,这样就可使最后一次去码/留码操作按留码处理,得出输出数据为 0000000001 的结果。这就是特性左移了半格的解释,如图 8-5(b)所示。左移了 1/2LSB 的这种 A/D 转换器,其量化误差不大于±1/2LSB,如果 A/D 转换器的特性是图 8-4(b)所示的类型,那么减小量化误差的措施应改为使特性右移 1/2LSB。

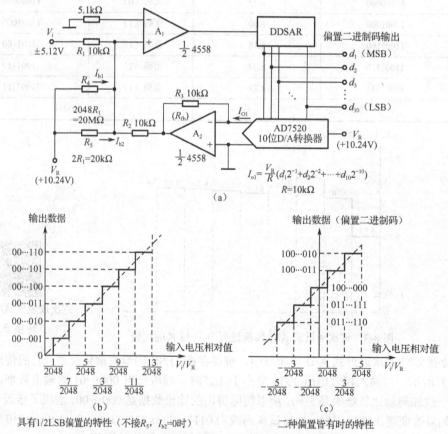

图 8-5 双极性输入的 10 位逐次逼近式 A/D 转换器

如果在逐次逼近式 A/D 转换器电路中加入半量程偏置，如图 8-5（a）中的 R_5 支路，那么传递特性将左移 1/2LSB，如图 8-5（c）所示，使 A/D 转换器变成可接收双极性电压输入的电路。由图可知，当逐次逼近到最后一位之后，比较器 A_1 的同相端电位已接近于 0。若不考虑 R_4 支路的 1/2LSB 偏置的作用，则

$$\frac{V_i}{R_1} + \frac{V_R}{R_5} = \frac{I_{o1}R_3}{R_2}$$

$$I_{o1} = \frac{V_R}{R}(d_1 2^{-1} + d_2 2^{-2} + d_3 2^{-3} + \cdots + d_{10} 2^{-10})$$

根据 $R_1=R_2=R_3=R_5/2=R=10\text{k}\Omega$，可得

$$d_1 2^{-1} + d_2 2^{-2} + d_3 2^{-3} + \cdots + d_{10} 2^{-10} - \frac{1}{2} = \frac{V_i}{V_R} \tag{8-1}$$

因此，输出数据对应偏置二进制码，当输入电压 $V_i=0$ 时，输出数据 $d_1d_2d_3\cdots d_{10}=100\cdots 0$；当输入电压 $V_i=-V_R/2$ 时，输出数据 $d_1d_2d_3\cdots d_{10}=000\cdots 0$；当输入电压 $V_i=V_R/2-V_R/1024$ 时，输出数据 $d_1d_2d_3\cdots d_{10}=111\cdots 1$。所以这种 A/D 转换器的量程为 $\pm V_R/2$，分辨率仍为 $(1/2^{10})V_R$。

值得指出的是，在逐次逼近式 A/D 转换过程中，输入电压不应有脉动变化，否则有可能出现严重超差。以表 8-2 和图 8-3 转换过程为例，假设在第一次试探码过程中受到了干扰而使输入电压暂时下降到 5.12V 以下，导致了去码的操作。此后，即使输入电压恢复到 8.30V，输出数据也顶多只能达到 01111111，即以后的各次试探比较结果均为留码。它所对应的输入电压为 5.08V。这种现象也说明了逐次逼近式 A/D 转换易受干扰影响。为了防止发生上述的这种差错，一般在逐次逼近式 A/D 转换器之前加接一个采样/保持器，以保证在 A/D 转换进行期间，输入电压不变化。

还得指出的是，在由 D/A 转换器组成的逐次逼近式 A/D 转换器中，必须注意到 D/A 转换的微分非线性误差应小于 ±1LSB。否则，有可能导致逐次逼近式 A/D 转换器产生"失码"（Missing Code）的现象，即在量程范围内，连续变化输入电压时，总会有某几个数码不出现。集成化逐次逼近式 A/D 转换器常可保证无失码（No-Missing Code）的性能。

8.2.2 单片集成化逐次逼近式 A/D 转换器

逐次逼近式 A/D 转换器的基本组成部分包括 D/A 转换器、高速电压比较器和逐次逼近寄存器（SAR）。这 3 部分都有相应的商品化的集成电路。随着电子技术的迅速发展，进入 20 世纪 80 年代后，电子市场上开始流行单片集成化的逐次逼近式 A/D 转换器。

逐次逼近寄存器是一种专为组成逐次逼近式 A/D 转换电路设计的中规模专用集成电路。典型的 8 位 SAR 产品有 TTL 类型的 AM2502（美国 Advanced Micro Devices 公司产品）和 DM2502（美国 National Semiconductor 公司产品），CMOS 类型的 MC14549（美国 Motorola 公司产品）。12 位 SAR 产品有 TTL 类型的 DM2504 和 CMOS 类型的 MM54C905/MM74C905（美国 National Semiconductor 公司产品）。另外，也可以利用微型计算机系统的并行 I/O 接口来代替 SAR 对 D/A 加试探码。微机系统根据比较器的比较结果，以相应的程序来完成去码/留码的逻辑操作。这种方案可节省硬件，但延长了微机系统的执行时间，并增大了微机系统的存储空间。

所谓单片集成化逐次逼近式 A/D 转换器，即在一个芯片中包括了上述的 3 部分电路，基本上可以完成 A/D 转换的全过程。有的芯片还包含基准参考电压源、时钟电路、采样/保持器、多路模拟选通开关等辅助电路，使其独立性更强，功能更齐全。

目前流行的单片集成化逐次逼近式 A/D 转换器有两类产品，一类属于双极型集成电路，另一类属于 CMOS 线性集成电路。前者的转换速率较高，一般完成一次转换的时间为 0.1～40μs。后

者的转换速率略低，一般完成一次转换的时间为 20～200μs，分辨率与精度一般在 8～16 位二进制码数量级范围。CMOS 单片集成 A/D 转换器因功耗低，价格便宜，使用更为广泛。

1. ADC0801～0805 型 8 位 CMOS 单片集成化逐次逼近式 A/D 转换器

该集成 A/D 转换器是美国 National Semiconductor 公司的产品，国内同类产品为 5G0801。它是当代最流行的中速廉价型 A/D 转换器的品种之一。它的芯片内设有三态输出数据锁存器，与微机系统兼容；输入方式为单通道；转换时间约为 100μs；精度最高的是 ADC0801，非线性误差为 ±1/4LSB；精度最差的是 ADC0804 和 ADC0805，非线性误差为 ±1LSB；电源电压为单电源 +5V。同类产品还有 ADC1001 型 10 位 A/D 转换器。ADC0801～0805 的典型外部接线图如图 8-6 所示。被转换的电压信号从 $V_{in}(+)$ 和 $V_{in}(-)$ 两端输入，允许此信号是差动的或者不共地的电压信号。模拟地"⊽"与数字地"⏚"分别设置引入端，以便满足数字电路的地电流不影响模拟信号回路的要求，防止产生寄生耦合造成的干扰。电路要求的 +5V 单电源从 V_{CC} 端引入。参考电压 $V_{REF}/2$ 可以由外部电路供给，从"$V_{REF}/2$"端直接输入。如果所加的 V_{CC} 电源电压准确稳定，可以作为参考基准，那么 ADC0801～0805 芯片内部设置的分压电路，可以自行提供 $V_{REF}/2$。此时"$V_{REF}/2$"端不必外加电压，浮空即可。为电路工作所需的 f_{cp} 可由内部时钟电路产生，但要求"CLK R"和"CLK IN"两端外接一对电阻、电容。它们与芯片内部的施密特触发器一起构成一个自激振荡器。ADC0801 的时钟电路接法如图 8-7 所示。自激振荡器的频率 $f_{CLK}=1/(1.1RC)$，其中 R 应取 10kΩ 左右。典型应用参数：R=10kΩ，C=150pF，f_{CLK}≈640kHz，每秒钟约可转换 1 万次。若要 ADC0801 芯片接受外部时钟控制，则外部 f_{CLK} 可从 CLK IN（4 端）加入，此时不用接 R 和 C，施密特触发器只起整形作用。$\overline{CS}$ 是芯选控制信号输入端，低电平有效。$\overline{WR}$ 是接受微处理器系统或者别的数字系统控制芯片的启动输入端。每当要求芯片进行一次转换时，就得对此端加一个⊔脉冲。$\overline{INTR}$ 是控制信号输出端，输出跳变为低电平，表示本次转换已经完成，它常作为向微机系统发出的中断请求信号，通知微处理器取走已经得到的转换结果。如果把 $\overline{CS}$ 和 $\overline{WR}$ 端与 $\overline{INTR}$ 端相连接，那么 ADC0801～0805 转换器就处于自动循环转换状态。$\overline{RD}$ 是另一个控制输入端，当它与 $\overline{CS}$ 同时为低电平时，输出数据锁存器 DB_7～DB_0 各端上出现 8 位并行二进制码，它就是本次 A/D 转换的结果，可通过数据总线发送给微机系统。

2. ADC0808/0809 型 8 位 CMOS 单片集成化逐次逼近式 A/D 转换器

该逐次逼近式 A/D 转换器是美国 National Semiconductor 公司的产品。ADC0808/0809 的内部结构框图如图 8-8 所示。片内设置了一个八选一多路模拟开关，在通道地址锁存与译码器的支持下，可分时采集 8 路中任一路模拟量输入，在图 8-8 中的右部是三态输出数据锁存器，它使这种 A/D 转换器可直接与多种 μC 系统的总线接口。芯片的核心部分是 8 位逐次逼近式 A/D 转换器，它同样由电压比较器、D/A 转换器和 SAR 组成。D/A 转换器电路采用了 $256R$（2^8R）电阻分压器和树状 CMOS 模拟开关阵列译码器的方案（见第 7 章第 7.2 节）。虽然电阻和开关数量很多，但因功耗极微，仍只占用很小的芯片面积。电压比较器和 SAR 等电路均属 CMOS 电路，在单电源 +5V 支持下，消耗的电流仅为 3mA（功耗为 15mW）。

ADC0808/0809 内部无时钟电路，必须由外部电路提供时钟脉冲。在内部定时逻辑电路控制下，对任意一个通道一次转换的时间需要 66～73 个时钟脉冲。典型的时钟频率 f_{CLK}=640kHz。在此钟时频率支持下，一次 A/D 转换约需 100μs。在正常工作频率之下，ADC0808 的不可调误差为 ±1/2LSB，ADC0809 的不可调误差为 ±1LSB。

ADC0808/0809 的外部引脚图如图 8-9 所示。单电源 +5V 从引脚 11（V_{CC}）和引脚 12（GND）引入。参考电压 V_R（典型值为 +5V）由稳压电路提供。

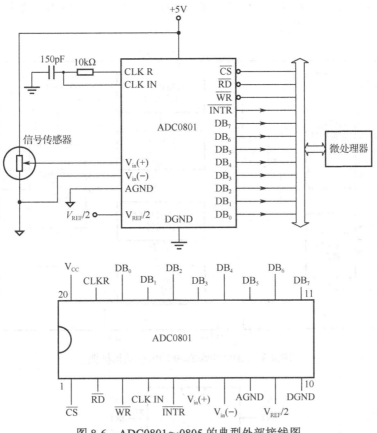

图 8-6 ADC0801～0805 的典型外部接线图

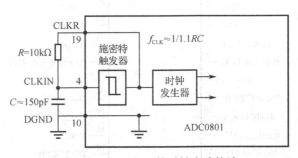

图 8-7 ADC0801 的时钟电路接法

如果进行比值测量,那么传感器的供电应该与参考电压源相统一,这样可消除由于参考电压源误差带来的影响。ADC0808/0809 可与多种微机系统接口。图 8-10 所示为 ADC0808 与单片机系统的典型接法。当单片机系统要求 ADC0808 对某模拟通道进行一次 A/D 转换时,地址总线上应出现该 A/D 转换端口地址和模拟通道代码。这时由端口地址译码器输出低电平,使 G_2 门开放。在接到 $\overline{WR}$ 命令后,ADC0808 随即开始接通对应模拟通道(由通道代码 CBA 决定),启动 A/D 转换。经过大约 70 个 CLK 脉冲周期之后,EOC 端出现高电平,这就表示转换已经结束。EOC 输出可经过一个反相器变成单片机要求的中断请求信号 $\overline{INT}$,以便用中断方式传输数据。ADC0808/0809 数据输出端上要出现数据,需要在 OE 端(引脚 9)上外加一高电平。图 8-10 中表示由单片机的读命令 $\overline{RD}$ 来控制其数据输出。当地址总线上出现 A/D 转换口地址时,通过端口地址译码器输出低电平，使 G_1 门开放，在读命令 $\overline{RD}$ 同时作用下，OE 获得高电平，控制输出数据锁存器向数据总线 $D_7 \sim D_0$ 发送数据。

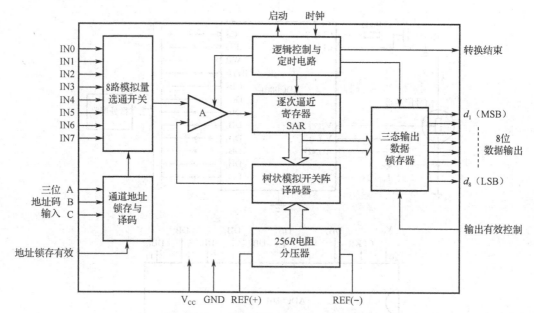

图 8-8　ADC0808/0809 的内部结构框图

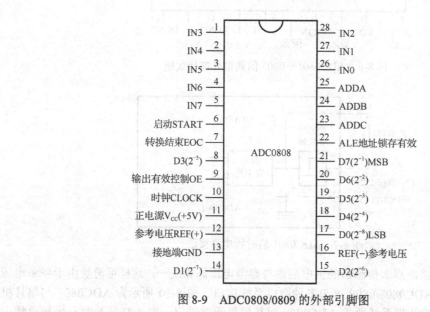

图 8-9　ADC0808/0809 的外部引脚图

与 ADC0808/0809 同属一类的还有 ADC0816/0817。后者与前者的差别仅在于模拟量输入通道数由 8 个增加到 16 个，引脚数量相应增加到 40 个，原理与性能方面两者基本相同。

另一种典型的集成化逐次逼近式 A/D 转换器是 AD574A。这是美国 Analog Devices 公司生产的一种高速 12 位 A/D 转换器，广泛用于微机控制的数据采集系统和智能仪器中。

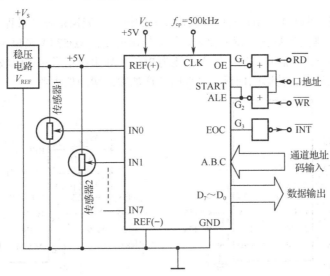

图 8-10 ADC0808 与单片机系统的典型接法

AD574A 内部电路组成框图如图 8-11 所示。它由两片双极型器件集成电路组成,采用 28 脚双列直插式标准封装。电路中的 D/A 转换器部分引用了该公司的 AD565A 型高速 12 位单片集成 D/A 转换器成品,并增加了高精度的内部参考电压源和必要的内部电阻。由于 AD565A 采用了先进的薄膜电阻制造工艺,成品的电阻比值精度高,温度跟踪性能好,使 A/D 转换器的精度在全温度范围内(民品级 0~+70℃、军品级-55~+125℃)达到了≤±1/2LSB 或±1LSB 的水平。另一个芯片包括高性能电压比较器和全部数字逻辑电路。

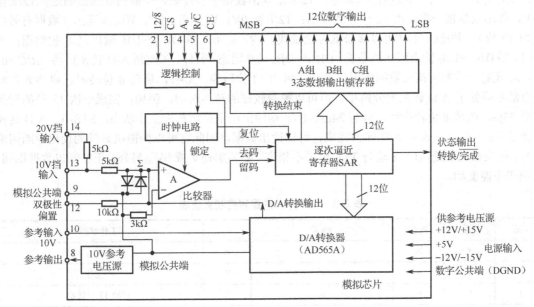

图 8-11 AD574A 内部电路组成框图

由图 8-11 可知,由于电压比较器输入电路接有可改变量程的电阻(5kΩ 或者 5kΩ+5kΩ)和双极性偏置电阻(10kΩ),因此,AD574A 的输入模拟电压量程有 0~+10V、0~+20V、-5~+5V 及-10~+10V 4 种量程。在单极性电压输入时,输出为原码,在双极性电压输入时,输出为偏置二进制码。AD574A 输入电路与参考电压源电路的外部接法如图 8-12 所示。其中图 8-12(a)对应单极性输入的情况,图 8-12(b)对应双极性输入的情况,无论是±5V 量程,还是±10V 量程。偏置电流均为 1mA,满足半量程偏置的要求。值得指出的是,AD574A 模拟输入口等效电阻只有数千欧量级,输入电压达到满量程时,输入电流为 2mA。如果在信号源内阻较高或者负载能力较差的情况下,那么应考虑它的影响问题,必要时应增加输入缓冲放大器。

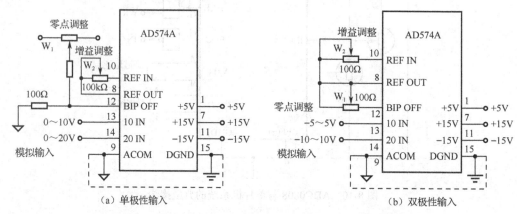

图 8-12 AD574A 输入电路与参考电压源电路的外部接法

逻辑控制电路和三态输出数据锁存器部分能满足与微机总线系统相接的要求。通过对 CE、$\overline{CS}$、R/$\overline{C}$、12/$\overline{8}$、A_0 端的控制,可实现对 AD574A 的转换启停、转换位数、数据读出方式的控制。AD574A 的逻辑控制真值表如表 8-3 所示。其中 CE 和 $\overline{CS}$ 是芯选控制,只有当 CE=1 和 $\overline{CS}$=0 同时满足时,才能对 AD574A 进行启动、数据读出的操作。R/$\overline{C}$ 是工作状态控制端,R/$\overline{C}$=0 为启动转换命令,R/$\overline{C}$=1 为数据读出命令。12/$\overline{8}$ 是读出数据字长控制,一般由硬布线确定。12/$\overline{8}$ 接 +5V,输出数据按一次读出 12 位方式输出;12/$\overline{8}$ 接 0V,则分高、低字节两次读出(数据有效位仍为 12 位),并接收 A_0(可以接最低位地址线)。若 A_0=0,则 DB_{11}~DB_4 输出高 8 位数据;若 A_0=1,则 DB_3~DB_0 输出低 4 位数据,DB_{11}~DB_4 呈高阻态。另外,在控制 A/D 转换启动(R/$\overline{C}$=0)时,A_0 还起到控制转换位数的作用。A_0=0,启动 12 位转换;A_0=1,启动 8 位转换。启动 8 位转换自然就降低了 A/D 转换的分辨率,但可以换得较短的转换时间。例如,完成一次 12 位的转换需要 35μs,改成 8 位转换后,只需 24μs。STS 端输出电平指示芯片工作状态:STS=1,A/D 转换正在进行;STS=0,表示 A/D 转换完成,可以读出数据。因此它可以为微机系统的读出中断请求信号。应当指出的是,12/$\overline{8}$ 端与 TTL 电平不相容,必须加+5V 或 0V。另外,正在输出数据期间,A_0 电平不能变动。

表 8-3 AD574A 的逻辑控制真值表

CE	$\overline{CS}$	R/$\overline{C}$	12/$\overline{8}$	A_0	工作状态
0	×	×	×	×	不工作
×	1	×	×	×	不工作
1	0	0	×	0	启动 12 位转换
1	0	0	×	1	启动 8 位转换
1	0	1	接引脚 1 (+5V)	×	12 位并行输出有效
1	0	1	接引脚 15 (0V)	0	高 8 位并行输出有效
1	0	1	接引脚 15 (0V)	1	低 4 位加上尾随 4 个 0 输出有效

AD574A 与 8031 微机系统的典型接法如图 8-13 所示。此时 AD574A 可当作一般的并行 I/O

接口来处理。8031 微机系统向 AD574A 发送一个虚拟的数据，使 $\overline{CS}=0$、CE=1、$A_0=R/\overline{C}=1$，启动 A/D 转换。STS 送出的下跳沿作为 8031 的一个外部中断 $\overline{INT_0}$，表明 A/D 转换结束，允许采集数据，通过 P_0 口分两次读取高 8 位和低 4 位数据。

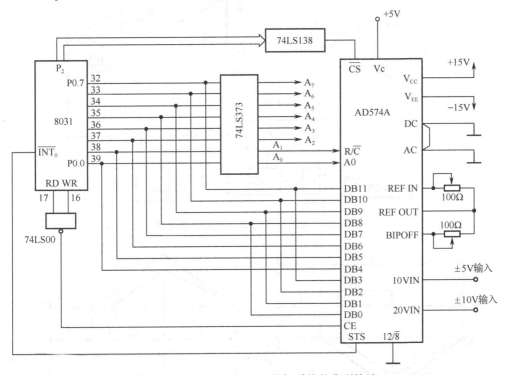

图 8-13　AD574A 与 8031 微机系统的典型接法

与 AD574A 相接近的产品还有 AD578。它是一种更高速的 12 位逐次逼近式 A/D 转换器，一次转换时间为 3μs。CMOS 集成电路的 12 位逐次逼近式 A/D 转换器有 ADC1210（美国 National Semiconductor 公司产品）。

8.3　双积分式 A/D 转换器

双积分式 A/D 转换器（Dual Integrating A/D Converter）以转换精度高、灵敏度高、抑制干扰能力强、造价低等突出优点被广泛地应用于各类数字仪表和低速数据采集系统中。它的缺点是转换速率较低，通常低于每秒 30 次。这类转换器的输出数据常以 BCD 码或数码管七段码格式给出，以便与数字显示器件接口。

8.3.1　双积分式 A/D 转换的原理与特性

双积分式 A/D 转换器基本电路如图 8-14 所示。它的一次转换基本工作原理可以分成 3 个工作阶段来描述。

第一阶段 T_1，模拟开关 S_1 导通，其余各模拟开关断开，此阶段可称为对输入电压积分采样的阶段。通常，在进入此阶段之前，积分器的输出已被复零。所以，当输入电压 V_i 为正时，积分器输出向负渐增；当 V_i 为负时，积分器输出向正渐增。双积分器输出电压波形如图 8-15 所示。积分器输出电压的变化速率与输入电压成正比：

$$\frac{\Delta V_{INT}}{\Delta t} = \frac{V_i}{RC} \tag{8-2}$$

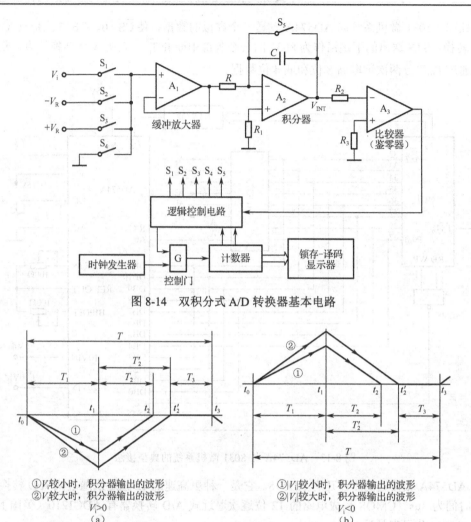

图 8-14 双积分式 A/D 转换器基本电路

图 8-15 双积分器输出电压波形

采样阶段所经历的时间 T_1（$T_1=t_1-t_0$）是一个常值。它常常以计数器对时钟脉冲 f_{cp} 计数来确定。例如，计数器以 0 累积到 N_1 所对应的时间 $N_1×T_{cp}=N_1/f_{cp}$ 作为 T_1，也就是说计数器从 0 计到 N_1 所经历的时间作为对输入电压的积分阶段。T_1 阶段结束时刻积分器的输出电压为

$$V_{INT} = -\int_{t_0}^{t_1} \frac{V_i}{RC} dt$$

$$= -\frac{1}{RC}\int_{t_0}^{t_1} V_i dt$$

$$= -\frac{1}{RC}\overline{V_i}T_1 \tag{8-3}$$

式中，$\overline{V_i}$ 表示在 T_1 阶段中 V_i 的积分平均值，如果输入电压 V_i 是常值，那么 $\overline{V_i}=V_i$。将 $T_1=N_1/f_{cp}$ 代入上式，得

$$V_{INT} = -\frac{1}{RC}\overline{V_i}\frac{N_1}{f_{cp}} \tag{8-4}$$

第二阶段 T_2（$T_2=t_2-t_1$），模拟开关 S_2 或 S_3 导通，其余开关断开。此阶段可称为对参考电压的回积阶段。如果采样阶段 T_1 中 $V_i>0$，那么 T_2 阶段 S_2 导通、S_3 断开，使积分器之输出从一开始的

$-\overline{V_i}T_1/RC$ 回积到 0。反之，如果 T_1 阶段中 $V_i<0$，那么 T_2 阶段 S_3 导通、S_2 断开，使积分器之输出从一开始的 $+|\overline{V_i}|T_1/RC$ 回积到 0。V_{INT} 在 T_2 阶段的波形如图 8-15 所示。由于 T_2 阶段积分器对固定的参考电压积分，所以 V_{INT} 的斜率不变。根据回积过程，T_2 阶段的时间长度取决于：

$$0 = -\frac{\overline{V_i}T_1}{RC} + \frac{1}{RC}\int_{T_1}^{T_2} V_R dt$$

$$= -\frac{\overline{V_i}T_1}{RC} + \frac{V_R T_2}{RC}$$

即

$$T_2 = T_1 \frac{\overline{V_i}}{V_R} \tag{8-5}$$

此式表明，在 T_1 和 V_R 均为常数时，T_2 与 $\overline{V_i}$ 成正比，实现了 V/T 转换。

如果 T_2 也用同一时钟脉冲 f_{cp} 对计数器计数来测量，那么在此阶段中计数器所累计的数 $N_2=T_2 f_{cp}$。将此关系和 $N_1=T_1 f_{cp}$ 一起代入式（8-5），可得

$$N_2 = N_1 \frac{\overline{V_i}}{V_R} \tag{8-6}$$

最终的结果表明，计数器在 T_2 阶段中所累计的时钟脉冲个数 N_2 正比于被测电压在 T_1 阶段中的平均值 $\overline{V_i}$。

第三阶段 T_3，模拟开关 S_4 和 S_5 导通，其余断开。此阶段可称为复零与准备阶段。这是个辅助阶段，它要为本次转换做结束工作，为下次转换做好准备工作。在此期间，逻辑控制电路将进行一系列逻辑操作。例如，从 T_2 结束瞬时开始，可能需要暂时休止控制门的开放，把计数器所累计的数 N_2 送到数据锁存器寄存，以供显示或数据输出；N_2 被锁存之后计数器要复零，以便为下一次转换做好准备；控制 S_4 和 S_5 导通，积分器被充分放电而复零等。具有自动复零功能的双积分式 A/D 转换器中，还在这一阶段中安排储存运算放大器失调与误差电压。

对于每一次转换来说，积分电容上在 T_1（对输入电压积分）阶段中所充得的电荷与在 T_2（对参考电压回积）阶段中所放掉的电荷是相等的。这种周期性电荷平衡的过程是所有积分式 A/D 转换器的共同的物理过程。

双积分式 A/D 转换器转换原理

为了满足对双极性输入电压进行双积分式 A/D 转换的要求，图 8-14 电路结构中设置了 $+V_R$ 和 $-V_R$ 一对参考电压，并通过对相应的模拟开关的控制，实现自动极性的转换要求。但是，在集成化双积分式 A/D 转换器中，为了简化外接电路，常常采取下列两种办法中的一种来满足以单参考电压源实现双极性输入时的自动极性转换的要求。

办法之一是采用电容器储存参考电压，用桥形模拟开关换接电压极性。这种方案被使用于 ICL7106/7107/7126 等 $3\frac{1}{2}$ 字位单片集成双积分式 A/D 转换器和 ICL7135 等 $4\frac{1}{2}$ 字位单片集成双积分式 A/D 转换器中。参考电压极性转换电路如图 8-16 所示。在非回积阶段（如复零与准备阶段）中，安排模拟开关 S_1 与 S_2 导通，此时参考电压 $+V_R$ 对 C_R 进行充分的充电，储存了此电压。S_1 和 S_2 断开后，靠着 CMOS 电路的高阻抗特性，在短暂的时间内，C_R 两端的电压可精确地保持 $+V_R$ 值。在进入回积阶段时，受极性判别电路控制，S_3—S_5 或者 S_4—S_6 成对导通。由图可知，若 S_3—S_5 导通，则 $V_{AB}=+V_R$；

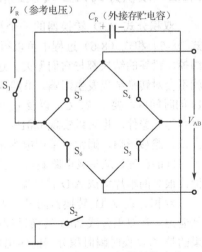

图 8-16 参考电压极性转换电路

若 $S_4—S_6$ 导通，则 $V_{AB}=-V_R$。因此，以 V_{AB} 代替图 8-14 中的 $\pm V_R$ 输入电路就能实现自动极性的 A/D 转换。

另一种办法是更换积分器输入电路。它被使用在 MC14433 型 $3\frac{1}{2}$ 字位单片集成双积分式 A/D 转换器中。如图 8-17（a）所示，在极性判别电路对模拟开关的控制下，当输入电压 $V_i \geqslant 0$ 时，采样阶段 S_2、S_4 导通，S_1、S_3、S_5 断开，V_i 从积分器同相端输入，回积阶段 S_1、S_5 导通，积分器的输出电压波形如图 8-17（b）所示，图 8-17 中的积分器输出电压有两次突跳（O→A 和 B→C）可以用运算放大器的虚短性质解释，它的正常积分区段 A→B 与反相端输入积分器的输出关系相似。当输入电压 $V_i<0$ 时，采样阶段 S_3、S_5 导通，S_1、S_2、S_4 断开。回积阶段 S_1、S_5 导通，S_2、S_3、S_4 断开，工作原理与图 8-14 一致，积分器输出电压波形如图 8-17（c）所示。不难理解，若 V_i 极性不同但幅值一样，则 $AB // OC // OE$（T_1 阶段 V_{INT} 斜率一样），与 T_2 对应的转换结果亦必相同，实现了与 V_i 极性无关的转换。

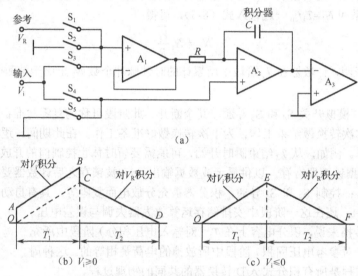

图 8-17 另一种单参考电压自动极性电路

8.3.2 双积分式 A/D 转换的特性与参数选择

双积分式 A/D 转换器的一个重要特性是组成电路中需要的精密元器件数量很少。在推导式（8-5）和式（8-6）过程中可以得知，无论是积分器电阻 R 和电容 C，还是时钟频率 f_{cp}，都被约掉，最终的结果都与它们无关。这就是说，只要在一次转换的短时间过程中，它们没有变化，就不会对转换结果发生影响。虽然双积分式 A/D 转换器转换速率比较低，如 2～3 次/s，但在不到 1s 的时间内，要求 R、C，以及 f_{cp} 保持不变，是不难做到的。即使用最普通的金属膜电阻和涤纶电容等元器件，也可以实现 0.01%～0.1% 的转换精度。至于电路中的运算放大器和电压比较器的失调、漂移影响，通常可采用电容记忆动态校零或者寄存器记忆数字校零的补偿办法，将它抑制到很低的程度，从集成电路制造工艺上考虑，这种电路也易于实现 CMOS 单片集成化，生产出性价比很高的单片集成 A/D 转换器。

双积分式 A/D 转换器的另一重要特性是它对对称交流干扰或者尖峰脉冲干扰具有很强的抑制能力。在双积分式 A/D 转换过程中，对输入电压 V_i 起作用的是采样阶段 T_1，直接影响转换结果的是 T_1 结束时瞬时积分器的输出电压 V_{INT}。如果在 T_1 期间 V_i 中存在着瞬时峰值很大而平均值很小的尖峰干扰，那么经积分低通滤波作用后，对 T_1 阶段的积分终值影响可能很小，这样，最终产生的转换误差并不大,甚至可能微不足道。要抑制对称干扰影响。例如,50Hz 工频干扰,应选择 T_1 为干扰信号周期的整数倍。为抑制工频干扰,对我国来说,T_1=20ms,40ms,60ms,…为宜。图 8-18 所示为双积分式 A/D 转换对交流干扰的抑制作用。由于积分器的初始值为 0,不管输入信号中混杂的交流干扰信号初相角为何值,只要 T_1 是它的周期的整数倍,T_1 末的积分终值就与此交流信号无关,而只取决于 V_i 中的直流成分。

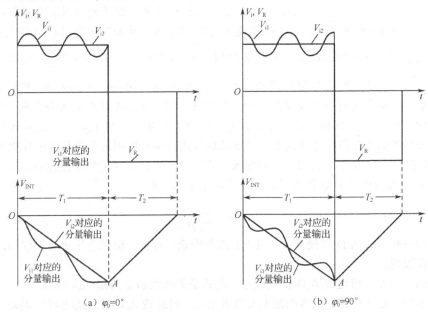

图 8-18 双积分式 A/D 转换对交流干扰的抑制作用

在实际电路中,时钟频率往往由多谐振荡器或石英晶体振荡器产生,由它所产生的时钟频率往往不能严格地保持 T_1 与工频周期的整数倍比值关系,这就会降低对工频交流干扰的抑制能力。如果对抑制工频干扰有更高的要求,那么一般可采用以下两种技术。一种是过零同步触发。仔细比较图 8-18(a)和 8-18(b)可知,如果工频周期稍有变化,T_1 末的积分终值(A 点电压)受交流分量的影响,那么 8-18(a)的情况就比 8-18(b)的情况影响要小些。其理由是图 8-18(a)中的正弦分量的积分是余弦值,A 点附近 $dV/dt \approx 0$,而图 8-18(b)中的余弦分量的积分是正弦值,A 点附近 dV/dt 为最大,对 T_1 终值的影响较大。因此,可以用交流干扰信号越零瞬时产生一个触发脉冲去启动双积分式 A/D 转换的办法实现图 8-18(a)的转换方案。另一种是采用倍频电路,由锁相倍频器产生 50Hz 整数倍的时钟频率提供给双积分式 A/D 转换器。锁相环路能自动跟踪工频交流的频率,即使工频有变化,也能精确地实现 T_1 与工频周期呈整数倍的关系。

应当指出,实际系统对工频干扰的抑制能力是有限的,因为干扰信号往往并不是理想的对称正弦波,只要正、负半周不对称,存在很小的直流平均分量,干扰的影响就表现出来了。

由 T_1 宜取为交流干扰信号周期整数倍的关系,可得出双积分式 A/D 转换器的时钟频率 f_{cp} 的选择方法,设 $f_\sim$ 为交流干扰信号的频率,则

$$T_1 = \frac{m}{f_\sim} \tag{8-7}$$

式中,m 是倍数,常取值 1,2,3 等整数。

将 $T_1 = N_1/f_{cp}$ 代入上式,可得

$$f_{cp} = \frac{N_1}{T_1} = \frac{N_1 f_\sim}{m} \tag{8-8}$$

式中，N_1 是计数器在 T_1 期间对 f_{cp} 的计数值。对 $3\frac{1}{2}$ 字位的 A/D 转换器来说，N_1 常取 2000 或者 1000。

有的双积分式集成 A/D 转换器（如 MC14433），时钟频率 f_{cp} 输入后经二分频后再接到计数器，虽然 T_1 阶段计数值为 2000，但使用式（8-8）时，应将 N_1=4000 代入。通常，双积分式 A/D 转换器的一次转换周期 T_c 是由设计者根据目视仪表的数据刷新速率要求或数据采集速率要求来选定的。例如，对一般目视仪表来说，数据刷新速率为 1~3 次/s。而 A/D 转换器的内部时序电路在设计上往往已经确定了 $T_c \approx (2\sim 4)T_1$。例如，MC14433 型和 ICL7107 型两种 $3\frac{1}{2}$ 字位双积分式 A/D 转换器，$T_c \approx 4T_1$。选取 f_{cp} 时应先根据 T_c 要求初选 T_1 为 20ms、40ms 或 60ms 等，然后按式（8-8）确定时钟频率 f_{cp}。如果要优先考虑抑制工频干扰要求，那么就不能随意选 A/D 的转换周期 T_c。

对集成化双积分式 A/D 转换器来说，积分电阻 R_{INT} 和积分电容 C_{INT} 往往是外接元器件，其数值也需要按具体的工作条件计算确定。导出计算公式的基本原则是充分利用积分放大器的线性动态范围。即在满量程输入 V_{imax} 时，使积分放大器的输出达到可利用的线性区的限值 V_{INTmax}。例如，对应图 8-15 特性的 A/D 转换电路来说，应满足下列关系：

$$V_{INTmax} \geq \frac{V_{imax} T_1}{R_{INT} C_{INT}} \tag{8-9}$$

在实际的双积分式 A/D 转换器中，由于非理想因素的存在，仍然会造成转换误差，下面列举几项进行简要说明。

非理想的模拟开关可造成 A/D 转换误差，尤其是关断状态下的漏电流影响。

积分电容和记忆（存储）电容的漏电及吸附效应，可造成 A/D 转换的非线性误差。通常，这类电容应选用高品质的电容，如聚苯乙烯、聚丙烯、聚碳酸酯等薄膜为介质的电容。$3\frac{1}{2}$ 字位的双积分式 A/D 转换器中，也可以采用普通的涤纶电容和独石电容，因为它们的价格低、体积小。

运算放大器的有限开环增益、有限频响，以及失调漂移的影响，也会造成 A/D 转换误差。目前，为克服运算放大器的失调与漂移的影响，常采用自校零的方法，保证了零点的长期稳定性。

8.3.3 集成化双积分式 A/D 转换器

目前，为组成各类数字式仪表及低速数据采集系统，正大批量生产 CMOS 单片集成 $3\frac{1}{2}$ 字位到 $5\frac{1}{2}$ 字位的双积分式 A/D 转换器。它们的性价比高，外接元器件数量少，使用十分方便，深受广大用户欢迎。市场上流行的集成化双积分式 A/D 转换器主要有如下几种。

① ICL7106/7107/7126（美国 Intersil 公司产品）。这是一族 $3\frac{1}{2}$ 字位单片 CMOS 集成双积分式 A/D 转换器，其输出方式为静态七段码，可直接驱动液晶显示器或 LED 数码管，很适合组成各类单板式数字仪表和袖珍式数字仪表。它能自动极性转换，只要求单参考电压源，满量程输入为 -200～+200mV。芯片内采取了自动校零措施，可保证长期零点稳定。相同产品有 TSC7106/7107/7126（美国 Teledyne 公司产品）。

② MC14433（美国 Motorola 公司产品）。这也是一种 $3\frac{1}{2}$ 字位单片 CMOS 集成双积分式 A/D 转换器。其输出方式为 BCD 码动态扫描输出，它既可用于组成数字仪表，又可方便地与微机系统接口，芯片内采取了模拟与数字自动校零技术，可保证长期零点稳定。它同样能自动极性转换，

只要求单参考电压源。满量程可设计成-200～+200mV 或-2～+2V，相同产品有 5G14433（上海无线电五厂产品）。

③ ICL7109（美国 Intersil 公司产品）。它的基本电路与性能类同于 ICL7106 系列。它的输出数据改为 12 位二进制码加符号位和过量程标志位，且具有三态输出特性，可很方便地与微机系统接口。其内部设有参考电压源，提供稳定的 2.8V 电压（可外接电位器来调整到要求值），最高转换速率为 30 次/s。

④ ICL7135（美国 Intersil 公司产品）。它是一种 $4\frac{1}{2}$ 字位 BCD 码动态扫描输出的单片集成双积分式 A/D 转换器。满量程输入为-2～+2V，自动转换极性，只要求单参考电压源，自动校零。同类产品有 5G7135（上海无线电五厂产品）。

⑤ AD7550/7552/7555（美国 Analog Devices 公司产品）。它以四斜积分式（双积分原理的改进）工作原理为基础。其中 AD7550 以 13 位 2 补码方式输出，AD7552 以 12 位二进制码加符号位方式输出。这两种型号适合与计算机系统接口。

下面以 ICL7135 型（$4\frac{1}{2}$ 字位）和 MC14433 型（$3\frac{1}{2}$ 字位）两种最常用的 CMOS 单片集成双积分式 A/D 转换器为例，较深入地讨论其内部电路结构特点、自动校零技术和典型外部接法。

1. ICL7135 型双积分式 A/D 转换器

1）ICL7135 的内部电路组成结构

ICL7135 双积分式 A/D 转换器在单极性参考电压（V_R=+1V）供给之下，对双极性输入的模拟电压进行 A/D 转换，并输出自动极性判别信号。它采用了自动校零技术，可保证零点误差在常温下的长期稳定性。零点漂移的温度系数<2μV/℃。模拟输入可以是差动信号，输入电阻极高，输入端零点漏电流<10pA。这些技术条件的建立就决定了它在电路设计上必须做出改进与发展。

ICL7135 的模拟部分电路图如图 8-19 所示。图中的参考电压存储电容 C_R、积分电阻 R_{INT}、积分电容 C_{INT} 及校零电容 C_{AZ} 是外接元器件。单极性的参考电压需外加，一般情况下，V_R=1V，电源电压为±5V。

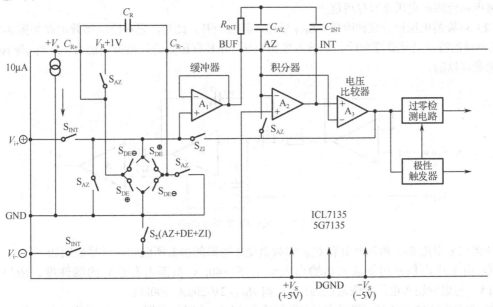

图 8-19 ICL7135 的模拟部分电路图

在逻辑电路控制下，由 12 个模拟开关的导通或截止状态的组合，把一次转换周期分成 4 个阶段：自校零阶段（AZ）、对被测电压积分采样阶段（INT）、对参考电路回积阶段（DE）、积分器回零阶段（ZI）。

（1）自校零阶段。S_{AZ} 和 S_Σ 导通，其余断开，自校零阶段等效电路图如图 8-20 所示。图中 ΔV_1、ΔV_2、ΔV_3 代表 3 个运算放大器 A_1、A_2 和 A_3 的失调与漂移之综合偏差。在这里 C_{AZ} 和 C_{INT} 储存了失调误差的补偿电压。

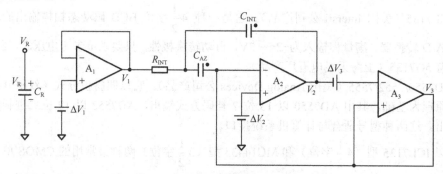

图 8-20 自校零阶段等效电路图

$$V_{C_{AZ}} = \Delta V_2 - \Delta V_1$$
$$V_{C_{INT}} = -\Delta V_3 + V_{C_{AZ}} = \Delta V_2 - \Delta V_1 - \Delta V_3$$

这两个电压将在后面的工作阶段中起抵消运算放大器失调误差的作用。自动校零的实质就是这种补偿作用。

校零阶段的另一个任务是在 C_R 上储存参考电压 V_R，以备后面的回积阶段使用。外部提供的参考电压虽然是单极性的，但是储存到 C_R 上之后，靠着图 8-19 中 4 个桥形接法换向模拟开关的控制，可以得到两种极性的参考电压。在回积阶段中，要求 C_R 上所储存的电压尽量不变，这就要求 C_R（一般为 1μF）应当选用高质量的电容，同时也要求内部缓冲放大器有极高的输入电阻，使因漏电而造成的电压衰减尽可能少。

（2）对被测电压积分采样阶段。S_{INT} 导通，其余断开，此时，采样阶段等效电路如图 8-21 所示。该电路的特点是接受浮空的差动输入模拟电压，并具有极高的共模抑制能力，将 $V_{i(-)}$ 与 AGND 相接也是可以的。

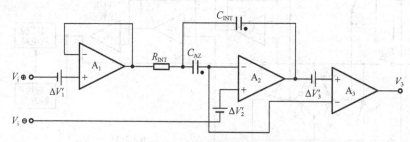

图 8-21 采样阶段等效电路

外接积分电阻 R_{INT} 和积分电容 C_{INT} 的数值受本电路的参数所限制，计算原则如下。

① 由于片内积分运算放大器输出电流在 5～40μA 范围内有较好的线性度，所以选取 I_0=20μA。考虑到输入电压之满量程为±2V，得 R_{INT}=2V/20μA=100kΩ。

② 由 ICL7135 的定时逻辑确定采样阶段下为 10000 个时钟周期。根据我国的市电频率（50Hz），若取 T_1=80ms，f_{cp}=125kHz，考虑到积分放大器的最大输出幅值限制，取 V_{INTmax}=3.5V。按照

$$V_{\text{INT}_{\max}} = \frac{V_{\text{imax}} T_1}{R_{\text{INT}} C_{\text{INT}}}$$

可得

$$C_{\text{INT}} = \frac{V_{\text{imax}} T_1}{V_{\text{INT}_{\max}} R_{\text{INT}}} = \frac{2}{3.5} \times \frac{80 \times 10^{-3}}{100 \times 10^3} \approx 0.457 \times 10^{-6} \text{F}$$

即 $C_{\text{INT}}=0.475\mu\text{F}$,一般选取 $C_{\text{INT}}=0.47\mu\text{F}$。

采样阶段中,如果认为运算放大器 A_1、A_2 和 A_3 的失调与漂移综合偏差电压 $\Delta V_1'$、$\Delta V_2'$ 和 $\Delta V_3'$ 与自校零阶段的 ΔV_1、ΔV_2 和 ΔV_3 分别相等,那么根据相应回路的电压平衡方程和图 8-21,寄存在 C_{AZ} 和 C_{INT} 中的电压 $V_{C_{\text{AZ}}}$ 及 $V_{C_{\text{INT}}}$ 可以完全补偿掉 $\Delta V_1'$、$\Delta V_2'$ 和 $\Delta V_3'$ 的影响,好像并不存在 $\Delta V_1'$、$\Delta V_2'$ 和 $\Delta V_3'$ 一样的情况。

(3) 对参考电路回积阶段。S_Σ 和 $S_{\text{DE}(+)}$ 或 $S_{\text{DE}(-)}$ 导通,其余断开,此时的等效电路基本上与图 8-21 相同,唯一的区别是该电路的输入信号换成了 C_R 上的存储电压 V_R,而且与积分放大器同相端相通的一端改接 AGND。ICL7135 的逻辑系统利用采样阶段结束时比较器的电平状态与输入模拟信号极性相关的关系识别极性。进入回积阶段时,极性触发器建立的状态控制换向开关 $S_{\text{DE}(+)}$ 或 $S_{\text{DE}(-)}$ 的导通,就可以提供 $\pm V_R$,满足回积的要求。

回积阶段中,原储存在 C_{AZ} 和 C_{INT} 中的 $V_{C_{\text{AZ}}}$ 和 $V_{C_{\text{INT}}}$,对 A_1、A_2 及 A_3 的失调影响的补偿作用与采样阶段类似。

回积阶段的计数器读数就是转换结果,它取决于

$$N = 10000 \frac{V_\text{i}}{V_\text{R}} \tag{8-10}$$

此式表明,该 A/D 转换器也适合做 V_i/V_R 比值测量。如果 V_R 由外界稳压电路提供,$V_\text{R}=1\text{V}$,那么当输入 $V_\text{i}=1\text{V}$ 时,输出显示 1.0000;当 $V_\text{i}=1.9999\text{V}$ 时,输出显示 1.9999。

(4) 积分器回零阶段。S_Σ 与 S_{ZI} 导通,其余断开,积分器回零阶段等效电路如图 8-22 所示。这个大闭环回路是个深度负反馈回路。它使积分电容 C_{INT} 迅速放电复零。其实,在正常工作状态下,即使不设置此阶段也没有关系。因为回积结束时,积分器输出已经回到了零点。但是,当输入过量程时,逻辑控制系统会迫使回积阶段在计数器计满 20001 个时钟脉冲时结束。当然,此时积分器输出可能远偏离于零点。

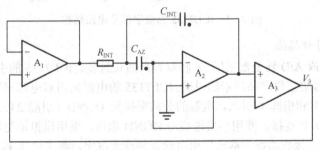

图 8-22 积分器回零阶段等效电路

逻辑控制系统对积分器回零(ZI)阶段做如下处理:在量程范围内正常测量时,ZI 只持续 100~300 个 T_{cp},ZI 结束之后,立即输入自校零(AZ)阶段。AZ 阶段长短不定,与回积阶段(DE 阶段)的长度有关。不过,DE+ZI+AZ=30002×T_{cp},这是不变的。超量程工作时,ZI 自动延长到 6200 个 T_{cp},以此保证积分器复零。由图 8-22 可知,回零过程是积分器对比较器输出电压 $+V_3$ 或 $-V_3$ 的积分过程。延长了 ZI 阶段,就自动缩短了 AZ 阶段。将 AZ 缩短到 3800 个 T_{cp},

这样，ZI+AZ=10001×T_{cp}，使整个转换周期仍然保持 40002 个 T_{cp} 不变。

ICL7135 的数字部分电路结构如图 8-23 所示。就它的逻辑功能来说，与前面所讨论过的双积分式 A/D 转换逻辑控制系统相对照，并没有很大的区别。其中主要的职能包括：判别回积阶段比较器跳变的过零检测；自动极性判别；各模拟开关的定时逻辑控制；锁存信号形成等。为了减少引线数量，ICL7135 采用动态字位扫描 BCD 码输出的方式，也就是说，万、千、百、十、个各字位的 BCD 码轮流地在 B_8、B_4、B_2、B_1 端上出现，并在 $D_5 \sim D_1$ 各端上同步出现字位选通脉冲，这就要求电路中增设一组数字多路选通开关电路，使各对应字位的锁存器输出数据分时选通 B_8、B_4、B_2、B_1 各端，并将五路分配器的输出作为字位同步信号 $D_5 \sim D_1$。每个字位占 200 个时钟周期。所以，数据刷新速率为 $\frac{1}{1000} f_{cp}$=125Hz。另外，ICL7135 还设置了一些起辅助逻辑作用的电路，如过量程与欠量程判别电路、串行字位同步脉冲形成电路、启/停控制电路等，使 A/D 转换器能满足更实用的要求，还可以简化外部电路的设计。

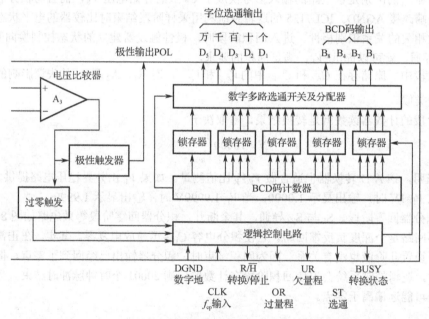

图 8-23 ICL7135 的数字部分电路结构

2）ICL7135 的外部接法

ICL7135 单片集成 A/D 转换器采用 28 脚双列直插式封装。ICL7135 的引脚排列如图 8-24 所示，所用的引出端代号仍按原产品所示的说明。ICL7135 的电源采用双电源+5V、-5V（极限值+6V、-6V），分别由引脚 11 和引脚 1 引入。电源的公共端接至 DGND（引脚 24）。将所有的模拟信号地与 AGND（引脚 3）相连接，并用一根连线与 DGND 相接。采用模拟地与数字地分开，并以一点相通，可避免由于连接线的寄生耦合作用引起误差或者跳字。参考电压 V_R 正端从引脚 2 引入，负端接 AGND。参考电压储存电容 C_R 一般选取 1μF，接在引脚 7、引脚 8 两端。差动输入模拟信号从引脚 9、引脚 10 引入。如果允许模拟信号源的公共端与 A/D 转换器电源公共端相通，那么此端可与 AGND 相接。积分电阻 R_{INT}、积分电容 C_{INT} 及校零电压存储电容 C_{AZ} 的接法应满足图 8-19 的电路组成要求。系统所需要的时钟信号从引脚 22 输入，如果确定采样阶段 T_1=80ms，那么 f_{cp}=125kHz，以满足对 50Hz 工频干扰信号有较大的抑制能力的要求（注意：美国市电频率是 60Hz，为保证 T_1=83.33ms，可选 f_{cp}=120kHz）。

第 8 章 A/D 转换器

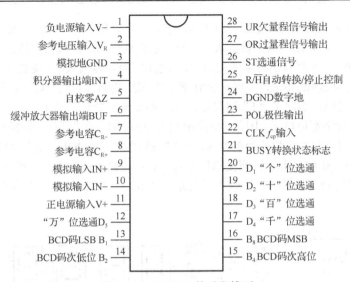

图 8-24 ICL7135 的引脚排列

B_8、B_4、B_2、B_1 是 BCD 码输出端，D_5、D_4、D_3、D_2、D_1 是字位扫描同步信号输出端。字位选通信号与 ST 信号如图 8-25 所示。两者配合起来可以组成多种形式的数据输出电路，以供显示或计算机系统采集数据之用。

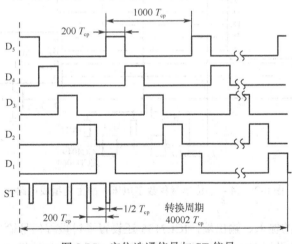

图 8-25 字位选通信号与 ST 信号

数据输出电路的接法可以有多种形式。这里仅以一种 $4\frac{1}{2}$ 字位单量程数字电压表（单板表）电路为例说明它的组成法。$4\frac{1}{2}$ 字位单量程数字电压表的主要组成电路如图 8-26 所示。ICL7135 的 B_8、B_4、B_2、B_1 各端送出的 BCD 码，经过 7447BCD 码/七段码译码器，转换成控制共阳极 LED 数码管发光的信号。这 5 个数字管的各对应笔段（发光二极管的阴极）皆并联相接，也就是说，一组 BCD 码输出，这 5 个数字管都有可能显示对应的数字。但是，究竟显示的是哪个字位，还取决于 $VT_5 \sim VT_1$ 中哪一个开关管导通，形成电流的通路。由于 $VT_5 \sim VT_1$ 受 $D_5 \sim D_1$ 各端控制，所以字位扫描信号就决定了数字管由高位到低位的分时扫描显示。ICL7135 发送数据 B_8、B_4、B_2、B_1 和字位控制是同步的，不会发生错乱，因为扫描的速度很快，在 $f_{cp} = 125\text{kHz}$ 情况下，刷新速率达 125Hz，所以人的视觉上不会感觉到显示的数在闪烁。为了节省数字管数量，"万"字位宜采

用"+|"符号管,这样既可显示极性,又可显示"|"。但是,当"万"位数字对应0时,这种数字管就无法显示"0"了,必须改成不显示数字,只显示极性。因此,每当扫描到"万"字位时,应使74LS47只准0001输入时输出对应的七段码,而遇到0000码输入时,使数字管不发光。74LS47逻辑设计上已考虑到此功能要求,它设有RBI端。当RBI端输入0电平时,它只能输出除0以外的数字所对应的七段码,实现了"1"可显示,"0"不发光的要求;当RBI端输入1电平时,包括"0"在内的任何数字都可显示。因此,电路中利用D5端信号经倒相后再去控制74LS47的RBI端,就可满足上述对"万"字位的控制要求,ICL7135的极性号POL(引脚23)输出:1电平表示被测模拟信号为+,0电平表示被测模拟信号为−。它的输出控制着开关管T_6的通、断,从而使极性号的"|"段发光(显示"+")或者不发光(显示"−",因为"−"段常亮)。

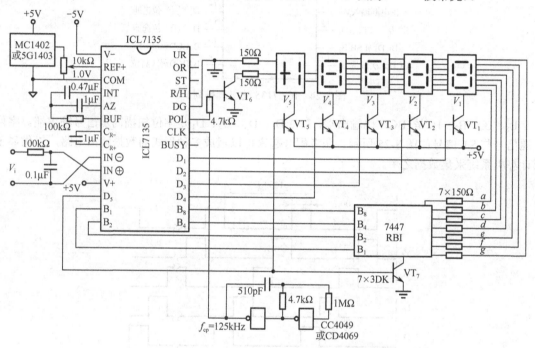

图 8-26 $4\frac{1}{2}$ 字位单量程数字电压表的主要组成电路

除了以上这些主要的输入、输出端,ICL7135还设置了过量程信号输出端 OR(引脚 27)和欠量程信号输出端 UR(引脚 28)。有这两个信号的输出可以更方便地组成自动量程控制电路,使数字电压表的自动化程度更高。当量程合适时,即显示数在 1800 与 20000 之间,OR 端和 UR 端均输出不变化的 0 电平。当输入模拟量超过或者低于合适量程时,即≥20000 或者<1800 时,OR 端或者 UR 端就会出现图 8-27(a)或图 8-27(b)所示的波形。在过量程情况下,还同时发生显示数自动闪光报警的情况。BUSY 端(引脚 21)输出与 INT+DE 两阶段等时宽的正脉冲信号,它不仅表示转换系统正处于工作阶段,而且还可以看作以脉冲宽度表示的转换结果,便于远距离传输。R/$\overline{\text{H}}$端(引脚 25)为自动转换/停顿控制,悬空状态电路自行产生 1 电平,按自动转换方式工作。R/$\overline{\text{H}}$端外接 0 电平时,在本次转换完成后系统即转入停顿状态,显示值保持不变,直至 R/$\overline{\text{H}}$端恢复 1 电平。剩下的一个输出端是 ST(引脚 26),它是字位扫描同步信号的串行脉冲输出端,亦称选通信号。在一次转换周期中,它只包含 5 个负脉冲,位置如图 8-25 所示。此信号主要用于微机系统接口。如果系统中不需使用 OR、UR、BUSY、R/$\overline{\text{H}}$及 ST 信号,那么这些端均可悬空不接。

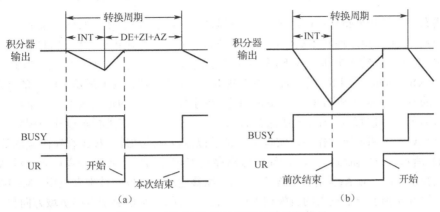

图 8-27 ICL7135 的欠量程与过量程信号

ICL7135 与微机系统的接口也比较方便,图 8-28 所示的电路为较常用的一种接法。这里用 ST 的 5 个负脉冲作为 8031 的中断信号来采集各位 BCD 码数据和 OR、UR、POL 信号。为了节省 I/O 口线的开销,使用 74LS157 四位二选一选通器,进行分时选通控制。使"万"位数及 OR、UR、POL 信号与其他数位的 BCD 码共用 P1.3~P1.0 这 4 条口线,5 次中断采集各位数据后,得到 1 次测量结果。ICL7135 也可以通过其他并行接口芯片(如 8155、8255 等)与微机系统沟通,这里就不一一列举了。

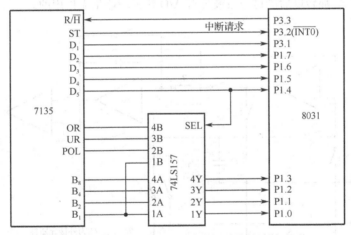

图 8-28 ICL7135 与 8031 单片机系统的连接电路

2. MC14433 型双积分式 A/D 转换器

MC14433 是另一种常用的 CMOS 单片集成双积分式 A/D 转换器。它的输入电压范围为 ±1.999V 或 ±199.9mV,转换结果以 $3\frac{1}{2}$ 字位 BCD 码扫描输出。要求正的单参考电压(与量程相对应 2V 或 200mV)。转换精度为 ±0.05% ±1 字、最高转换速率为 25 次/s。双电源供电,电压范围为 ±(4.5~8.0)V。在 ±5V 供电下功耗仅为 8.0mW。它是一种性价比较高的 A/D 转换器,较适用于低速数据采集系统或智能仪器。

MC14433 模拟部分电路原理图如图 8-29 所示。在时序逻辑电路控制下,10 余个模拟开关协调工作,构成了 6 个阶段轮流工作的工作方式。如果使用示波器,那么在(6)端上可观察到如图 8-30 所示的电压波形。这 6 个阶段的作用分别对应:1—模拟校零;2—数字校零(检测与存储比较器失调电压对应的数字);3—模拟校零;4—对输入信号采样积分;5—数字校零(补偿比较器失调电压);6—对参考电压回积。图 8-29 中各模拟开关 $S_{x\text{-}y}$ 的下标 x 是表示在 x 阶段中,此开关处于导通状态，其他开关断开；y 是序号。采样阶段和回积阶段的作用原理与本节一开始所讨论过的双积分式 A/D 转换原理基本类似。由于是单极性的参考电压供电，MC14433 内部依靠模拟开关的控制，对应不同输入电压极性下，将积分器的输入电路接成两种不同的输入方式，如图 8-31（a）和 8-31（b）所示。回积阶段只有一种等效电路，如图 8-31（b）所示，唯一的区别是将 V_R 代替采样时的 $-V_i$。图 8-31 和图 8-17 也基本相同，区别仅仅是 A_1 的输入端串入一个自校零记忆电容 C_0，它在模拟校零阶段（1 和 3）所储存的电压 $V_z=V_{os1}-V_{os2}$，在采样阶段和回积阶段中均起到了补偿 A_1 和 A_2 的失调电压的作用，实现了所谓模拟自校零的功能，模拟校零阶段的等效电路如图 8-32（a）所示。在此阶段中，C_0 两端电压储存到 $V_z=V_{os1}-V_{os2}$，模拟校零在此仅对 A_1 和 A_2 失调或漂移起补偿作用，对 A_3 无作用；A_3 的失调与漂移通过数字校零技术来克服。MC14433 对 A_3 的设计中，故意安排了一个较大的负失调电压 V_{os3}。（实际上是把鉴别点向负域方向移动一下）。在数字校零阶段上，电路要换成图 8-32（b）所示的电路（实际上与回积阶段电路一样）。在积分器 A_2 的输出电压由 0V 积分到 $-V_{os3}$ 期间，计数器计数（<800cp），并将代表 V_{os3} 大小的此数存储起来。在数字校零的第 5 阶段中，计数器从代表 $-V_{os3}$ 的初值（V_{os3} 的补码）开始进行计数。计数器计到 0 时，是真正的回积阶段 6 的开始，从 0 开始的计数是回积阶段的计数。当 A_3 发生状态翻转（对应积分器输出为 $-V_{os3}$）时，计数器停止计数，所累计的数即 A/D 转换的结果。MC14433 设计成回积阶段定长时间（4000cp）。因此，积分器的输出电压波形还可能出现一段延伸到负域的直线。其实，对应 A_3 翻转以后的这一段波形对 A/D 转换功能是无作用的。

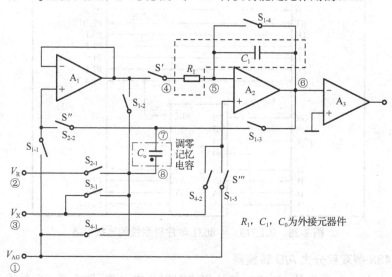

图 8-29 MC14433 模拟部分电路原理图

MC14433 的主要外接元器件及参数选择如下。

（1）参考电压 V_R 应根据输入电压范围来选择，可用如下公式计算。

$$V_R = V_i \frac{2000}{N_2} \tag{8-11}$$

式中，N_2 为输出 BCD 码数据（显示数）。例如，若输入电压为 1.999V，要求显示 "1999"，则 $V_R=2V$；若输入电压为 199.9mV，显示值对应 "199.9"，则 $V_R=200mV$。

（2）时钟频率 f_{ck} 和 R_{ck} 的确定。为抑制 50Hz 工频干扰，时钟频率宜选用（由式（8-8）得出）

$$f_{ck} = \frac{200}{m} (\text{kHz}) \tag{8-12}$$

式中，m 为 1，2，3，…。

第 8 章　A/D 转换器

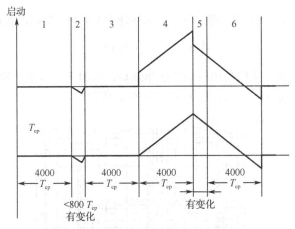

图 8-30　MC14433 的 6 个工作阶段波形

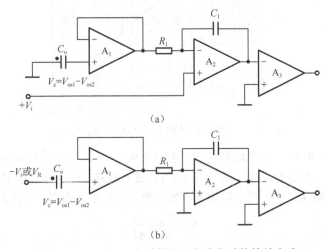

图 8-31　MC14433 在采样与回积阶段时的等效电路

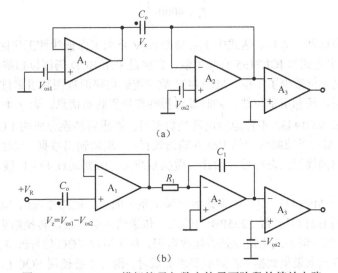

图 8-32　MC14433 模拟校零与数字校零两阶段的等效电路

通常在选择时钟频率时，还同时考虑数据的刷新速率的要求。数据刷新速率 DUR 由下式决定，

$$\text{DUR} = \frac{f_{ck}}{16400}(\text{次}/s) \tag{8-13}$$

在选定 f_{ck} 之后，一般可采用先由查表方法粗选后，再用实测方法来确定 R_{ck}（振荡器的定时电阻）。典型的时钟频率 f_{ck} 与电阻 R_{ck} 的关系如图 8-33 所示。

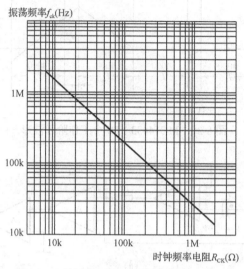

图 8-33　典型的时钟频率 f_{ck} 与电阻 R_{ck} 的关系

（3）积分电容 C_1 和积分电阻 R_1 的选定。积分电容 C_1 通常可选定为 $0.1\mu F$。如果采样阶段时间超过 100ms，可适当增加 C_1 容量，如取用 $0.22\mu F$ 或 $0.47\mu F$，那么在选定 C_1 之后，R_1 应根据积分放大器在最大输入电压之下，采样阶段末不发生饱和为原则来选定，具体的计算公式为

$$R_1 = \frac{V_{i\max}}{C_1}\frac{T_1}{\Delta V} \tag{8-14}$$

$$\Delta V = V_{DD} - V_{i\max} - 0.5V \tag{8-15}$$

$$T_1 = 4000\frac{1}{f_{ck}}$$

式中，T_1 是采样阶段时间；ΔV 表达式中 V_{DD} 减去 $0.5V$ 是为了保证线性工作区的安全条件。

MC14433 的输出方式与 ICL7135 有些类似，它也是采用 BCD 码逐位扫描输出，并同时输出字位同步信号，只是字位数少了 1 位。MC14433 数字逻辑电路原理图和引脚排列如图 8-34 所示。在输出"千"位数时，还利用空位线，同时发出极性和量程状态信息。表 8-4 所示为"千"字位输出真值表。当要求 MC14433 不停地输出转换数据时，要求将转换完成的 EOC 输出信号 ⌐⌂ 返回给 DU 端，让 DU 端信号控制转换结果送入输出锁存器，刷新输出数据。要注意的是，MC14433 的输出数据线和位扫描线无三态特性，因此与微机系统接口时要通过 I/O 口线，不能直接连接到数据总线上去。

图 8-35 所示为用 MC14433 组成的多路数据采集系统的接口电路原理图。MC14433 的输出（包括 BCD 码数据和位扫描信号）经 8255PB 口输入，传送给微机系统，转换结束信号 EOC 可以发送给 8255 的 PC.0，以查询方式来决定是否接收数据，也可以将 EOC 信号改变为中断请求信号送至中断入口以中断方式来采集数据。若同步要求更低时，则可不必使用 EOC 信号，只要顺序读取 PB.4、PB.5、PB.6、PB.7 的高电平来获取相应字位的数码或信息即可。

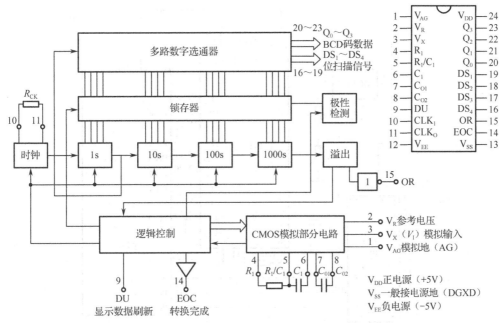

图 8-34 MC14433 数字逻辑电路原理图和引脚排列

表 8-4 "千"字位输出真值表

千字位代码				状态含义
Q_3	Q_2	Q_1	Q_0	
0	×	×	×	"千"位数 1
1	×	×	×	"千"位数 0
×	1	×	×	正极性
×	0	×	×	负极性
×	×	×	0	量程合适
0	×	×	1	量程不合适，溢出
1	×	×	1	量程不合适，欠量程（<180）

图 8-35 所示的系统可实现 8 个通道的模拟量采集，8255 的 PC.5、PC.6、PC.7 送出通道码，控制 CD4051 多路模拟开关选通某一通道。

MC14433 的位扫描信号 DS_1（最高字位）、DS_2、DS_3、DS_4（最低字位）是逐位顺次地发出的，扫描重复周期为 $80T_{ck}$。每位信号高电平持续时间为 $18T_{ck}$。字位选通信号的时序波形图如图 8-36 所示。

"千"字位数与极性符号控制电路如图 8-37 所示。用 MC14433 组成目视仪表时，最高字位的信息可进行如下处理，以 Q_3 控制"|"笔段，当 $DS_1=1$ 时，VT_3 管导通。若 Q_3 为 0，则点亮 a 和 b 段，显示"1"。Q_3 为 1 时，使 VT_2 关断，则 a 和 b 段灭，显示"0"。类似的解释，用 Q_2 控制"−"（负号）的亮或灭（暗是正号）。至于"百""十""个"位数的显示电路，与 ICL7135 组成的电路类似，需要采用 BCD 码/七段码转换器 MC14511 或 7447 及字位控制开关组成，此处不再重复。

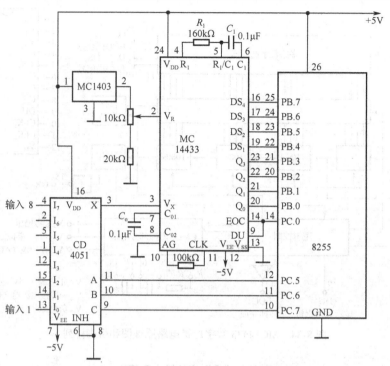

图 8-35 用 MC14433 组成的多路数据采集系统的接口电路原理图

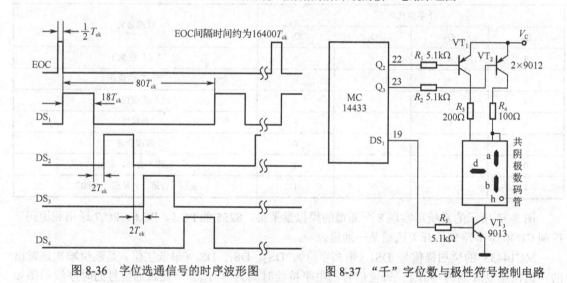

图 8-36 字位选通信号的时序波形图　　　图 8-37 "千"字位数与极性符号控制电路

8.4 电压/频率转换式 A/D 转换器

电压/频率转换式（简称 V/f 式）A/D 转换技术是一种间接 A/D 转换技术。它首先把被测模拟电压转换成振荡频率，即 V/f 转换，然后再以测频方法将频率转换成二进制码或 BCD 码数字输出。由于 V/f 转换过程也是一个不断地进行积分的过程，所以，它也像双积分式 A/D 转换那样具有低通滤波抑制串模干扰的能力。

V/f 式 A/D 转换的一个突出优点是它可以输出与被测模拟信号成正比的频率信号（通常是方波脉冲），便于远距离传输。它也可以调制在射频信号上，进行无线传播，实现遥测。它还可以调制成光脉冲，可用光纤传输数据，不受电磁干扰影响。

从理论上讲，这种 A/D 转换器的分辨率可以无限增加，只要采样时间长到满足输出频率分辨率要求的累积脉冲个数的宽度即可。其优点是精度高、价格较低、功耗较低；其缺点与双积分式 A/D 转换器类似，转换速率受到限制，转换位数为 12 时，转换速率为 100～300sps。电荷平衡式 V/f 转换器实质上就是电压/频率变换电路+计数器。

V/f 转换的方案和线路有多种，这里只对集成化 A/D 转换领域中常见的方案进行讨论。

8.4.1 电荷平衡式 V/f 转换工作原理

典型的电荷平衡式 V/f 转换器的电路结构图如图 8-38 所示。运算放大器 A_1 和 RC 组成一个积分器，始终对输入电压 V_i 进行积分，使 C 受到恒流充电。A_2 为零电压比较器。单稳态定时器是一种定时准确的单稳态触发器，每次触发可产生一个准确的宽度为 t_0 的方波脉冲。若用通用集成电路组成 V/f 转换器时，则单稳态定时器一般宜用 NE555（或 5G555）之类的集成定时电路组成。I_R 恒流源与模拟开关 S 提供积分器的反向充电回路。每当单稳态定时器受触发而产生一个 t_0 脉冲时，模拟开关 S 接通积分器的反向充电回路，使积分电容 C 反向充入一定量的电荷 Q_C，$Q_C = I_R \cdot t_0$。

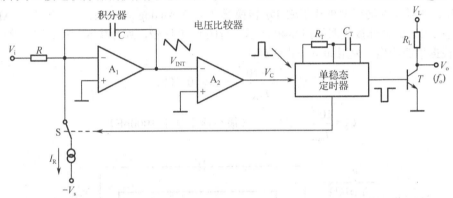

图 8-38　典型的电荷平衡式 V/f 转换器的电路结构图

该电路是一个自激多谐振荡器，它的振荡频率受输入直流电压 V_i 控制。其工作原理如下：当积分器的输出电压 V_{INT} 下降到 0V 时，零电压比较器就发生跳变，触发单稳态定时器。受触发的单稳态定时器产生一个 t_0 宽度的脉冲，使 S 导通 t_0 时间。由于设计上选取了 $I_R > V_{imax}/R$，因此在 t_0 期间积分器一定以反向充电为主，使 V_{INT} 线性上升到某一正电压。T_0 结束后，由于只有正的输入电压 V_i 的作用，使积分器负积（充电），输出电压 V_{INT} 沿斜线下降。当 V_{INT} 下降到 0V 时，比较器再次翻转，又使单稳态定时器产生一个 t_0 脉冲，于是又反充电……如此反复进行，振荡不息。因此，在积分器输出端和单稳态定时器输出端产生了图 8-39 所示的波形。

根据反充电电荷与充电电荷量相等的电荷平衡原理，可得

$$I_R t_0 = \frac{V_i}{R} T \tag{8-16}$$

式中，T 是振荡周期。

因此，输出振荡频率为

$$f = \frac{1}{T} = \frac{1}{I_R t_0 R} V_i \tag{8-17}$$

即输出频率 f 与输入模拟电压 V_i 成正比。显然，要精确地实现 V/f 转换，就要求 I_R、R 及 t_0 必须准确而且稳定。一般选积分电阻 R 或者 I_R 作为调整刻度系数的环节，以满足 V/f 的标准传递关系。

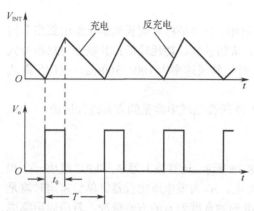

图 8-39 积分与单稳态定时器输出波形图

图 8-38 所示的电路是一种自由振荡器,不仅振荡频率随 V_i 的变化而变化,而且积分器输出锯齿波的幅值大小和形状也跟着变化,表现出振荡波形变化的多样性。积分器输出电压幅值可用下式计算:

$$V_{\text{INT}} = \frac{1}{C}\int_0^{t_0}\left(I_R - \frac{V_i}{R}\right)dt = \frac{I_R - V_i/R}{C}t_0 \quad (8\text{-}18)$$

当输入电压 $V_i \approx 0$ 时,积分器输出电压是最大值,即

$$V_{\text{INTmax}} = \frac{I_R t_0}{C} \quad (8\text{-}19)$$

根据积分放大器的线性范围确定 V_{INTmax},并可利用式(8-19)计算电容 C 的大小。

8.4.2 集成化 V/f 转换器

ADVFC32 是一种通用型单片集成 V/f 转换器(美国 Analog Devices 公司产品)。ADVFC32 作为 V/f 转换器时的外部接线图如图 8-40 所示。与图 8-38 比较,两者基本一致。该电路的元器件参数选择根据手册给出,使用如下公式估算:

$$C_1 = \frac{3.3\times 10^{-5}}{f_{\max}} - 3.0\times 10^{-11}(\text{F})$$

$$C_2 = \frac{10^{-4}}{f_{\max}}\ (\text{F}) \quad (\text{最小值不低于 1000pF})$$

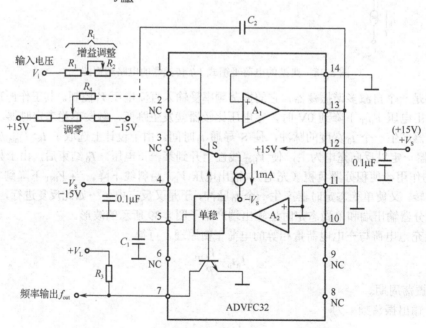

图 8-40 ADVFC32 作 V/f 转换器时的外部接线图

输出最高频率所对应的输入电流为 0.25mA,所以,

$$R_i = \frac{V_{i\max}}{0.25}(\text{k}\Omega)$$

$$R_3 \geq \frac{V_L}{8}(\text{k}\Omega)$$

以保证输出级吸入电流不大于 8mA。以上各式中，f_{max} 是满量程输入 V_{imax} 时的输出频率。R_i 由固定电阻和可变电阻组成，以便调整转换增益。

对于 ADVFC32 的非线性误差 δ，在满量程频率输出为 10Hz 时，$\delta \leq \pm 0.01\%$；在满量程频率输出为 100kHz 时，$\delta \leq \pm 0.05\%$；在满量程频率输出为 500kHz 时，$\delta \leq \pm 0.2\%$。

为了保证 V/f 转换器的长期稳定性和温度稳定性，要求选用高质量的电容和电阻作为 C_1 和 R_1。

另一种性价比较高的集成 V/f 转换器是 LM131/231/331（美国 National Semiconductor 公司产品）。它的线性度指标可以达到 0.01%，有较高的温度稳定性，且可以在较低的单电源（可至+5V）供电下工作。

LM131/231/331 的内部电路结构与外部电路典型接法如图 8-41 所示。如果对它做进一步简化，那么可变成图 8-42（a）所示的电路。每当单稳态定时器触发产生一个等宽度脉冲 t_0 时，S 导通，使电容 C_L 充电。t_0 结束后，S 断开，C_L 对 R_L 放电，直至 R_L 上的电压 V_x 等于 V_i 时，再次触发单稳态定时器……如此反复循环，构成了自激振荡。内部电路从引脚 1 流出的电流 I_R 虽是恒定的，但 C_L 充电电流却随着 V_i 的增加而减小。若在某一段时间内计算其充电电荷平均值 $\overline{Q}$，则

$$\overline{Q} = \left(I_R - \frac{\overline{V_x}}{R_L}\right)t_0 f_{out} \tag{8-20}$$

而放电电荷平均值 $\overline{Q}'$ 为

$$\overline{Q}' = \frac{\overline{V_x}}{R_L}(T - t_0) f_{out} \tag{8-21}$$

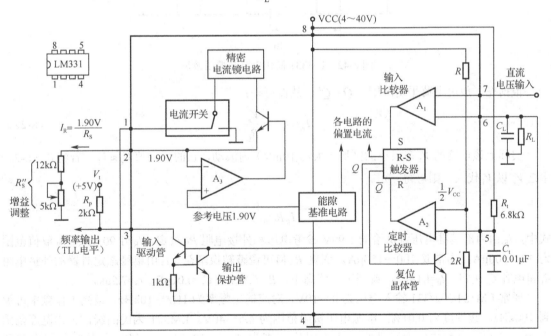

图 8-41　LM131/231/331 的内部电路结构与外部电路典型接法

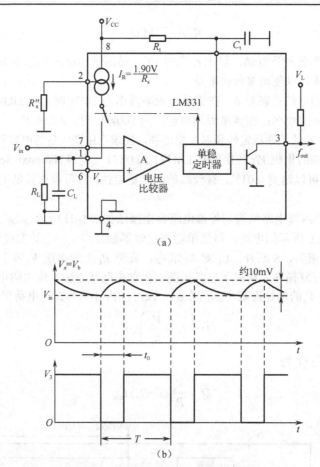

图8-42 LM331简化电路与振荡波形

根据充、放电电荷平衡准则，$\overline{Q}=\overline{Q}'$，从而可得：

$$I_R t_0 f_{out} = \frac{\overline{V_x}}{R_L} \tag{8-22}$$

实际上该电路的 V_x 在很小的区域（大约10mV）内波动，它的平均值 $\overline{V_x} \approx V_i$，若将式（8-22）中之 $\overline{V_x}$ 以 V_i 代入，则可得

$$f_{out} = \frac{1}{I_R R_L t_0} V_i \tag{8-23}$$

式中，I_R 由内部基准电压源供给的 1.90V 参考电压和外接电阻 R_S 决定，$I_R=1.90V/R_S$。I_R 取值范围为 10~500μA，通常取 100~150μA。变更 R_S 值可调整转换增益。t_0 由单稳态定时器的外接电阻 R_t 和电容 C_t 决定，$t_0=1.1R_tC_t$，典型工作状态下，$R_t=6.8kΩ$，$C_t=0.01μF$，$t_0=7.5μs$。

通常 LM131/231/331 输入电压为 0~10V，对应输出频率为 1Hz~10kHz，最高工作频率可调到 100kHz，线性度为 0.01%。电源电压极限范围为 4.5~40V。LM331 为民品级，工作温度范围为 0~+70℃，LM131 为军品级，工作温度范围为-55~+125℃。A 级品全温度范围内漂移 <±50ppm/℃。

上述两种 V/f 转换器还可作为 f/V 转换器使用。

ADVFC32 用作 f/V 转换器时的外部接线图如图 8-43 所示。

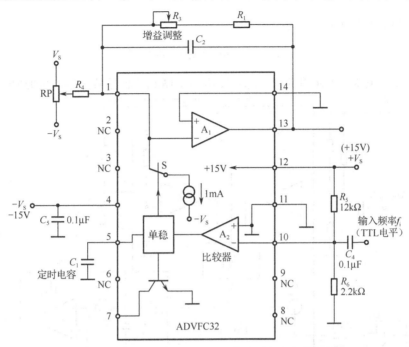

图 8-43　ADVFC32 用作 f/V 转换器时的外部接线图

脉冲信号在 TTL 电平的输入频率信号作用下,经电平比较器 A_2 和单稳态触发器,变成了频率与输入频率 f_i 相同、宽度 t_0 一定(取决于定时电容 C_1)的脉冲信号。此信号控制开关 S 的通断。

A_1 和外部电路组成了一个低通滤波器。f/V 转换工作原理如图 8-44 所示。在开关 S 导通(单稳态触发产生的定宽 t_0 脉冲)期间,1mA 电流对 C_2 充电。在开关 S 断开期间,C_2 对 $R_3—R_1$ 缓慢放电,相当于保持状态。显然,输出电压 V_o 的平均值与开关 S 导通的频度相关,开关 S 导通频次越密集,输出电压 V_o 越大,且开关 S 导通的频率与输出电压 V_o 有线性关系。因此,输出电压平均值与输入频率 f_i 成正比,实现了 f/V 的转换。

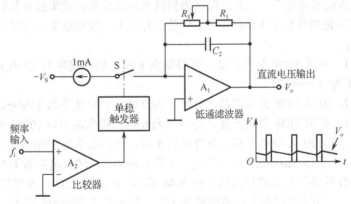

图 8-44　f/V 转换工作原理

LM331 也可用作 f/V 转换器。LM331 用作 f/V 转换器时的外部接线图如图 8-45 所示。外来的输入频率每次触发 R-S 触发器,都会造成电流开关 S 一次导通。导通时间是定长的,且取决于 R_t 和 C_t。开关 S 导通时,从引脚 1 输出恒定电流 I_R。运算放大器 A 与有关阻容元器件组成一个二阶有源低通滤波器,对 I_R 进行积分平均滤波,使输出电压 V_o 与 I_R 平均值成正比,因此,同样实现了 f/V 转换。改变 R_S 阻值,可调整 I_R 的大小,从而可调节 f/V 转换系数。据该公司的手册介绍,其输出电压与频率关系取决于下式：

$$V_o = -f_i \times 2.09 \times \frac{R_F}{R_s} \times R_t C_t (\text{V})$$

式中，2.09 是参考电压值 1.90 和定时单稳触发器 $t_0 = 1.1 R_t C_t$ 中的系数 1.1 相乘的结果。

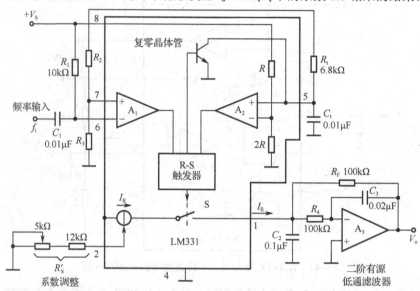

图 8-45　LM331 用作 f/V 转换器时的外部接线图

8.5　并行式 A/D 转换器

并行式 A/D 转换或称瞬时比较-编码式 A/D 转换，是一种转换速率最高，转换原理最直观的 A/D 转换技术。由于组成即使只具有中等分辨率的这种 A/D 转换器，也需要使用大量的低漂移电压比较器，并行式 A/D 转换器曾在实践上遇到了难以克服的困难，所以一段时间内没有得到实际应用。随着集成电路技术的进步，尤其是数字通信技术和高速数据采集技术发展的迫切要求，并行式 A/D 转换技术又重新受到了人们的重视。目前已有许多厂家相继生产出单片集成化的并行式 A/D 转换器，例如：

（1）TDC1007J，美国 TRW 公司产品，分辨率为 8 位，转换速率为 20Msps（每秒采样兆次数），使用温度范围为 -30～+125℃。

（2）TDC1019J，美国 TRW 公司产品，分辨率为 9 位，转换速率为 15Msps。

（3）TDC1029J，美国 TRW 公司产品，分辨率为 6 位，转换速率为 100Msps。

（4）CA3308，美国 RCA 公司产品，分辨率为 8 位，转换速率为 15Msps，CMOS 单片集成。

（5）MC10315L，美国 Motorola 公司产品，分辨率为 7 位，转换速率为 15Msps，ECL 电路。

n 位并行式 A/D 转换器的电路原理图如图 8-46 所示。n 位的 A/D 转换器需要用 $2^n + 1$ 个电阻串联组成分压器，上、下两端的两个电阻阻值为 $R/2$，其余 $2^n - 1$ 个电阻阻值均等于 R。分压器上加参考电压 V_R。显然，除了上、下两端的两个电阻，其余各电阻上电压降均为 $V_R/2^n$。也就是说，此分压器把参考电压 V_R 分成了 2^n 个分层的量化电压。上、下两端的两个电阻分得半层的量化电压，对应 1/2LSB。这样的配置可实现 1/2LSB 偏置，使量化误差变成为 ±1/2LSB。举例来说，对 8 位的 A/D 转换器，分压器把 V_R 分成了 256 个相等的电压层，其中有一层分成两半，并分布在上、下两端。分压器上除两端之外的各分段点输出电压（自 q 至 b）分别为：$\frac{1}{2} V_R/256$，$\frac{3}{2} V_R/256$，

$\frac{5}{2}V_R/256$, $\cdots$, $\frac{511}{2}V_R/256$。这 256 个量化的参考电压被同时送到 256 个（2^n 个）电压比较器（$C_1 \sim C_{2^n}$），与输入模拟电压 V_i 进行比较，于是立即可得出 V_i 处于哪一个电压分段。例如，假设 V_i 处于 bc 段电压分层之内，即 $V_b > V_i > V_c$，则 2 号比较器及所有更大序号的比较器输出均为 1，1 号比较器及它上面的各比较器输出均为 0，根据此种状态特征，可用一个专门的编码电路把它转换成并行二进制码。在图 8-46 中，采用了段鉴别"与"门来识别 V_i 属于哪一段的电压分层。仍以上例来说，若 V_i 处于 bc 段的电压分层内，则各比较器的输出经相应"与"门的"与"逻辑后，只有 G_2 输出为 1，其余均为 0。经过这种逻辑处理后的段信号，必定只有一个对应的"与"门的输出端为 1，因此可用一般的 2^n 线/n 线编码器逻辑电路实现编码逻辑功能，把段信号转换成二进制码输出。图 8-46 中位于最上面的 0 号比较器是用来鉴别过量程用的，当输入 $V_i > V_R$ 时，0 号比较器发出 1 信号，表示过量程。

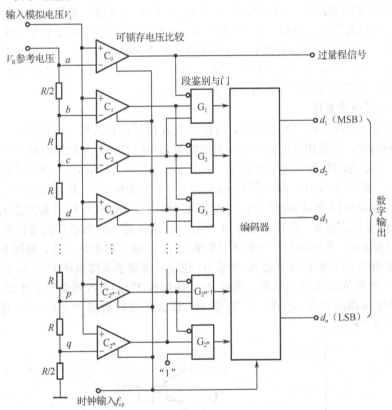

图 8-46　n 位并行式 A/D 转换器的电路原理图

从理论上说，上述转换过程只要一个时钟周期就可得出输出数据，但实际上却往往安排两个时钟周期完成一次转换。第一个时钟周期用来采样，把输入信号寄存在可锁存电压比较器中，第二个时钟周期对比较结果进行编码逻辑，输出数据。

并行式 A/D 转换的工作原理虽然很直观，但实践起来却并不容易，电路的复杂性和功耗随着分辨率的提高将急剧增加。从目前所能得到的产品目录中反映出。这种 A/D 转换器分辨率的最高水平往往是 8~9 位。产品有双极型 ECL 电路和 CMOS 电路两类。高速 A/D 转换器常用作瞬态信号分析、快速波形存储与记录、高速数据采集、视频信号量化，以及其他高速数字通信技术等。

8.6 Σ-Δ 型 A/D 转换器

8.6.1 Σ-Δ 型 A/D 转换原理

Σ-Δ 型 A/D 转换器由 Σ-Δ 调制器（又称总和增量调制器）和数字抽取滤波器组成。Σ-Δ 型 A/D 转换器总体框图如图 8-47 所示。

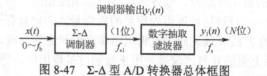

图 8-47 Σ-Δ 型 A/D 转换器总体框图

设输入带宽有限的模拟信号 $x(t)$ 的最高频率为 f_b，Σ-Δ 调制器以非常高的采集频率 f_{s1} 对 $x(t)$ 进行采样，f_{s1} 比通常的奈奎斯特频率 f_s ($f_s=2f_b$) 高许多倍，常取 $f_{s1}=256f_s$。Σ-Δ 调整器的输出 $y_1(n)$ 为 1 位数字信号，这种高采样频率的 1 位数字信号经过数字抽取滤波器进行抽取和滤波，转换成采样频率等于奈奎斯特采样率的高分辨率（如 $N=20$ 位）数字信号，从而实现高分辨率 A/D 转换结果。下面将详细说明 Σ-Δ 调制器和数字抽取滤波的原理。

1. Σ-Δ 调制器量化原理

Σ-Δ 调制器是一种改进的增量调制器，与传统的 A/D 转换器的量化过程不同，其量化对象不是信号采样点的幅值，而是相邻的两个采样点的幅值之间的差值，并把值编码为 1 位的数字信号输出。图 8-48 所示为增量调制器量化原理。图中 $x(t)$ 代表输入模拟信号，时间轴按采样间隔 Δt 分成相等的小段，每一个 Δt 中，阶梯信号 $x_1(t)$ 增加 Δ 或者减小 Δ。只要 Δt 足够小，或者 $x(t)$ 不过快，阶梯信号 $x_1(t)$ 就可以跟踪 $x(t)$ 的变化，或者说阶梯信号 $x_1(t)$ 就可以用来代替 $x(t)$。因为 $x_1(t)$ 在 Δt 间隔内幅值变化总是 Δ，此变化量称为"增量"，也就是 A/D 转换器的量化单位。由此可将 $x_1(t)$ 用 1 位编码来表示。当 $x_1(t)$ 上升一个 Δ 时编码为 1，下降 Δ 时编码为零，如图 8-48（d）所示。为了能用 $x_1(t)$ 来近似 $x(t)$，前提条件是 Δt 非常小，也就是说要求采样频率非常高。以图 8-48 为例，如果要想得到一个 N 位的 A/D 转换器，那么 $\Delta=$（满量程/2^N），一次转换要采样 2^N 次，采样时间间隔 Δt，如果采样期间共有 M 个 1，Z 个 0，那么量化的数值为（$M-Z$），对应的信号值 $=(M-Z)\Delta=(M-Z)\times$满量程/2^N。

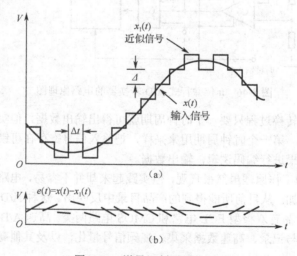

图 8-48 增量调制器量化原理

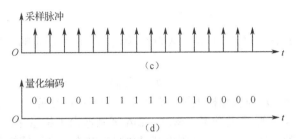

图 8-48 增量调制器量化原理（续）

图 8-49 所示为增量调制器的原理图。图中 $x_1(t)$ 信号经 1 位 D/A 转换而获得，Δ 的上升或下降由差值信号 $e(t)$ 大于或小于零来决定，$e(t)$ 由 $x(t)$ 与 $x_1(t)$ 经比较器得出，并由量化编码器在采样频率 f_{S1} 控制下进行量化编码。

通常图 8-49 中的 1 位 D/A 转换器可用积分器来完成，同时为了改进增量调制器的高频性能，先将输入信号 $x(t)$ 进行积分后再进行增量调制，从而得到图 8-50 所示的 Σ-Δ 调制器的原理图。

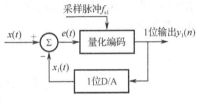

图 8-49 增量调制器的原理图

由图 8-50 可以求出输出 1 位数字信号 $y_1(n)$ 与输入模拟信号的关系，

$$e(t) = \int x(t)dt - x_1(t) = \int x(t)dt - \int y_1(n)dt = \int [x(t) - y_1(n)]dt \tag{8-24}$$

故有

$$y_1(n) = x(t) - de(t)/dt \tag{8-25}$$

式（8-25）表明，除 $de(t)/dt$ 项外，$y_1(n)$ 代表原始模拟信号，$de(t)/dt$ 实际上代表量化的噪声，因此将 $y_1(n)$ 经低通滤波器后即可恢复 $x(t)$。由式（8-24）还可看出图 8-50（a）中的两个积分器实际上可合并为一个，由此可得到图 8-50（b）的简化电路。目前，大多数实际使用的 Σ-Δ 调制器均采用该电路。

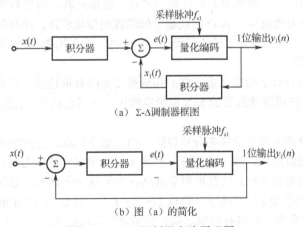

(a) Σ-Δ 调制器框图

(b) 图（a）的简化

图 8-50 Σ-Δ 调制器电路原理图

在使用 Σ-Δ 型 A/D 转换器采集信号时，同样要满足采样定理，也就是 A/D 转换器对信号的转换处理频率要大于信号最高频率的两倍。而 Σ-Δ 型 A/D 转换器又在每一次转换时间内进行了高速采样和 Σ-Δ 调制，并把转换结果作为一次 A/D 转换的结果。在一次 A/D 转换过程中进行的高速采样就是所谓的"过采样"。

2. 量化噪声

普通幅值 A/D 转换器的量化噪声是由 A/D 转换器的位数来决定的，其量化噪声功率谱密度 N_1 为白噪声。

$$N_1 = q^2/(12f_{s1}) \tag{8-26}$$

式中，$q=E/2^n$ 为量化电平；E 为满量程电平；f_{s1} 为采样频率；n 为编码位数。显然，当 n 较小时，可以通过增加 f_{s1} 来减小量化噪声的功率谱密度。Σ-Δ 调制器为 1 位量化，$n=1$，但 f_{s1} 很大（常用值在奈奎斯特采样频率的 256 倍以上），因而其量化噪声功率谱密度同样很小。更重要的是 Σ-Δ 调制器对于均匀分布的量化噪声功率谱密度具有形成滤波的作用，从而大大减少了低频率内的量化噪声。图 8-50（b）的电路图可以等效为图 8-51 所示的 Σ-Δ 调制器频域模型。下面从频域角度进行详细分析。

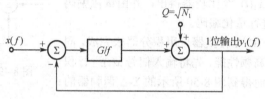

图 8-51 Σ-Δ 调制器频域模型

为了方便分析，设积分器为理想积分器，传递函数为 G/f，其中 G 为积分器的增益，并设 $x(f)$、$y_1(f)$ 分别为 $x(t)$、$y_1(n)$ 的频谱，则有

$$y_1(f) = [x(f) - y_1(f)]G/f + Q \tag{8-27}$$

$Q = \sqrt{N_1}$ 为量化噪声谱平均电平，由此可得

$$y_1(f) = x(f)G/(f+G) + Qf/(f+G) \tag{8-28}$$

式（8-28）的第一部分代表有用信号，第二部分代表量化噪声。显然，当 $f=0$ 时，$y_1(f)=x(f)$，即无噪声信号，随着频率提高，有用信号减小，而噪声增大；当 $f\to\infty$ 时，有用信号趋于零，完全变为噪声。上述分析表明：Σ-Δ 调制器对量化噪声进行了成形滤波，对信号表现为低通滤波，对噪声表现为高通滤波，极大地减少了 A/D 转换器中低频段的量化噪声，而高频段的噪声可通过随后的数字低通滤波器去掉，从而提高了量化信噪比。Σ-Δ 调制器噪声成形滤波图如图 8-52 所示。

3. 数字抽取滤波器

数字抽取滤波器具有数字抽取（重采样）和低通滤波的双重功能，它有如下 3 个作用。

（1）低通滤波经噪声成形滤波后的 Σ-Δ 调制器输出噪声减至最小，其作用在图 8-52 中已示意表明。

（2）滤除奈奎斯特频率以上的频率分量以防止由于数字抽取产生的混叠失真。

（3）进行抽取和滤波运算，减少数据率，并将 1 位数字信号转换为高位数字信号。

由于 Σ-Δ 调制器的输出 $y_1(n)$ 的数据率非常高，为了减少数据率，必须进行二次采样，将一次采样的频率 f_{s1} 降低到奈奎斯特频率 f_s。降低 $M=f_{s1}/f_s$ 倍，即进行 $M:1$ 的整数倍抽取。根据采样定理，为了防止混叠失真，在进行抽取之前，必须进行低通滤波，将 $f_s/2$ 以上的频率分量滤除。

混叠失真是关于 1/2 采样频率对称的。Σ-Δ 型 A/D 转换器具有两次采样，对于第一次采样，由于 $f_{s1} \gg f_b$，因此，允许 $f_{s1} \sim f_b$ 之间的频率分量存在，而不会因混叠失真影响 $0 \sim f_b$ 的有用频带。二次采样与混叠失真如图 8-53 所示。因此，几乎所有采用 Σ-Δ 型 A/D 转换器的前端都不需要采用抗混叠低通滤波器，但对于第二次采样，由于 $f_s/2$ 已接近（或等于）f_b，所以，必须进行抗混叠低通滤波。

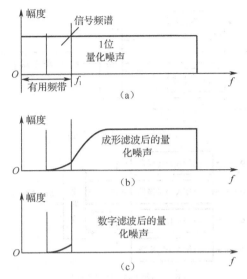

图 8-52 Σ-Δ 调制器噪声成形滤波图

图 8-53 二次采样与混叠失真

滤波器的第三个作用是减小数据率的抽取与提高分辨率的滤波,这两项工作是同时完成的。为了保证输入信号的波形不失真,要求滤波器具有很好的线性相位特性;同时为了保证 A/D 转换器的精度要求,滤波器还必须具有较好的幅度特性。因此,Σ-Δ 型 A/D 转换器中的低通滤波器,一般采用具有线性相位特性的有限冲击响应(FIR)数字滤波器。设滤波器的单位脉冲响应为 $h(n)$,$n=0,\cdots,(N-1)$,抽取滤波过程实际上是进行下述运算,

$$y(n) = \sum_{k=0}^{N-1} y_1(nM-k)h(n) \tag{8-29}$$

式中,N 为滤波器的阶数;M 为抽取比($M=f_{s1}/f_s$)。

由于 $y_1(n)$ 的取值实际仅为 0 或 1,因此,式(8-29)实际上为累加运算。

由式(8-29)可见,经过滤波运算,A/D 输出 $y(n)$ 就变成了高位低抽样率的数字信号,从而实现了高分辨率的 A/D 转换,转换的位数实际上由数字滤波器系数的有限字长来保证。上述滤波过程可采用专用的数字集成芯片或数字信号处理器(DSP)芯片来完成。

4. Σ-Δ 型 A/D 转换器的使用

图 8-54 表明了传统的 A/D 转换器与 Σ-Δ 型 A/D 转换器在使用上的差别。图 8-54(a)所示为传统的 A/D 转换器的使用,图 8-54(b)所示为 Σ-Δ 型 A/D 转换器的使用。二者最大的差别是:传统的 A/D 转换器可以多个通道模拟信号输入共用一个转换器,而 Σ-Δ 型 A/D 转换器是一个通道对应一个转换器。其原因在于 Σ-Δ 调制器是对同一信号的相邻两采样点幅度之差进行量化的,因此,不能采用时分复用技术。此外,传统的 A/D 转换器每一个通道的前端都需要一个抗混叠滤波器,而采用 Σ-Δ 型 A/D 转换器不需要这种滤波器。

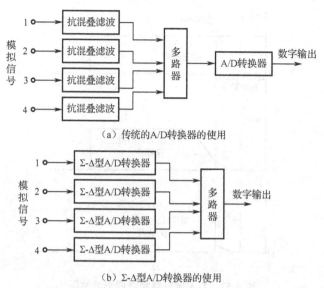

图 8-54 多通道信道转换时的使用对比

8.6.2 集成化 Σ-Δ 型 A/D 转换器及其应用

1. 集成化 Σ-Δ 型 A/D 转换器

新型高集成度 Σ-Δ 型 A/D 转换器正在得到越来越广泛的应用,这种 A/D 转换器只需要极少外接元器件就可直接处理微弱信号。MAX1402 便是这种新一代 A/D 转换器的一个范例,大多数信号处理功能已被集成于芯片内部,可视为一个片上系统。MAX1402 原理框图如图 8-55 所示。该元器件的工作速率为 480sps 时,精度可达 16bit,工作频率为 4800sps 时,精度可达 12bit,工作模式仅消耗 250μA 电流,掉电模式仅消耗 2μA 电流。信号通道包含一个灵活的输入多路复用器,可被设置为 3 路全差分信号或 5 路伪差分信号、2 个斩波放大器、1 个可编程 PGA(增益从 1~128)、1 个用于消除系统偏移的粗调 D/A 转换器和 1 个二阶 Σ-Δ 调制器。调制器产生的 1bit 数据流被送往一个集成的数字滤波器进行精处理(配置为 SINC1 或 SINC3)。转换结果可通过 SPITM/QSPITM 兼容的三线串行接口读取。另外,该芯片还包含 2 个全差分输入通道,用于系统校准(失调和增益);2 个匹配的 200μA 电流源,用于传感器激励(例如,可用于 3 线/4 线 RTD);2 个"泵出"电流,用于检测选定传感器的完整性。通过串行接口访问元器件内部的 8 个片内寄存器,并可对元器件的工作模式进行编程。输入通道可以在外部命令的控制下进行单次采样或者连续采样,通过 SCAN 控制位设定,转换结果中附加有 3bit "通道标识"位,用来确定输入通道。

两个附加的校准通道 CALOFF 和 CALGAIN 可用来校准测量系统。此时可将 CALOFF 输入连接到地,将 CALGAIN 输入连接到参考电压。对上述通道的测量结果求取平均值后可用来对测量结果进行校准。

2. Σ-Δ 型 A/D 转换器的应用

1)热电偶测量及冷端补偿

热电偶测量及冷端补偿如图 8-56 所示。在本应用中,MAX1402 工作在缓冲方式,以便允许在前端采用比较大的去耦电容(用来消除热电偶引线拾取的噪声)。为适应输入缓冲器的共模范围,采用参考电压对 AIN2 输入加以偏置。在使用热电偶测温时,要获得精确的测量结果,就必须进行冷端补偿。热电偶输出电压可表示为 $V=\alpha(t_1-t_{ref})$,其中 α 是与热电偶材料有关的常数,t_1 是待测温度,t_{ref} 是接线盒处的温度。为了对 t_{ref} 造成的误差进行补偿,可以在热电偶输出端采用二极管补偿，也可以测出接线盒处的温度，用软件进行补偿。在本例中，差分输入通道 AIN3、AIN4 被用来测量 PN 结的温度（用内部 200μA 电流源加以偏置）。

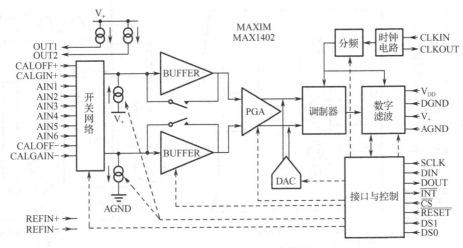

图 8-55 MAX1402 原理框图

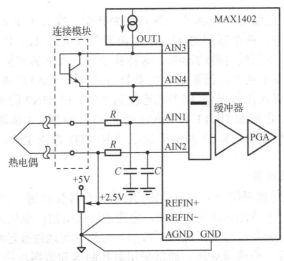

图 8-56 热电偶测量及冷端补偿

2）3 线和 4 线 RTD 测量

铂电阻温度传感器（RTD）被许多需要测量温度的应用所优选，因为它们具有优异的精度和互换性。一个在 0℃时具有 100Ω 电阻的 RTD，在 266℃时电阻会达到 200Ω，灵敏度较低，约为 $\Delta R/\Delta t$=100Ω/266℃。200μA 的激励电流在 0℃时可产生 20mV 输出，在 266℃时输出 40mV。MAX1402 可直接处理这种低电平的信号。

根据不同应用，引线电阻对于测量精度会产生不同程度的影响。一般来讲，如果 RTD 靠近转换器，那么采用最简单的两线结构即可；而当 RTD 距离转换器比较远时，引线电阻会叠加 RTD 阻抗，并为测量结果引入显著的误差。这种情况通常采用 3 线或 4 线 RTD 配置。3 线和 4 线 RTD 测量如图 8-57 所示。

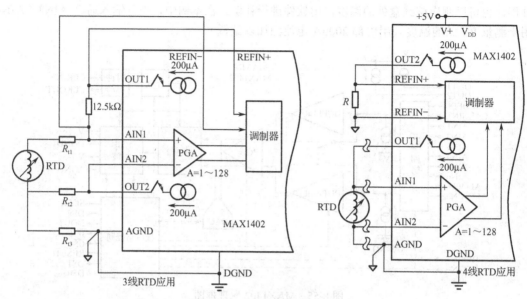

图 8-57 3 线和 4 线 RTD 测量

MAX1402 内部两个匹配的 200μA 电流源可用来补偿 3 线或 4 线 RTD 配置中引线电阻造成的误差。在 3 线配置中,两个匹配的 200μA 电流源分别流过 RL1 和 RL2,这样,AIN1 和 AIN2 端的差分电压将不受引线电阻的影响。这种补偿方法成立的前提是两条引线材质相同,并具有相同的长度,且要求两个电流源的温度系数精确匹配(MAX1402 为 $5×10^{-6}/℃$)。4 线配置中引线电阻将不会引入任何误差,因为在连接到 AIN1 和 AIN2 的测量引线中基本上没有电流流过。在此配置中,电流源 OUT1 被用来激励 RTD 传感器,电流源 OUT2 被用来产生参考电压。在这种比例型配置中,RTD 的温漂误差(由 RTD 激励电流的温漂引起)被参考电压的漂移补偿。

3)智能 4~20mA 变送器

老式的 4~20mA 变送器采用一个现场安装的传感元器件先感测一些物理信息,如压力、温度等,然后产生一个正比于待测物理量的电流,电流的变化范围标准化为 4~20mA。采用这种电流环电路有很多优点:测量信号对于噪声不敏感,可以方便地进行远端供电等。第二代 4~20mA 变送器在远端进行一些信号处理,通常采用微控制器和数据转换器。智能 4~20mA 变送器如图 8-58 所示。这种变送器首先将信号数字化,然后采用微控制器内置的算法进行处理,对增益和零点进行标准化,对传感器进行线性化,最后将数字信号转换成模拟信号,作为一个标准电流通过环路传输。第三代 4~20mA 变送器被称为"灵巧且智能"的变送器,实际上是在前述功能的基础上增加了数字通信(和传统的 4~20mA 信号共用同一条双绞线)。利用通信信道可以传输一些控制和诊断信号。MAX1402 这样的低功耗元器件对于此类应用非常适合,250μA 的功耗可以为变送器中的其余电路节省出可观的功率。智能变送器所采用的通信标准是 Hart 协议。这是一种基于 Bell 202 电信标准的通信协议,工作于频移键控(FSK)方式。数字信号由两种频率组成:1200Hz 和 2200Hz,它们分别对应于数码 1 和 0。两种频率的正弦波叠加在直流模拟信号上,通过同一条电缆同时传送。因为 FSK 信号的平均值总是零,因此 4~20mA 模拟信号不会受到影响。在不干扰模拟信号的前提下,数字通信信号具有每秒更新 2~3 个数据的响应速度,通信所需的最小环路阻抗是 23Ω。

第 8 章 A/D 转换器

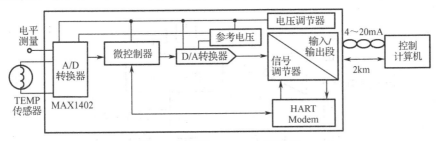

图 8-58 智能 4～20mA 变送器

习题

1. 一个 6 位逐次逼近式 A/D 转换器的分辨率为 0.05V，若模拟输入电压 V_i=2.2V，则试求其数字输出量的数值。

2. 一个 12 位逐次逼近式 A/D 转换器的参考电压为 4.096V，若模拟输入电压 V_i=2.2V，则试求其数字输出量的数值。

3. 请查找一种 Σ-Δ 型 D/A 转换器并说明其工作原理与特点。

4. 在图 8-59 所示的电路中，采用下列元器件，R_{ref}=10kΩ，R_{in}=5kΩ，V_{ref}=10V，时钟频率=2MHz。
（1）比较器输出何种电平时，计数器进行累加？
（2）在标称满量程模拟输出信号情况下，转换时间和数字代码各为多少？
（3）输入信号为 4.5V 时，转换时间又各为多少？

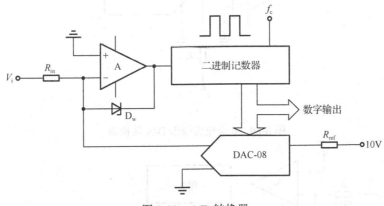

图 8-59 A/D 转换器

5. 6 位电流输出 D/A 转换器用于图 8-60 的电路中，输出电流
$$I_o = I_{ref}(d_1 2^{-1} + d_2 2^{-2} + \cdots + d_6 2^{-6})$$
$I_{ref} = \dfrac{V_{ref}}{R_{ref}} = 2\text{mA}$。若 V_{ref}=10V，则求出±10V 满量程模拟输入范围时所需的电阻值。

若时钟信号频率为 1MHz，则求出电路的变换速率及±5V_{p-p} 正弦输入信号下的最大频率。何种电路有较高的输入阻抗？

6. 拟定一种试探法，在 6 次试探之内可求得 0～64 的未知数，每次试探后，应该指出试探的结果是大还是小。取未知数为 11 及 53 或任选的数，说明答案的正确性，并将上述的试探次序与逐次逼近式 A/D 转换器所实现的功能进行比较。

7. 将模拟信号 4.5V 作用于图 8-61 中给出的某逐次逼近式 A/D 转换器系统，将寄存器的位置、D/A 转换器输出电流值（I_{ref} 的分数值）及转换序列中比较器的输出状态填入表 8-5 中。

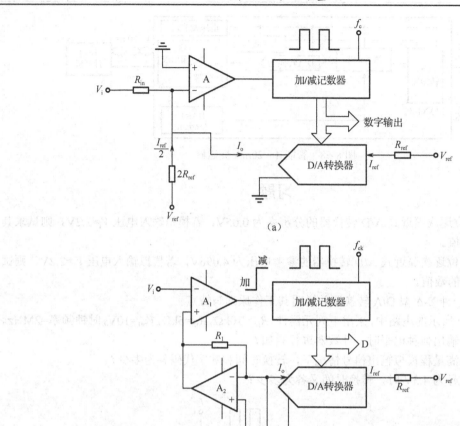

图 8-60 6 位电流输出 D/A 转换器

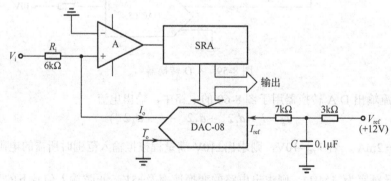

图 8-61 逐次逼近式 A/D 转换器 1

表 8-5 转换过程表

试探次数 (时钟脉冲数)	SAR 寄存器 $d_1\ d_2\ d_3\ d_4\ d_5\ d_6\ d_7\ d_8$	$\dfrac{I_o}{I_{ref}}$	比较器 结果
1			
2			

试探次数 （时钟脉冲数）	SAR 寄存器 $d_1\ d_2\ d_3\ d_4\ d_5\ d_6\ d_7\ d_8$	$\dfrac{I_o}{I_{ref}}$	比较器 结果
3			
4			
5			
6			
7			
8			
第 9 个时钟 完成转换			

8. 图 8-62 所示为逐次逼近式 A/D 转换器 2，若 $V_{ref}=10V$，$R_{ref}=5k\Omega$，$R_{in}=10k\Omega$，则该电路中 DAC-08 的输出电流 I_o 由 $2R_{ref}//512R_{ref}$ 电阻造成偏移，此电阻接在 V_{ref} 和 DAC-08 的引脚之间，使系统具有双极性能力，并使 $\pm\dfrac{1}{2}$ LSB 量化不定性对称，将输入信号 $-3V$ 作用于系统，请指出寄存器 SAR 的输出（代码）值、$\dfrac{I_o}{I_{ref}}$ 的比值及转换器序列中产生的比较器输出状态。试列出与第 7 题中类似的表。求出正满量程、零和负满量程的代码值，并给出这些代码的模拟输入信号。

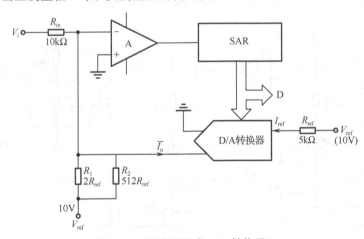

图 8-62 逐次逼近式 A/D 转换器 2

9. 将 10 位自然二进制 D/A 转换器、逐次逼近寄存器和比较器连接成逐次逼近式 A/D 转换器。若此时系统提供 2MHz 的时钟频率，则系统的转换时间是多少？

10. 图 8-63 所示为三位逐次逼近式 A/D 转换器。假设输入模拟电压值相应的数字输出为 001，试画出时钟的波形，并画出在同一时刻下 $Q_A \sim Q_E$ 的波形、$Q_3 \sim Q_1$ 的波形、比较器 A 和与门 $G_1 \sim G_3$ 的波形。

11. 图 8-64 所示为单斜式 A/D 转换器，电路参数已标在图上。$f_c=1MHz$，$V_W=2.4V$。若 $V_i=10V$ 时，$N=1000$，则电阻 R_W 应取多大？如果时钟频率 f_c 改为 10MHz，电容 C 改为 0.004μF，那么当 $V_t=10V$ 时，$N=?$ 这时启动脉冲频率是否可以相应改变？当 $V_i=6V$ 时，绘出各主要部件的输出波形图。

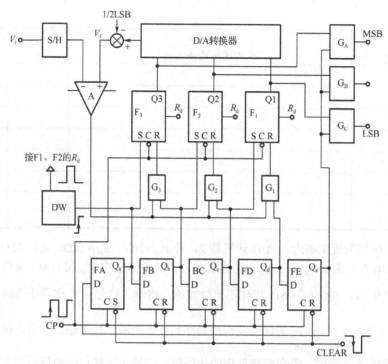

图 8-63 三位逐次逼近式 A/D 转换器

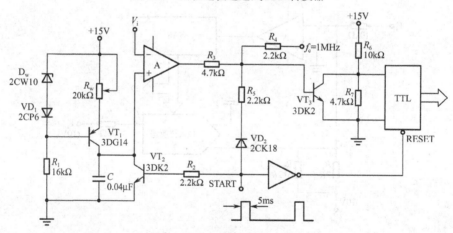

图 8-64 单斜式 A/D 转换器

12. 双斜积分自动校零式 A/D 转换器的电路及参数如图 8-65 所示。其中 f_c=20kHz，基准电压 V_r=±2V。电路分采样、回积、自校零 3 个阶段工作。采样时间为 T_1。现要求电路每秒显示 2.5 次，最大显示数为 1999（V_i=±1.999V）。

（1）若 T_1=100ms，则 N_{2max} =？

（2）T_2 与 V_i 之间的关系？

（3）N_2 与 V_i 之间的关系？

（4）若 T_2=20ms，则 V_i=？

（5）若 N_2=1000，则 V_i=？

（6）若要求 A_2 的最大输出电压为±10V，最大输入电压 V_{max}=2V，则 R、C 的值为多少？

（7）画出各开关的时序逻辑图。

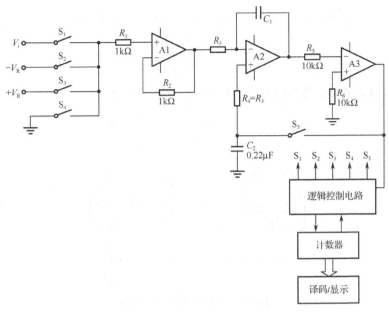

图 8-65 双斜积分自动校零式 A/D 转换器的电路及参数

13. 图 8-66 所示为正常稳定工作情况下的 10 位二进制码输出的双斜积分式 A/D 转换器原理图，其中 DW1、DW2 和 DW3 为单稳态定时器。该电路分 3 阶段工作：采样阶段，S_1 导通，其余截止；回积阶段，S_2 导通，其余截止；复零准备阶段，S_3 导通，其余截止。现已知 $V_R = -10.24\text{V}$，$\tau_1 \gg \tau_2 + \tau_3$，设开关控制电平为"1"时开关导通，为"0"时开关截止。

（1）画出电路各阶段的波形图（从 τ_1 结束、采样阶段开始进行分析）。

（2）求出输出数字量 N 与输入电压 V_i 之间的关系式。

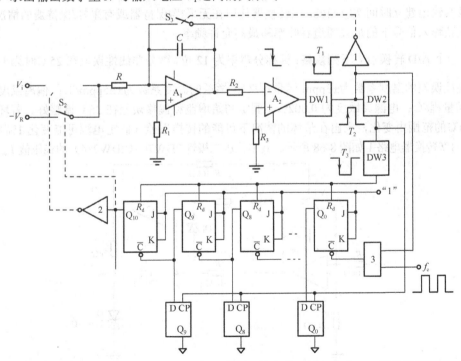

图 8-66 正常稳定工作情况下的 10 位二进制码输出的双斜积分式 A/D 转换器原理图

14. 比率计式 A/D 转换器如图 8-67 所示,传感器电桥的输出电压为

$$V_i = \frac{\delta V_{ref}}{4\left(1+\frac{\delta}{2}\right)}$$

试分析并证明 A/D 转换器的数字输出与电源电压 V_{ref} 的大小无关。

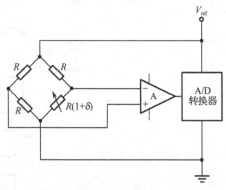

图 8-67 比率计式 A/D 转换器

15. 10 位逐次逼近式 A/D 转换器有满量程范围 20V(负满量程到正满量程),转换时间为 12μs,转换器作为模拟信号数字化用。当

(1) 转换器不用采样/保持器时;

(2) 转换器前有一个采样/保持器,它的采样时间为 t_{AQ}=4μs,孔径时间 t_{AP}=100ns 时;

求模拟信号不损失精度时的最大可变化速率。上述两种情况下,满量程正弦信号可取的频带范围为多少?

16. 第 15 题的采样系统用于模拟多路开关 8 通道的数据采样系统。切换通道多路开关所需的时间及其输出建立时间 T_{max}=3μs,当转换器使用在无采样/保持器或有采样/保持器的情况下,求满量程正弦输入信号下的最大通道吞吐率和最高允许频率。

17. 一个 A/D 转换器有下列规格:标称分辨率为 12 位,微分非线性误差在 25℃时为 $\pm\frac{1}{2}$LSB,微分非线性误差的温度系数为±3ppm 满量程/℃;增益的温度系数为±25ppm/℃;偏离温度系数为±5ppm 满量程/℃;电源灵敏度为 0.002%。假定初始增益和偏移误差在 25℃调整好。若环境温度在 0~50℃的范围内变化,求出在最坏的情况下可能的转换误差(假定电源可能变化 1%)。

18. V/f 转换器电路 1 如图 8-68 所示。其中稳压二极管 2DW7C(2DW234)的稳压值 V_w=6V,

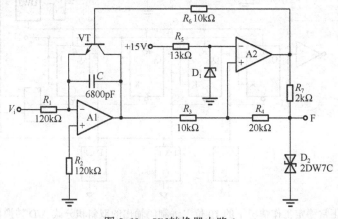

图 8-68 V/f 转换器电路 1

（1）欲使电路正常工作。输入电压 V_i 需满足什么条件？
（2）当 $V_i = -5V$ 时，输出频率 $f=$？
（3）画出输出波形图。

19．V/f 转换器电路 2 如图 8-69 所示。
（1）试分析电路的工作原理并画出 A_1 的输出电压 V_{o1}、F 点的电压 V_{o2} 各点的波形图。
（2）推导输出频率和 V_i 之间的关系式。

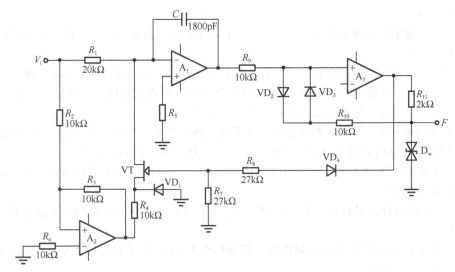

图 8-69　V/f 转换器电路 2

20．振荡电路如图 8-70 所示。
（1）试分析该电路的工作原理，并画出 V_{o1}、V_{o2} 的波形图。
（2）设 R_w 的分压系数为 a_w，不考虑负载效应，求振荡周期 T。
（3）若 $a_w=0.5$，$T=60ms$，其他参数如图所示，求 $C_f=$？

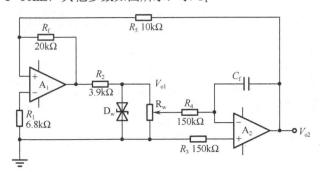

图 8-70　振荡电路

21．请查阅数据手册或上网搜索，找到一种 D/A 转换器或 A/D 转换器的数据手册，说明其工作原理、主要参数及其应用接口。

22．请对比几种不同工作原理的 A/D 转换器的特点。

23．将模拟信号转换成数字信号传输有什么优点，A/D 转换器是否可由 D/A 转换器来构成？试采用逐次逼近式 A/D 转换器来加以说明。

24．双积分式 A/D 转换器的两个节拍（采样期与比较期）各起什么作用？

25．Σ-Δ 型 A/D 转换器有何特点，为什么说 Σ-Δ 型 A/D 转换器将给测控电路的设计带来深远的影响和巨大的变革？

26．已知某信号中最高信号频率为 15kHz，需要 1% 的测量精度，请选用合适的 A/D 转换器。

27．PN 结热敏传感器的输出电压相对温度的变化为 -2mV/℃，如果在环境温度 -40～60℃ 的范围内，要求测量分辨率为 0.5℃，那么应如何选择 A/D 转换器的分辨率？选择何种工作原理的 A/D 转换器？如果要求测量精度为 0.5℃，那么又应如何选择？

28．如果采用电压/频率变换方式实现 A/D 转换，那么如何评价它的主要性能？这种方式的 A/D 转换器有什么特点？

29．为了实现电阻的数字化测量，请给出 3 种以上的测量方案。在每一种方案中用什么样的 A/D 转换器，为什么？

30．考察一下实验室里的仪器，了解这些仪器所采用的 A/D 转换器和 D/A 转换器，与同学一起讨论。对早年的仪器中的 A/D 转换器和 D/A 转换器，能否为它选用新型号的 A/D 转换器和 D/A 转换器，替换的可行性和由此而带来的改进有哪些？

31．某公司需开发一种低频数字存储示波系统，该系统输入信号的最高频率为 32Hz，要求分辨率为 0.1%，定标信号为 1Hz 的正弦波。请选择 A/D 转换器和 D/A 转换器。

32．如果要求一个 D/A 转换器能分辨 5mV 的电压，设其满量程电压为 10V，那么其输入端数字量需要多少数字位？

33．一个 6 位的 D/A 转换器，具有单向电流输出，当 D_{in}=110100 时，I_o=5mV，试求 D_{in}=110011 时 I_o 的值？

34．一个 6 位逐次逼近式 A/D 转换器，其分辨率为 0.05V，若模拟输入电压 V_i=2.2V，则其数字输出量的数值为多少？

35．一个 12 位逐次逼近式 A/D 转换器，其参考电压为 4.096V，若模拟输入电压 V_i=2.2V，则其数字输出量的数值为多少？

第9章 D/A 转换器与 A/D 转换器的典型应用

在第 7 章和第 8 章中，分别讨论了 D/A 转换器与 A/D 转换器的原理和基本应用，D/A 转换器与 A/D 转换器分别是前向与后向通道的桥梁。另外，在数字仪表的组成中，它们又是核心部件。为开阔思路起见，我们再从几个方面补充或介绍一些有关 D/A 转换器与 A/D 转换器的其他应用知识。

9.1 数字控制高精度、高稳定线性电路

在数字化检测与控制系统中，常常需要一些电压高低或者电流大小可以随意调节（包括按某种规律）的高精度电源。采用 D/A 转换器来组成这类电源是最常见的方案。图 9-1 所示为数字控制电压源电路。该电路的驱动能力取决于输出级 VT_1 和 VT_2 部分的设计。在输入二进制码的控制下，可输出正电压，电压值稳定度一般可达 0.1%左右。输出电压与输入数码的关系为

$$V_o = \frac{V_R}{R} R_2 (d_1 2^{-1} + d_2 2^{-2} + \cdots + d_{12} 2^{-12}) \tag{9-1}$$

式中，取 $R=10\text{k}\Omega$。

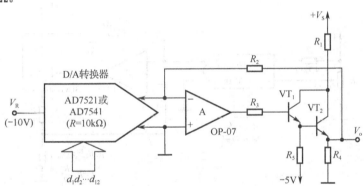

图 9-1 数字控制电压源电路

受偏置二进制码控制的可输出双极性电压的精密电压源电路如图 9-2 所示。该电路中电阻 $R_B=20\text{k}\Omega$，它起半量程偏置作用，以实现输入代码为 100…0 时，输出电压为零的要求。若要求增加输出驱动能力，则可将 T_1 和 T_2 组成的输出级电路，改成达林顿电路。

数字控制的单向电流源电路如图 9-3 所示。根据运算放大器的"虚短""虚断"性质，可得出

$$I_L = I_{o1} \frac{R_2}{R_1} = 10 I_{o1} \tag{9-2}$$

调整 D/A 转换器的输入参考电流 $I_R=2\text{mA}$，输出电流

$$I_L = 20(d_1 2^{-1} + d_2 2^{-2} + \cdots + d_8 2^{-8})\text{mA} \tag{9-3}$$

必须指出，图 9-3 所示电路中的 D/A 转换器的 I_o 电流输出端电位不等于 0，故而只能选用具有恒流输出特性的 D/A 转换器类型，诸如 DAC-0808、DAC-08、DAC-1200 等。像 AD7520、DAC1210 之类的 D/A 转换器，由于它的输出端要求采用运算放大器造成虚地电位，故而不能用来代替图 9-3 路中的 D/A 转换器。

如果要求用偏置二进制码或者 2 的补码控制双向的电流输出，那么可采用图 9-4 所示的电路。图 9-4 所示为数字控制的双向电流源电路。该电路的输入数字是对称偏置二进制码。根据运算放大器的虚短性质，可建立如下关系。

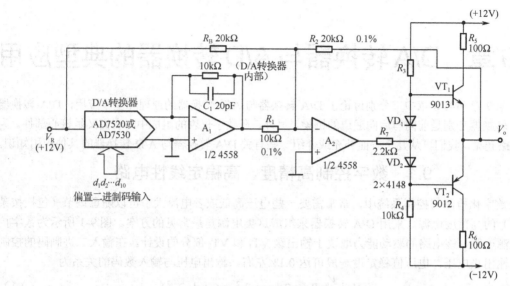

图 9-2 受偏置二进制码控制的可输出双极性电压的精密电压源电路

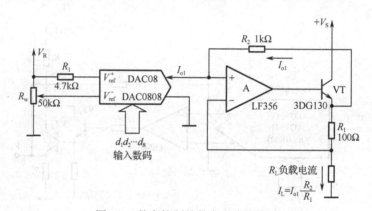

图 9-3 数字控制的单向电流源电路

$$I_1 R_1 + I_{o2} R_3 = I_{o1} R_2$$

而电流 $I_1 = I_{o2} + I_L$,因此流过负载电阻的电流为

$$I_L = I_{o1} \frac{R_2}{R_1} - I_{o2} \frac{R_3 + R_1}{R_1}$$

若取 $R_3 = R_2 - R_1$,则得

$$I_L = (I_{o1} - I_{o2}) \frac{R_2}{R_1} = 10(I_{o1} - I_{o2})$$

根据 D/A 转换器的特性,有

$$I_{o1} + I_{o2} = \frac{2^n - 1}{2^n} I_R$$

$$I_{o1} = I_R (d_1 2^{-1} + d_2 2^{-2} + \cdots + d_n 2^{-n})$$

代入上式,即可推出输出负载电流为

$$I_L = I_R \frac{R_2}{R_1} \left[2(d_1 2^{-1} + d_2 2^{-2} + \cdots + d_n 2^{-n}) - \frac{2^n - 1}{2^n} \right] \quad (9\text{-}4)$$

若取图 9-4 中所示的参数 $I_R = 2\text{mA}$,则

$$I_L = 20\left[2(d_1 2^{-1} + d_2 2^{-2} + \cdots + d_8 2^{-8}) - \frac{255}{256}\right](\text{mA}) \tag{9-5}$$

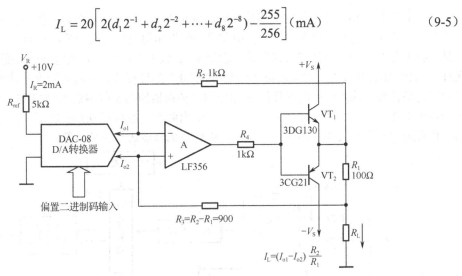

图 9-4 数字控制的双向电流源电路

当输入为 $d_1 d_2 \cdots d_8 = 100 \cdots 00$ 与 $d_1 d_2 \cdots d_8 = 011 \cdots 1$ 时，输出负载电流 $I_L = \pm(20/256)\text{mA} = \pm 0.0718\text{mA}$，这是输出电流为最小值时的情况。当输入为全 1 码，即 $d_1 d_2 \cdots d_8 = 11 \cdots 1$ 时，输出最大正向电流 $I_L = +19.219\text{mA}$；当输入为全 0 码，即 $d_1 d_2 \cdots d_8 = 00 \cdots 0$ 时，输出最大负向电流 $I_L = -19.219\text{mA}$。输入数码每增加 1LSB，输出电流数值变化 0.1563mA。同理，图 9-4 中的 D/A 转换器也只能采用诸如 DAC-08 之类具有电流源输出（不要求虚地）特性的 D/A 转换器。

用 AD7520 型 D/A 转换器控制力发生器励磁线圈电流的电路如图 9-5 所示。在输入偏置二进制码 $d_1 d_2 \cdots d_{10}$ 的控制下，可产生成正比的正、负电流流过励磁线圈，从而可产生对应的双向的机械力，该电路中 R_B 是偏置电阻，保证在输入代码为 $100 \cdots 0$ 时，输出电流为零。A_2 输出端接达林顿管输出级，以增加输出驱动电流。输出电流 I_L 与输入代码之间的关系为

$$I_L = \frac{V_R}{R}\left(d_1 2^{-1} + d_2 2^{-2} + \cdots + d_{10} 2^{-10} - \frac{1}{2}\right) \tag{9-6}$$

可见，该电路的输出电流 I_L 只取决于输入数码 $d_1 d_2 \cdots d_{10}$ 和 V_R/R_s，与力发生器的线圈电阻大小无关。由于该电路中运算放大器 A_1 造成了 D/A 转换器输出端的虚地，因此 AD7520 类型的 D/A 转换器可以用于该电路。

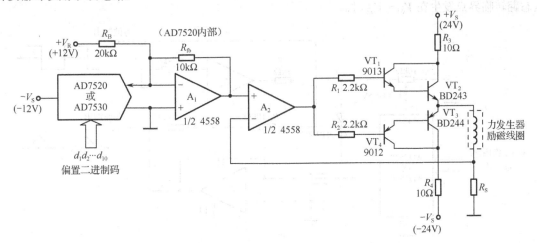

图 9-5 用 AD7520 型 D/A 转换器控制力发生器励磁线圈电流的电路

一种长周期高稳定性的数字式积分器如图 9-6 所示。它可以克服普通积分器所不可避免的失调或漂移积累误差的严重问题。该电路中起"积分"作用的是可逆计数器和 D/A 转换器,可以说它是一种不存在失调、漂移积累误差的"积分器"。输入电压经绝对值电路后,变为单极性电压,通过 V/f 转换器将其转换成对应的频率信号。"积分"的过程就是对输入频率脉冲的累计过程。加计数还是减计数由输入电压的极性控制。由于 V/f 转换器的动态范围很大(如 LM331 可达 100dB),在低电压工作区仍有较好的线性关系,其最低输出频率一般可在 0.1Hz 以下。因此它可以在很长的工作周期中不出现失调、漂移积累误差,以较高的精度进行积分运算。

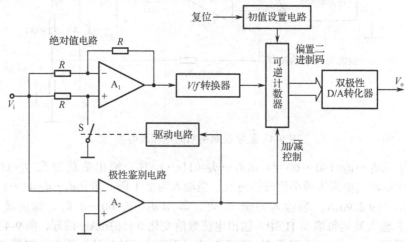

图 9-6 一种长周期高稳定性的数字式积分器

9.2 数字波形发生器电路

D/A 转换器输入数字量能够正比地控制输出模拟电流,可以由 D/A 转换器组成多种形式的波形发生器,其中包括周期性的三角波、方波、锯齿法、正弦波等波形发生器,还包括非周期性的显示器字符发生器等。它们被广泛地应用于各种检测与控制技术领域。

振荡频率受输入数字代码线性控制的三角波、方波发生器电路如图 9-7 所示。图中的 A_1 组成一个积分器,对 D/A 转换器的输出电流 I_{o1} 积分,输出线性变化的电压 V_{o1}。A_2 组成一个电压比较器,它的输出电压 V_{o2} 被双向稳压二极管 2DW7C 限幅在+6.5V 或-6.5V 上。由图可知,比较器的状态翻转临界点发生在 $V_{o1}=-V_{o2}$ 时。

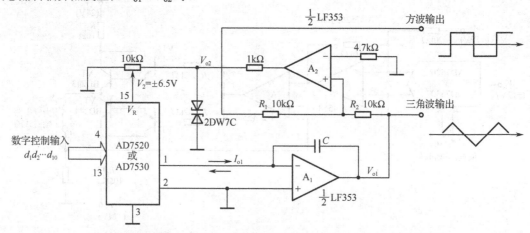

图 9-7 振荡频率受输入数字代码线性控制的三角波、方波发生器电路

图 9-7 所示电路是个自激振荡器。我们以任取的某一瞬时作为讨论的起点。设 V_{o2}=+6.5V，此时 D/A 转换器的输出电流 I_{o1} 沿向外流出的方向，其大小受输入数字量 D 控制，即

$$I_{o1} = \frac{V_R}{R}(d_1 2^{-1} + d_2 2^{-2} + \cdots + d_{10} 2^{-10})$$

I_{o1} 流入积分器 A_1，使 A_1 的输出电压 V_{o1} 向下斜变。在 V_{o1} 未达到-6.5V 之前，这种状态会继续下去。当 V_{o1}=-V_{o2}=-6.5V 瞬时，比较器 A_2 发生翻转，V_{o2} 跳至-6.5V。这时 V_R 也变成负值，使 I_{o1} 跟着变向，积分器的输出电压 V_{o1} 变为向上斜变。V_{o1} 向上斜变的过程要持续到 V_{o1}=-V_{o2}=+6.5V 时刻才结束。当 V_{o1} 达到+6.5V 时，A_2 又发生翻转，使 V_{o2} 跳为+6.5V，以后的过程又与开始讨论时一样……如此不断地循环，振荡不息。当输入数字量 D 不变化时，由于正、反 I_{o1} 大小相等，所以 V_{o1} 是等腰三角形波，向上斜变或向下斜变均对应半周期。因此可求得该电路的振荡周期为

$$T = 4\frac{V_Z}{V_R}RC \frac{1}{d_1 2^{-1} + d_2 2^{-2} + \cdots + d_{10} 2^{-10}} \tag{9-7}$$

或者其频率为

$$f = \frac{V_R}{4RCV_Z}(d_1 2^{-1} + d_2 2^{-2} + \cdots + d_{10} 2^{-10}) \tag{9-8}$$

若 V_R=V_Z（不用电位计校正），则上述公式可简化为

$$T = 4RC \frac{1}{d_1 2^{-1} + d_2 2^{-2} + \cdots + d_{10} 2^{-10}} \tag{9-9}$$

$$f = \frac{1}{4RC}(d_1 2^{-1} + d_2 2^{-2} + \cdots + d_{10} 2^{-10})$$

式中，R 为 AD7520 D/A 转换器的 R-2R 网络电阻值，R=10kΩ。

9.3 利用锁相时钟提高数字多用表抑制串模干扰的能力

目前广泛使用的 $3\frac{1}{2}$ 位~$5\frac{1}{2}$ 位数字多用表及智能数字多用表，大多选用积分式单片 A/D 转换器。其优点是电路简单、抗串模干扰能力强、成本较低。只要设计的时钟频率 f_0 恰好等于 50Hz 的整倍数，电网串模干扰就被完全抑制掉。然而电网频率实际上并不稳定，它总是在 50Hz 附近波动，变化率可达±（2%~3%），对应于 49~51Hz，甚至为 48.5~51.5Hz。显然，电网频率的任何变化都将破坏上述整倍数关系，造成显示值不稳定，出现跳数，使测量准确度降低。采用锁相技术使时钟频率与电网频率严格保持同步，就能显著提高仪表抗串模干扰的能力。

某些高级数字仪表，如英国输力强（Solartron）公司生产的 7065 型 $6\frac{1}{2}$ 位数字电压表（带 μP），就采用锁相技术来提高电源对串模干扰的抑制能力。该仪表的时钟脉冲、节拍方波等都严格与电网频率保持同步。当电网频率为 50Hz 时，锁相环 VCO 的输出频率为 13.1072MHz。若电网频率升高 3%，从 50Hz 升至 51.5Hz（周期由 20ms 降为 19.417ms，即缩短了 3%），则 VCO 的频率随之升高到 13.500416MHz，经过分频产生的节拍方波也从 3.2kHz 上升到 3.296kHz，即积分周期缩短了 3%，使得每测量 64 次、512 次或 4096 次的时间恰为 51.5Hz 电网周期（19.417ms）的整倍数。因此，仪表能在电网频率变化±3%的条件下依然能够很好地抑制工频干扰。

一种实用的锁相时钟电路如图 9-8 所示。该电路适配 ICL7135 型 $4\frac{1}{2}$ 位单片 A/D 转换器。选择锁相时钟频率 f_0=100kHz 时，仪表的测量速率约为 2.5 次/s。此时，ICL7135 的原时钟电路不再使用。

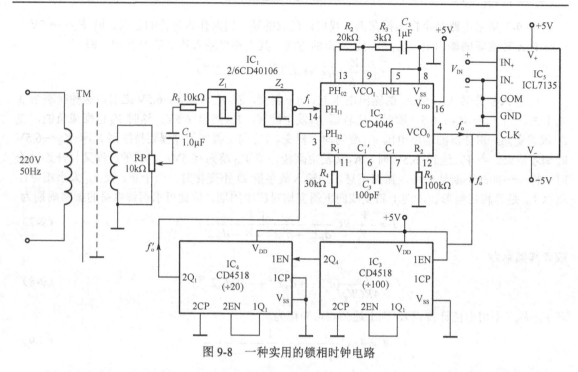

图 9-8 一种实用的锁相时钟电路

锁相时钟电路包括 4 部分：①50Hz 电网电压取样电路；②整形器；③锁相环；④2000 分频器（÷2000）。该电路能够快速自动跟踪 20～80Hz 范围内的串模干扰信号，中心频率为 50Hz。取样电路由电源变压器 TM、隔直电容 C_1、电位器 RP 构成。鉴于 ICL7135 构成的数字电压表采用交流 220V、50Hz 交流电源供电，可在原来的电源变压器上增加一个次级绕组，或另外制作一个小型电源变压器以获得取样电压。调整电位器 RP，使取样电压为 2.5～3V（RMS）。经过隔直电容 C_1 和限流电阻 R_1 加至整形器 IC_1。IC_1 选用 6 个施密特触发器 CD40106（现仅用 Z_1、Z_2），可将正弦信号变成矩形脉冲。整形后的电网频率信号 f_i 加至 IC_2（CD4046）锁相环的 PH_{I1} 端，作为输入信号。R_2、R_3、C_2 组成低通滤波器，C_3 为振荡电容。在 IC_2 的引脚 12 与地之间接入 $100k\Omega$ 电阻 R_5 时，VCO 的最低振荡频率 f_{min}=20Hz；C_3 取 0.1μF 时，最高振荡频率 f_{max}=80Hz。这里选用 CD4046 中的相位比较器 II，可接受任意占空比的输入信号。

分频器由两片 CD4518 组成，利用 IC_3 完成 100 分频，IC_4 只作 20 分频，总分频系数 N=2000。锁相环的输出频率 f_o 经过 2000 分频后得到 f_o' 并以此作为比较信号，接 CD4046 的 PH_{I2} 端，与电网频率 f_i 进行比较。f_o 即 ICL7135 所需要的锁相时钟频率，有关系式：

$$f_o = 2000 f_i \tag{9-10}$$

当 f_i=50Hz 时，f_o=100kHz。假如 f_i 升高到 51Hz，即增加 2%，f_o 亦相应增加 2%，变成 102kHz，以此类推，无论电网频率怎样波动，锁相时钟频率总与之保持 2000 倍的关系不变。实验表明，当 V_{IN} 端混入几百毫伏的电网串模干扰时，若不加锁相时钟，显示值则从个位至百位跳数，由此引起的测量误差可达几十毫伏。而采用锁相时钟后仅个位跳数，误差不超过 1mV（折合 10 个字以内），证明仪表的串模抑制比得到显著提高。

适当改变锁相时钟频率，还可与 MC14433、ICL7135、HI7159 等其他类型的单片 A/D 转换器组合使用。

习题

数字控制的高精度、高稳定线性电路

1. 图 9-9 所示为数字可编程的电流源。

(1) 试求输出电流 I_L 与数字输入之间的关系。

(2) 若标称满量程输出电流 $I_L=20\text{mA}$，则为了保证三极管工作在放大区，$V_{ce} \geqslant 3\text{V}$，试求 R_{ref} 的大小及 R_L 允许的变化范围。

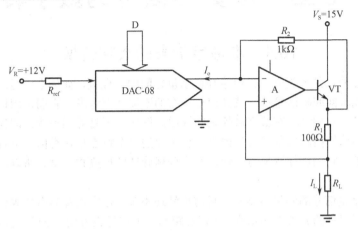

图 9-9　数字可编程的电流源

2. 图 9-10 所示为可编程的双极性电流源，试求输出电流与数字输入之间的关系。

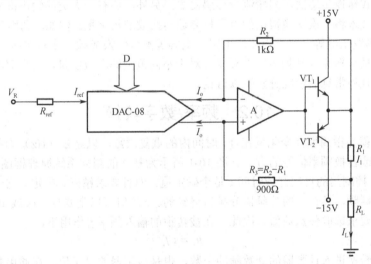

图 9-10　可编程的双极性电流源

第10章 准数字信号的数字转换

10.1 准数字信号的数字转换

所谓准数字信号，是一类介于模拟量与数字量之间的物理量，如频率信号、周期信号、相位信号、脉冲宽度或时间间隔信号等。就其信号分布的连续性上考虑，它们仍应该归属于可连续变化的模拟量。但是，它们又具有数字量的某些性质。例如，不易受到干扰；即使受到干扰影响，也比较容易通过整形等措施恢复其信号内容。更重要的一个特点是这类信号可直接与数字电路相连接，用数字技术对它们进行变换与处理，可十分精确地转换成数字量。所以，有时也把这类信号当作数字量。

能产生准数字量信号的测量传感器，目前虽然还不多，但它们却具有代表性和方向性，这类传感器一般都具有很高的分辨率和精度，实现远距离传输信号也方便，还可直接与数字系统接口，组成数字化检测系统。目前已得到广泛应用的准数字信号输出的传感器有各类谐振式传感器，如振筒式压力传感器、石英谐振式压力传感器、石英谐振式温度传感器等；还有各类转速传感器、如磁电式或光电式转速传感器、涡轮流量传感器等。另外，还有一大类能输出准数字量信号的传感器是利用电路技术将一次变换得出的电学量参数转换成准数字量。例如，利用各种 V/f 转换器、RC振荡器、波形发生器等电路把电压、电阻、电容等参数转换成频率或周期信号输出。

要满足一定的分辨率和转换时间的要求，对于不同范围的准数字量，要采取不同的方法进行转换，下面列举几种常见的情况分别予以讨论。

10.2 频率/数字转换

所谓频率，就是指周期性变化量在 1s 时间内的重复次数，以赫兹（Hz）为单位。根据其定义就可得出测量或转换频率信号的方法。图 10-1 所示为基本的测频系统原理框图。

图 10-1 中，控制门的每次开放时间 τ 是个确定值，而且要求精确、稳定。它一般是由石英晶体振荡器产生的标频，经合适的分频器分频后得到的。τ 的值可以是 0.1s、1s 或 10s 等十进制数，也可以按显示值要求选取任意数值。因此，在被转换的输入频率 f_i 作用下，

$$n_x = \tau f_i \tag{10-1}$$

式中，n_x 是一次转换进入计数器的计数脉冲个数，也是显示器的显示值。在通用频率计数器中，常利用改变定时电路中的分频系数改变 τ 的大小，从而实现多量程测量。

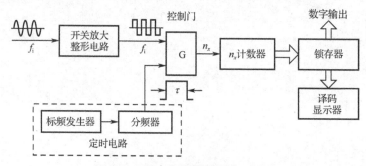

图 10-1 基本的测频系统原理框图

测频的精度取决于标频的稳定性。数字分频器是不会产生误差的。由于石英晶体振荡器所产生的标频稳定性很好，普通型晶体振荡器的稳定性可达到 $10^{-7} \sim 10^{-5}$/天，带有恒温设施的精密晶体振荡器的稳定性可达 $10^{-10} \sim 10^{-8}$/年。所以，可以说频率信号是最容易实现高精度测量的参数之一。

连续的模拟量转换成离散的数字量，总不免存在着量化误差，测频系统得出的结果数据中也不例外地包含着量化误差，通常量化误差为±1LSB。产生量化误差的原因可以用图 10-2 说明。为简明起见，这里认为与被测频率对应的计数脉冲只有很少几个。图 10-2（a）所示为不存在量化误差的情况，开门时间正好对应 4 个计数脉冲周期，图 10-2（b）对应+1LSB 量化误差的情况，如果被测频率略有增加，计数脉冲间距缩小，那么第 5 个脉冲触发沿有可能刚好移入开门时间范围内，所计之数增加到 5，但实际上开门时间只比 4 个计数脉冲周期略长一点，这样就产生了接近于+1LSB 的误差。同理可以理解图 10-2（c）所示的情况：当频率略比图 10-2（a）中的频率低一些时，所计之数可减为 3，产生了-1LSB 的误差。

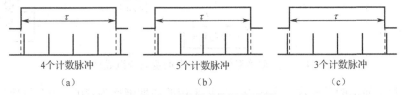

图 10-2 测频系统量化误差

由于准数字量实质上仍然是模拟量，所以上述的量化误差同样可发生在别的准数字量转换系统中。

10.3 周期、脉宽及时间间隔/数字转换

基本周期测量电路的组成结构如图 10-3 所示。该电路刚好与测频系统的相反，把被测周期信号 T_i 经整形、放大与 T'触发器（计数触发器）处理后，变成开门信号 τ，控制 G 门的开放，在 G 门一次开放期间，允许通过的计数脉冲（或称时标脉冲）的个数为

$$n_x = \tau f_{cp} = T_i f_{cp} \qquad (10\text{-}2)$$

式中，f_{cp} 为时钟脉冲频率。

同理，测量周期的精度取决于 f_{cp} 的精度与稳定性。另外，它也存在着±1LSB 的量化误差。

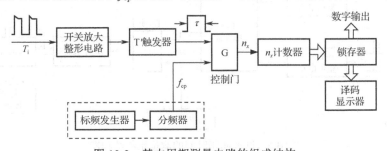

图 10-3 基本周期测量电路的组成结构

为提高周期测量的分辨率，可采取如下两种方法：其一是提高时钟脉冲频率 f_{cp}，使与周期相对应的开门时间内有更多的计数脉冲进入计数器计数；其二是利用分频器按确定的倍数扩展开门时间，测量若干同期的平均值，这两种方法都有其实用性和限度，前者受时钟频率的高限所限制，后者受输出数据刷新速率的低限所限制。

采用周期倍率扩展开门时间的办法往往适用于测量中、高频区的周期信号，如振筒压力传感器的输出信号（f_{cp} 约为 5kHz）。经周期倍率处理的周期测量系统组成结构图如图 10-4 所示。在这

个结构中，T'触发器输出的开门时间 τ 是被测周期 T_i 的 2^m 倍或 10^r 倍，m 是二分频器的级数，r 是 10 分频器的级数，在目视仪表系统中，要求显示十进制数，分频器和计数器应采用 BCD 码类型，周期倍率取十进制数 10^r。应当注意的是，该电路系统的输出数码（与 n_x 对应）是被测周期与扩展倍数 2^m 或 10^r 的乘积而并不是单个被测周期。

$$D = n_x = 2^m f_{cp} \overline{T_i} \tag{10-3}$$

或

$$D = n_x = 10^r f_{cp} \overline{T_i} \tag{10-4}$$

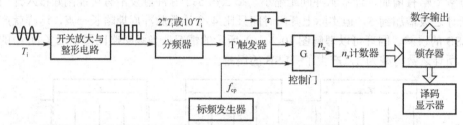

图 10-4　经周期倍率处理的周期测量系统组成结构图

在十进制数字显示的目视仪表系统中，由于采用的周期倍率为 10^r，因此只要把显示器的小数点向左移动 r 位即可直接显示出 T_i 值。在二进制的 T/D 转换系统中，除以 2^m 的运算同样可以用小数点左移 m 次的办法得出结果，不过更为常见的是在总标度系统数计算中，把 2^m 作为比例因子来考虑。

周期性脉冲宽度信号的测量与周期测量并无实质性区别。如果把图 10-4 中的 T'触发器删去，那么该系统就可以用来测量或转换脉宽，控制门开放时间 τ 与脉宽相等。

测量两路脉冲间隔时间的电路组成也可根据图 10-3 推出。脉冲间隔时间的测量系统结构图如图 10-5 所示。两路输入脉冲经放大与整形处理后，触发基本 R-S 触发器，使两路脉冲间隔时间转换成脉冲宽度 $\tau=t_i$。之后就与测量开门时间 τ 的方法完全一致了。输出数据

$$D = n_x = t_i f_{cp} \tag{10-5}$$

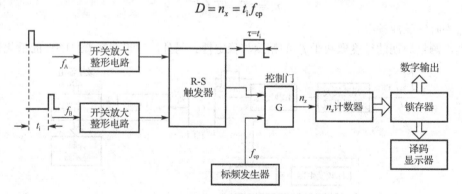

图 10-5　脉冲间隔时间的测量系统结构图

10.4　频率比测量

频率输出的传感器，其传递特性往往表现为输出频率与中心频率（零输入频率）的比值与被测参数呈线性或者确定的函数关系，因此，测定频率比有时可得到比测定频率更直接的结果。

频率比测量系统的组成框图如图 10-6 所示。其实，该系统与前面所讨论过的频率测量或周期测量系统有许多相似之处。例如，与图 10-4 相对照，不同之处只是图 10-6 中以 f_B 代替了图 10-4

中的 f_{cp}。控制门的开放时间 $\tau=2^m/f_A$ 或者 $\tau=10^r/f_A$。因此，输出数据

$$D = n_x = 2^m \frac{f_B}{f_A}$$

或者
$$D = n_x = 10^r \frac{f_B}{f_A} \tag{10-6}$$

同样，应注意的是得出的数据 D 相当于被测频率比 f_B/f_A 扩大了 2^m 倍，或者 10^r 倍。对于相位差或相位角的数字测量，则可先将其转换成脉冲宽度，然后利用本节中讨论过的脉冲宽度测量方法进一步转换成计数脉冲个数，从而组成相位/数字转换电路。

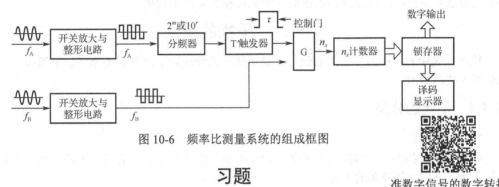

图 10-6　频率比测量系统的组成框图

习题

某转速测量系统可分两档 0～999.9r/min 和 0～9999r/min 测量转速。现利用图 10-7 所示的测频系统实现此目标。已选定晶振频率 f_{cp}=100kHz。试确定光调制盘（斩光器）的条孔数和图 10-7 所示电路中分频器的分频系数，以及一次测量所需要的时间。

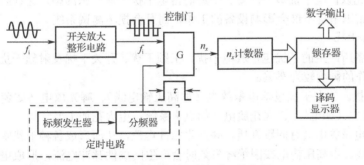

图 10-7　基本测频系统原理结构图

第 11 章 检测系统的抗干扰措施

对于检测系统来说，使用场合不可能是理想的没有干扰的环境。特别是用于工业生产场合的检测系统，工作条件往往更为恶劣，受到干扰的可能性更大。因此要求设计人员在系统设计时必须充分考虑到抗干扰的问题，采取必要的抗干扰措施，并且在整个系统的装配和调试时采用合理的工艺方法和手段，以提高检测系统的抗干扰性和实际使用效果。

11.1 干扰的来源

检测系统中和有用信号无关的信号就是干扰，工业现场干扰的种类繁多、来源纷杂，本节首先分析干扰的类型。

11.1.1 干扰的分类

1. 外部干扰

外部干扰是指那些与检测系统无关，由使用条件和外界环境因素所产生的干扰，主要有自然界的干扰及周围电气设备的干扰。

1）自然干扰

由大气层发生的自然现象所引起的干扰及来自宇宙的电磁辐射干扰统称为自然干扰，如闪电、雷击、大气低层电场的变化、电离层变化、宇宙辐射、太阳黑子、耀斑的电磁辐射等。

自然干扰中尤以雷电干扰最为严重。附近的雷电干扰一般呈脉冲型，遥远的雷电干扰是连续波动的。强烈的雷电干扰不仅会影响设备的工作，而且会损坏测试系统。

2）电气设备干扰

各种电气设备所产生的干扰包括放电干扰、工频干扰、开关干扰及射频干扰等。这类干扰对检测系统正常工作的影响较为严重。

(1) 放电干扰。放电干扰包括电晕放电（如高压输电线）、辉光放电（如荧光灯、霓虹灯、闸流管）、弧光放电（如电焊）、火花放电（如点火系统、电火花加工）。

电晕放电：电晕放电具有间歇性质，并产生脉冲电流，从而形成各种干扰噪声。这种噪声主要来自高压输电线。当高压输电线因绝缘失效时会产生间歇性脉冲电流，形成电晕放电。

辉光放电：辉光放电即气体放电。当两个接点之间的气体被电离时，由于离子碰撞而产生辉光放电。荧光灯、霓虹灯、闸流管等属于辉光放电设备。荧光灯干扰电平为几十到几千微伏（μV），甚至达几十毫伏（mV），频率一般为超高频。

弧光放电：弧光放电即金属雾放电。最典型的弧光放电是金属电焊。弧光放电产生高频振荡，以电波形式成为干扰源。这种干扰幅度很强，甚至能对具有专门防干扰的设备产生干扰，弧光放电频率为 0.15~0.5MHz 时，相距 50m 的情况下，干扰电平仍可达到 1000μV；弧光放电频率为 2.5~150MHz 时，干扰电平为 200μV。

火花放电：电气设备触点处的断续电流将引起火花放电。这种放电出现在触点通断的瞬间，是一种过渡现象。产生的来源有：运转电动机、汽车发动机点火时，火花式高频焊机工作时等。高频焊机在工作时产生的火花能量很大，所以放电噪声也很强，而且从电源电路回馈到输电线所引起的干扰影响比其直接辐射到空间的影响还要大。

(2) 工频干扰。这是来自输电线的干扰，这种干扰随处可见。低频信号线只要有一段距离与输电线相平行，即使输电线功率不大，也会使其遭受工频干扰，50Hz 交流电会耦合到信号线上。

在电子设备内部,直流电源输出端可能出现不同程度的工频干扰,这是因为整流过程中产生了含有工频基波及各次谐波。这种干扰给高精度测量带来了不少麻烦。

(3)开关干扰。开关设备由运行状态转为停止状态,即当开关断开时,开关两极(触点)间的距离由零过渡到断开状态。触点断开瞬间,电极间距离非常小,触点间电压若在最小点火电压以上时,则会产生火花放电。特别是感性负载,当切断流经电感的电流时,由于电感的反电动势,将会在触点间产生很大的感应电压,更容易产生火花放电。在产生火花放电之后,往往还伴随着弧光放电和辉光放电,直至熄灭。

电子开关(固态继电器、绝缘栅双极型晶体管、晶闸管等)虽然不会产生火花放电干扰,但是其通断可使电流发生急剧变化,从而形成干扰。

使用晶闸管(SCR)的电压调整电路就是一种由电子开关造成干扰的典型例子。晶闸管变流器所控制的电气负载在切换时往往产生强烈的干扰,会影响其他设备正常工作,同时还可能影响自身的同步电路、移相触发电路的正常工作。

开关电源作为开关状态的能量转换装置,其电压、电流变化率很高,产生较大的电磁干扰(EMI),这种干扰主要对无线电通信及测控系统产生不良影响。为了消除这种影响,就要限制这种干扰的大小。

(4)射频干扰。无线电广播、电视、雷达通过天线发射强烈的电波,高频加热器也会产生射频辐射。电波在电子设备的传输线上,以及作为无线电遥测系统的接收天线上,会感应大小不等的射频信号。有的电台在遥测接收天线上产生的电动势比欲接收的信号电动势大上万倍。不过,这类干扰的频带有限且可知,选择适当滤波器即可消除。

2. 内部干扰

内部干扰是指检测系统内部的各种元器件引起的各种干扰,它包括电路在工作时引起的干扰及电阻中随机性的电子热运动引起的热噪声;半导体及电子管内载流子的随机运动引起的散粒噪声;由于两种导电材料之间的不完全接触,接触面的电导率的不一致而产生的接触噪声,如继电器的动静触头接触时发生的噪声等;因布线不合理、寄生参数、泄漏电阻等耦合形成寄生反馈电流所造成的干扰;多点接地造成的电位差引起的干扰;寄生振荡引起的干扰;热骚动的噪声干扰等。

11.1.2 干扰的耦合

干扰信号进入接收电路或测量装置内的途径,称为干扰的耦合方式。干扰的耦合方式主要有:电场耦合、磁场耦合、共阻抗耦合、漏电流耦合。

1. 电场耦合

电场耦合是由于两个电路之间存在寄生电容,使一个电路的电荷通过寄生电容影响到另一条支路,因此,又称电压性耦合。

图 11-1 所示为仪表测量线路受电场耦合而产生干扰的实际电路及等效电路。

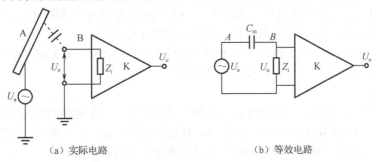

(a)实际电路   (b)等效电路

图 11-1 仪表测量线路受电场耦合而产生干扰的实际电路及等效电路

导体 A 为具有对地电压 U_a 的干扰源，B 为受干扰的输入测量电路导体，C_m 为导体 A 与 B 之间的寄生电容，Z_i 为放大器输入阻抗，U_o 为测量电路输出的干扰电压。

若设噪声源电压 U_a 为正弦量，则 B 点的干扰电压为

$$U_n = \frac{U_a}{1/\omega C_m + Z_i} Z_i \tag{11-1}$$

若 $Z_i = \frac{1}{\omega C_m}$，则 $U_n = U_a \omega C_m Z_i$。

设 $C_m = 0.01\text{pF}$，$Z_i = 0.1\text{M}\Omega$，$K = 100$，$U_a = 5\text{V}$，$f = 1\text{MHz}$。则有

$$U_n = 5 \times 2\pi \times 10^6 \times 0.01 \times 10^{-12} \times 10^5 \approx 31.4\text{mV}$$

而在放大器输出端的干扰电压为

$$U_o = K \, U_n = 3.14\text{V}$$

可见，在无信号输入时，放大器输出端出现 3V 左右的干扰电压，如果不采取抑制措施，那么电路将无法正常工作。

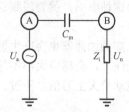

图 11-2　一般测量电路受到电场耦合干扰的等效电路

一般测量电路受到电场耦合干扰的等效电路如图 11-2 所示。图中 A 为干扰导体，电压为 U_a；B 为测量电路，Z_i 为测量电路的输入阻抗；C_m 为干扰导体到测量电路的寄生电容。加在测量电路输入阻抗 Z_i 上的干扰电压 U_n 为

$$U_n = \frac{Z_i}{\frac{1}{j\omega C_m} + Z_i} U_a = \frac{j\omega C_m Z_i}{1 + j\omega C_m Z_i} U_a \tag{11-2}$$

由于一般寄生电容较小，因此 $|1/j\omega C_m| = |Z_i|$，即 $|j\omega C_m Z_i| = 1$，式（11-2）可简化为

$$U_n \approx j\omega C_m Z_i U_a \tag{11-3}$$

从以上干扰信号的耦合方式可以看出：

（1）干扰电压 U_n 与寄生电容 C_m 成正比，所以应通过合理布线和适当的防护措施，减小分布电容 C_m，以减少电场耦合引起的干扰。

（2）干扰电压 U_n 与接收电路的输入阻抗 Z_i 成正比。从这一角度看，对于一般信号的放大电路，应尽量减小其输入阻抗 Z_i；但对高阻信号的检测，需要放大器的输入阻抗很高以减小负载效应，而这对抑制干扰是不利的。因此，在设计检测系统时，应兼顾信号检测的精度和抑制干扰的能力这两个方面的要求。

（3）干扰电压 U_n 与干扰源的频率 ω 成正比。这说明干扰源的频率越高，电场耦合引起的干扰也越严重。频率很高的射频段影响最严重，但对频率较低的音频范围，电容耦合干扰也不能忽视。

（4）干扰电压 U_n 与干扰源电压 U_a 成正比。这说明接收电路对干扰源的电压敏感，一般高电压小电流干扰源对测量电路的干扰主要是通过电容性耦合实现的。

（5）干扰为电压方式，采用电流传输可避免这种干扰。即将信号源和测量电路之间加入信号变换电路，使信号在两者之间以电流源的形式传输。

2. 磁场耦合

磁场耦合又称互感耦合。当两个电路之间有互感存在时，一个电路的电流变化，就会通过互感耦合影响到另一个电路，从而形成干扰电压。在电气设备内部，变压器及线圈的漏磁就是一种常见的磁场耦合干扰源。另外，任意两根平行导线也会产生这种干扰。

图 11-3 所示为存在磁场耦合干扰的电路。图中 I_a 为干扰源电流，M 为两电路间的互感。易

知 I_a 造成的干扰电压 U_n 为

$$U_n = j\omega M I_a \quad (11\text{-}4)$$

由上式可见：

（1）干扰电压 U_n 与干扰源电流 I_a 成正比。这说明大电流低电压干扰源对测量电路的干扰主要通过磁场耦合实现。

（2）干扰电压 U_n 与干扰源频率 ω 成正比。与电场耦合一样，高频噪声干扰大。

（3）干扰电压 U_n 与互感 M 成正比。因此，应尽量避免信号线与干扰线平行布线，以减小互感 M。

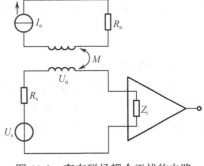

图 11-3 存在磁场耦合干扰的电路

（4）由图 11-3 可以看出，干扰电压 U_n 与输入信号 U_s 相串联，两者叠加在一起。对于串联在信号传输回路的电压方式的干扰，可以采用电流信号传输的方式加以避免。

（5）干扰电压 U_n 与接收电路的输入阻抗 Z_i 无关。因此，降低 Z_i 不能降低干扰电压。

3. 共阻抗耦合

共阻抗耦合干扰是由于两个以上电路有公共阻抗，当一个电路中的电流流经公共阻抗产生压降时，就形成其他电路的干扰电压，其大小与公共阻抗的阻值及干扰源的电流大小成比例。共阻抗耦合干扰在测量电路的内部电路结构中是一种常见的干扰，对多级放大电路来说，也是一种寄生反馈，当满足正反馈条件时，还会引起自激振荡。

（1）电源内阻抗的耦合干扰。在图 11-4 所示电路中，当用一个内阻为 r 的电源同时对 A、B 两部分电路供电时，任何一部分电路的电流 I_a、I_b 变化都会在公共阻抗 r 上产生干扰电压，造成对其他电路的干扰，图中 U_n 为干扰电压叠加的结果。

（2）公共地线阻抗的耦合干扰。在测量电路的各单元电路上都有各自的地线，如果这些地线不是一点接地，那么各级电流就流经公共地线，从而在地线电阻上产生电压，该电压就成为其他电路的干扰电压。

图 11-5 所示为公共接地线阻抗的耦合干扰。设 3 号板工作电流最大，通过公共地线 BA 段接地，并在 BA 段阻抗上形成电压降 ΔU_{BA}。1 号板接地点在 B 点，故其影响甚小，而 2 号板接地点设在 B 点附近，ΔU_{BA} 就构成了它的干扰电压。同样，2 号板放大器的输出电流亦流过 BA 段，又进一步改变 ΔU_{BA} 而形成对 3 号板的干扰电压，产生一个闭环的寄生反馈。当满足一定条件时，这个环路就会产生自激振荡。

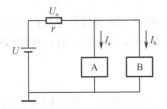

图 11-4 存在电源内阻抗耦合干扰的电路

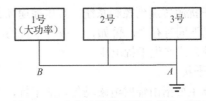

图 11-5 公共接地线阻抗的耦合干扰

（3）输出阻抗耦合干扰。当信号输出电路同时向几路负载供电时，任何一路负载电压的变化都会通过线路公共阻抗（包括信号输出电路的输出阻抗和输出接线阻抗）耦合影响其他路的输出，产生干扰。

图 11-6 所示为输出阻抗耦合干扰，表示一个信号输出电路同时向三路负载提供信号的情况。Z_s 为信号输出电路的输出阻抗，Z_o 为输出接线阻抗，Z_L 为负载阻抗。

如果 A 路输出电压产生变化 ΔU_A，那么它将在负载 B 上引起 ΔU_B 的变化，ΔU_B 就是干扰电

压。一般 $Z_L \gg Z_s \gg Z_o$，故由图 11-6 可得

$$\Delta U_B \approx \frac{Z_s}{Z_L}\Delta U_A \qquad (11\text{-}5)$$

4．漏电流耦合

由于电子电路内部的元器件支架、接线柱、印刷板等绝缘不良，流经绝缘电阻的漏电流也会引起干扰。图 11-7 所示为漏电流耦合干扰的等效电路。E_N 表示噪声电势，R_n 为漏电阻，Z_i 为漏电流流入电路的输入阻抗，U_{nc} 为干扰电压。作用在 Z_i 上的干扰电压为漏电流干扰电压为

$$U_{nc} = E_N \frac{Z_i}{Z_i + R_n} \approx \frac{Z_i}{R_n} E_N \qquad (11\text{-}6)$$

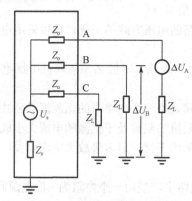
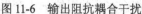
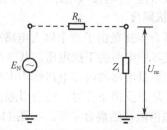

图 11-6　输出阻抗耦合干扰　　　　图 11-7　漏电流耦合干扰的等效电路

当测量电路的输入阻抗 Z_i 较高时，漏电流干扰严重。设有高阻抗放大器的输入阻抗 Z_i 为 $10^8\Omega$，干扰源的电压 E_N 为 15V，二者的绝缘电阻 R_n 为 $10^{10}\Omega$，则加到放大器输入阻抗上的干扰电压 U_{nc} 为

$$U_{nc} = E_N \frac{Z_i}{Z_i + R_n} = 15 \times \frac{10^8}{10^8 + 10^{10}} \approx 149\,(\text{mV}) \qquad (11\text{-}7)$$

可见，这一干扰不容忽视。

又如，在应变片电阻电桥测量电路中，通常要求应变片与其所贴的弹性体构件之间的绝缘电阻在 100MΩ 以上，其目的就是防止漏电流干扰。

11.1.3　干扰的传递途径

干扰从干扰源传递到控制系统，其传播途径大体分为辐射干扰和传导干扰两大类。这两种干扰在很多情况下同时存在。譬如，当载有干扰的导线在接收天线附近通过时，可以同时由辐射和导线传播两种方式产生干扰电压。

1．辐射干扰

辐射干扰主要指由辐射电磁场传播的干扰，以干扰源的电源电路、信号的输入输出电路、控制电路等的导线作为辐射天线。另外，当干扰源的外壳有高频电流时，整个设备本身也就变成了辐射天线。

干扰在空间的传播及被感应是由于电场和磁场相互作用的结果。当空间有静电荷时就产生静电场，当该电荷移动时就形成电流，由于电磁作用同时产生了电场和磁场。

2．传导干扰

干扰也可以通过导线传播。如果干扰的产生源与被干扰系统由同一电源线或其他传输线连接，那么干扰就通过该导线传输。其他传输线，诸如信号的输入输出电路、控制电路等虽然也能

够传输干扰,但一般来说,由电源线传输干扰占大多数。这种干扰的传输方式也称直接耦合方式。这种干扰传导模式分为差模噪声(主要是线间电压干扰)和共模噪声(主要是对地电压干扰)两种方式。

1)线间电压干扰和对地电压干扰

传播干扰波的导线多数是来回往复的一对平行导线,如电话线、同轴电缆等。这种平行导线由于感应而产生干扰电压。从设备的干扰影响及其抑制的观点来看可将这种感应干扰分为在线间电路产生的分量和在对地电路产生的分量,分别被称作线间电压和对地电压。

干扰电压在导线上传播时,线间电压的传输一般比对地电压的传输衰减大。原因是针对线间电压来说,线路上的分布电容是并联的,给干扰电压源造成很大负载。因此只要干扰源和被干扰系统的距离相对远一些,线间干扰电压即发生很大的衰减,干扰就会变得很小。而对地电压衰减比较小,尽管传输距离很长,也往往会造成很大的干扰,因此在干扰严重的情况下必须设法抑制。

在导线上会同时传播感应产生的线间干扰电压和对地干扰电压。如果导线阻抗是完全对称的,那么线间电压和对地电压完全应单独考虑。当阻抗不平衡时,在传输过程中可以由线间电压产生对地电压;反之,也可以由对地电压产生线间电压。对电话线之类的平衡电路,线间电压会直接干扰。

2)干扰通过信号线传输

系统的信号输入电路或输出电路在用导线做远距离传输时,干扰波同时也被传送了出去。针对干扰源来说,主要是对输出电路的影响大;而对被干扰的系统来说,主要是输入信号线的影响比较大。干扰波并不是这些信号线直接产生的,而是通过如下途径感应并传播干扰的。

(1)信号传输线的天线效应。

信号输入线作为接收天线,并从辐射干扰中感应了干扰电压。干扰源的信号输出线也具有辐射天线的作用,虽然没有像信号输入线那样大的影响,但它具有类似电源线的感应干扰效果。

(2)干扰电路的电磁感应。

信号输入线靠近干扰电路或电源输电线时就会产生电磁感应,这种电磁感应干扰对低电平信号的传输电路具有很大影响。

(3)信号输出电路的相互串扰。

当一个设备有几个输出电路时,由于其中一个电路产生干扰电压,其他几个输出电路也会产生干扰电压,即相互串扰现象。

在测控系统中,集中的传输线多半是用双绞线,并将其中一条线接地,相互扭在一起的双绞线对干扰波有较好的抵消作用,但实际上感应噪声却很大。另外,当通过接插件或连接器连接时,噪声也会变大。

3)电源线的感应噪声

在导线传输干扰类别中,通过电子系统的电源线传播的感应噪声是最为严重的一种。对所有系统来说,都要考虑通过电源线传输的干扰,从而加以抑制。电源线成为干扰源的主要成因有以下3个方面。

(1)输电线的天线将使其在接收辐射电磁波之后产生感应电动势,成为干扰电压。

(2)静电耦合和电磁耦合,使电源线从邻近电路上获得感应电压。

(3)在同一输电线路上供电的干扰设备,诸如电机旋转、开关的通断、其他大功率干扰设备等产生的干扰噪声,通过此输电线路传播。

11.2 屏蔽技术

在设计电子设备时,既要使该设备产生的电磁干扰限定在某个范围之内,以免影响其他应用系统；又要使设备的系统在某个给定的空间内防止或减小外部干扰的影响。一种有效的方法是使用铜或银等低阻材料或者使用磁性材料制成的容器，将需要隔离的部分包围起来，以防止电磁的相互作用，这种方式称为屏蔽。屏蔽的目的就是隔断场的耦合通道。

11.2.1 静电屏蔽

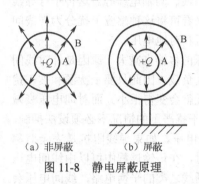

图 11-8 静电屏蔽原理

静电屏蔽是指防止静电场的影响，其作用是消除两个电路之间由于分布电容的耦合而产生的干扰。静电感应对在高压电场中的高输入阻抗电路是一种主要干扰。静电屏蔽是根据静电学原理，采用由导电性能良好的金属做成的屏蔽盒，并将它接地，屏蔽盒内的电力线不会影响外部，同时外部的电力线也不会穿透屏蔽盒进入内部。前者可抑制干扰源，后者可阻截干扰的传输途径，起电场隔离的作用。图 11-8 所示为静电屏蔽原理。图中设导体 A 带有电荷 $+Q$，B 为用低电阻的金属材料做成的屏蔽盒，屏蔽盒接地。

若导体 A 上的电荷是随时间变化的，则在接地线上就必定有对应于电荷变化的电流流通，这样，导体的外部空间就会出现感应的电磁场。因此，达到完全屏蔽是不可能的。

11.2.2 电磁屏蔽

1. 屏蔽原理

所谓屏蔽，一般大多是指电磁屏蔽，主要用来防止交变电场的影响。电磁屏蔽一般指高频交变电磁屏蔽。在交变场中，交变电场和交变磁场总是同时存在的。在频率较低的条件下，交变电磁场在近场表现较为突出，但电场和磁场的大小在近场随着干扰源性质不同而存在很大的差别。一般而言，对于高电压小电流干扰源应以电场干扰为主，磁场干扰可以忽略不计，此时可以只考虑电场屏蔽；反之，针对低电压大电流干扰源，电场干扰可以忽略不计，以磁场干扰为主，此时可以只考虑磁场屏蔽。

在频率很高的情况下，电磁辐射能力增强，产生的辐射电磁场趋向于远场干扰。远场干扰中的电场干扰和磁场干扰都不能忽略，既要进行电场屏蔽，又要进行磁场屏蔽，即电磁屏蔽。远场电磁屏蔽可采用高电导率材料制成的屏蔽体，并良好接地。这种屏蔽措施对近场高频电磁屏蔽效果也不错。

如果需要屏蔽的磁场强度很强，那么此时单独使用高磁导率材料就会在强磁场中饱和，丧失屏蔽效能，而使用低磁导率材料，由于吸收损耗不足，则不能满足要求。针对这种情况，可考虑多层屏蔽。双层屏蔽如图 11-9 所示。

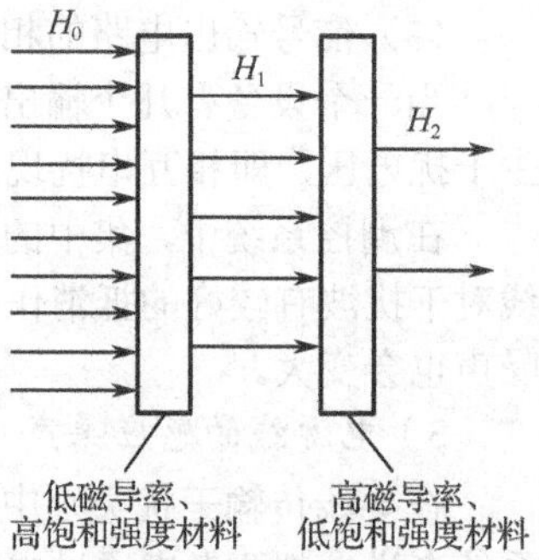

图 11-9 双层屏蔽

第一层屏蔽体磁导率低，不易饱和；第二层屏蔽体磁导率高，容易饱和。第一层屏蔽先将磁场衰减到一定的强度，不会使第二层饱和，第二层高磁导屏蔽体再做一次屏蔽，充分发挥其屏蔽效能。

2. 常用屏蔽材料

一般金属材料，如铜、铝、铁、金、银及其他合金等皆可作为屏蔽材料。根据各种金属材料磁导率、电导率的不同可用在不同的屏蔽场合。

金属材料的电导率、磁导率并不是固定不变的，会随外加电磁场、频率、温度等变化而发生变化。不同厚度的材料的频率特性也不一样。例如，高磁导率材料具有如下性质：①磁导率随着频率的升高而降低。②高磁导率材料在机械冲击的条件下会极大地损失磁性，导致屏蔽效能下降。因此，屏蔽体在经过机械加工后，如敲击、焊接、折弯、钻孔等，必须经过热处理以恢复其磁性。③磁导率还与外加磁场强度有关。当外加磁场强度较低时，磁导率随外加磁场的增强而升高；当外加磁场强度超过一定值时，磁导率急剧下降，材料发生饱和现象。材料一旦饱和，就失去了磁屏蔽作用。材料的磁导率越高，就越容易饱和。因此，在强磁场中，高磁导率材料可能并没有良好的屏蔽性能。在选取屏蔽材料时，关键之处是选择同时具有适当饱和特性和足够磁导率的材料，或者在一种材料屏蔽体难以满足屏蔽效能时，采取双层屏蔽或多层屏蔽措施。

磁屏蔽需要高磁导率材料，尤其在低频时，高磁导率材料的磁屏蔽效能高于高电导率材料。但在高频时，高电导率材料的磁屏蔽效能可能高于高磁导率材料。频率升高时，吸收损耗增加，磁导率降低，波阻抗升高，反射损耗增加，因而屏蔽效能高。所以可以在高磁导率材料表面涂覆高电导率材料，以提高屏蔽效能。磁屏蔽效能与材料的厚度、磁导率成正比，磁导率还与频率有很大关系，工作频率一般在 1kHz 以下。

3. 导线屏蔽

实践表明，干扰的传播途径大多数都是由连接各电路的导线辐射的，而且这种干扰是从有电流通过的导线上辐射的，因此有必要对导线进行屏蔽，以阻止导线上电流产生的电磁干扰向外辐射干扰其他敏感设备，或者抵御外部干扰源辐射的干扰。在测控系统中使用较多的往往是低电平信号导线，这些导线对外部辐射电磁波很敏感，因此有必要将这些导线屏蔽起来，防止电磁干扰。导线屏蔽大致分为：①铠装电缆，即利用铁皮编织或铝皮编织制成铠装导线将芯线包起来，既增加强度、保护导线，又起到电磁屏蔽作用，主要用于电力电缆中。②铜丝编织屏蔽线，即利用铜丝编织同轴电缆的外导体屏蔽层，将芯线包裹、屏蔽起来。屏蔽线分单芯电缆、多芯电缆，主要用于远距离传输信号电平。另外，在有些场合还可以使用铜管、钢管、铝管等作为导线管，套在导线外起屏蔽作用。

4. 外壳屏蔽

测控系统的电子设备、电路模块的机箱壳体材料一般有金属和塑料两种。如果将外壳作为一个屏蔽体，那么要遵循一定的规则对外壳进行屏蔽处理，并不是随意用金属做一个机箱，罩在电子设备外面，就能起到电磁屏蔽作用。实际电磁屏蔽体结构材料制作选取应当遵循以下原则：①适用于底板和机壳的材料大多采用金属导体，如铜、铝等，可以屏蔽电场，主要的屏蔽机理是反射信号而不是吸收信号；②对磁场的屏蔽采用铁磁材料，如高磁导率合金和纯铁等，主要的屏蔽机理是吸收而不是反射；③在强电磁环境中，采用双层屏蔽，同时屏蔽电场和磁场两种成分；④对于塑料外壳，为了使其具有屏蔽作用，通常采用喷涂、真空沉积或贴金属膜技术，使机箱上包一层导电薄膜，这种屏蔽称为薄膜屏蔽。由于薄膜屏蔽的导电层很薄，因此吸收损耗可以忽略不计，以反射损耗为主。

从理论上讲，影响屏蔽体屏蔽效能的因素有两个：一是整个屏蔽体表面必须是导电连续的，二是不能有直接穿透屏蔽体的导体。也就是说，用金属板做一个密闭的容器，其屏蔽效果最好。而实际上，在金属板材接缝处难免存在缝隙，在外壳上需要开设电源线、控制线及信号线等的出入孔。另外，为了满足维修、安装附件、进出冷却水、散热等要求，也要在外壳上开设孔洞。还有诸如外壳连接处的涂覆层及橡皮垫圈等，这些为绝缘体，或者在机壳使用一段时间后连接处生锈、腐蚀，会使接触状态变差。总而言之，诸多因素都能使外壳的导电不连续，孔缝破坏了屏蔽体的完整性，从而造成电磁泄漏，降低金属壳体的屏蔽效能。

综上所述，外壳屏蔽技术的关键是如何保证屏蔽体的完整性，使其电磁泄漏降到最低程度。抑制外壳电磁泄漏，通常采取如下措施。

（1）接缝。屏蔽壳体上的永久性缝隙一般采用氩弧焊密封焊接。对于非永久性缝隙，通常采用螺钉、螺栓或铆钉在连接处紧固连接。在安装之前必须将接缝处理干净，刮掉接触部分的涂覆层，使其良好导电。为了提高屏蔽效能，目前导电衬垫已被广泛用于接缝连接处，可以消除因配合面不平整或变形导致的接触不可靠现象。常用的导电衬垫有卷曲螺旋弹簧、金属丝网屏蔽条、铍铜指型簧片、导电橡胶等。

（2）通风孔。机壳上需要开通风孔，以满足散热要求。如果通风孔处理不当，那么会产生很严重的电磁泄漏，一般采用穿孔金属板或金属丝网覆盖通风孔，来减少电磁泄漏，提高屏蔽效能。

（3）传输线。必须对传输线进行屏蔽，传输线的屏蔽外皮必须伸入外壳或连接器内部。

（4）开关、表头安装孔。外壳上有时因需要安装开关、保险丝座、插头、表头等元器件而开孔。伸出外壳的开关要通过导电衬垫与外壳连接起来。

11.2.3 低频磁屏蔽

电磁屏蔽的措施对低频磁场干扰的屏蔽效果是很差的，因此，对低频磁场的屏蔽，要用高导磁材料作屏蔽层，以便将低频干扰磁力线限制在磁阻很小的磁屏蔽体的内部，防止其干扰作用。

低频磁屏蔽的原理如图 11-10 所示。A 为磁性干扰源，B 为受影响的磁性对象，C 为屏蔽板。为了减小磁阻，磁屏蔽板要选择高磁导率的铁磁材料（如铁、硅钢片、坡莫合金等），并且要有足够的厚度。为增强屏蔽效果，有时采用多层屏蔽，屏蔽体无须接地。由于屏蔽材料的磁导率很高，因此为磁场提供了一条磁阻很低的通路，空间的磁场会集中在屏蔽材料中，从而使敏感元器件免受磁场干扰。铁磁屏蔽只能用于低频（100MHz 以下）磁场屏蔽，因为高频时铁磁材料的磁性损耗很大。

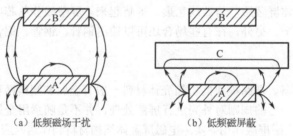

（a）低频磁场干扰　　　　（b）低频磁屏蔽

图 11-10　低频磁屏蔽的原理

11.2.4 驱动屏蔽

驱动屏蔽就是用被屏蔽导体的电位，通过 1:1 电压跟随器来驱动屏蔽层导体的电位。驱动屏蔽原理如图 11-11 所示。具有较高交变电位 U_n 干扰源的导体 A 与屏蔽层 D 间有寄生电容 C_{s1}，而 D 与被防护导体 B 之间有寄生电容 C_{s2}，Z_i 为导体 B 对地阻抗。为了消除 C_{s1}、C_{s2} 的影响，图 11-11 中采用了由运算放大器构成的 1:1 电压跟随器 R。设电压跟随器在理想状态下工作，导体 B 与屏蔽层 D 间的绝缘电阻为无穷大，并且等电位。因此在导体 B 外，屏蔽层 D 内空间无电场，各点电位相等，寄生电容 C_{s2} 不起作用，故具有交变电位 U_n 干扰源的导体 A 不会对 B 产生干扰。

应该指出的是，驱动屏蔽中所应用的 1:1 电压跟随器，不仅要求其输出电压与输入电压的幅值相同，而且要求两者相位一致。实际上，这些要求只能在一定程度上得到满足。

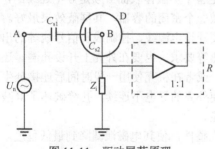

图 11-11　驱动屏蔽原理

11.3 滤波技术

滤波技术是抑制电气、电子设备的传导电磁干扰,提高电气、电子设备抗干扰能力的主要手段。滤波器将有用信号和干扰噪声的频谱隔离得越完善,它对减小有用信号回路内的干扰的效果就越好。在滤波技术的基本用途中,信号选择和信号干扰抑制是保证设备整体或局部屏蔽效能的重要辅助措施。滤波的目的是将干扰噪声减小到一定程度,使传输到设备的干扰噪声不超过标准给定的规范,不引起设备的误动作。为了满足EMC(电磁兼容)标准规定的传导发射和传导敏感度极限值要求,使用电磁干扰(EMI)滤波器是一种好方法。在测控系统中,正确采用噪声滤波器可有效防止外来电磁噪声干扰测控系统本身控制电路的工作,防止测控系统本身产生的电磁干扰向外传播。特别是针对测控系统中的电源设备,在工作时都会在输入、输出电路产生电磁干扰噪声,产生辐射及传导干扰,也会进入交流电网干扰其他电子设备,这种情况在开关电源领域尤其严重。在抑制电磁干扰噪声的传导干扰方面,电磁干扰滤波器是很有效的手段,当然还应配合良好的接地措施。

11.3.1 电磁干扰滤波器

滤波器之所以能够成为抑制电磁干扰的重要方法之一,是因为它可以把不需要的电磁能量,即电磁干扰减少到符合要求的工作电平上,正因为这样,滤波器是防护传导干扰的主要措施,如电源滤波器解决传导干扰问题。滤波器同时也是解决辐射干扰的重要武器,如抑制无线电干扰。在发射机的输出端和接收机的输入端安装相应的电磁干扰滤波器,滤掉干扰的信号,可以达到兼容的目的。

1. 电磁干扰滤波器的工作原理

电磁干扰滤波器的工作原理与普通滤波器一样,它能允许有用信号的频率分量通过,同时又阻止其他干扰频率分量通过,其方式有两种:一种是不让无用信号通过,并把它们反射回信号源;另一种是把无用信号在滤波器中消耗掉。

2. 电磁干扰滤波器的特殊性

由于电磁干扰滤波器的作用是抑制干扰信号的通过,所以它与常规滤波器有很大的不同。

(1)电磁干扰滤波器应该有足够的机械强度、安装方便、工作可靠、质量小、尺寸小及结构简单等优点。

(2)电磁干扰滤波器对电磁干扰抑制的同时,能在大电流和电压下长期地工作,对有用信号消耗要小,以保证最大传输效率。

(3)由于电磁干扰的频率是20Hz到几千赫兹,因此难以用集中参数等效电路来模拟滤波电路。

(4)要求电磁干扰滤波器在工作频率范围内有比较强的衰减性能。

(5)干扰源的电平变化幅度大,有可能使电磁干扰滤波器出现饱和效应。

(6)电源系统的阻抗值与干扰源的阻抗值变化范围大,很难得到使用稳定的恒定值,所以电磁干扰滤波器很难在阻抗匹配的条件下工作。

3. 滤波器的插入损耗

描述滤波器性能的最主要参量是插入损耗,插入损耗的大小随工作频率不同而改变。插入损耗可表示为

$$L_{\text{in}} = 20\lg \frac{V_1}{V_2} \tag{11-8}$$

式中 V_1——信号源通过滤波器在负载阻抗上建立的电压(V);

V_2——不接滤波器时信号源在同一负载阻抗上建立的电压(V);

L_{in}——插入损耗（dB）。

频率特性是指插入损耗随频率变化的曲线。

滤波器的频率特性必须满足设计的要求，为此目的，和滤波器连接的负载阻抗值及连接的信号源阻抗值也必须符合设计要求。另外，滤波器还必须有足够高的额定电压值，以保证能经受浪涌或脉冲干扰的恶劣电磁环境。

11.3.2 滤波器的分类及特性

1. 反射式滤波器

反射式滤波器是指由电感和电容组成的，能阻止无用信号通过，并把它们反射回信号源或干扰源的滤波器。其种类有 4 种：带阻滤波器、带通滤波器、高通滤波器和低通滤波器。

1）带阻滤波器

带阻滤波器是指用于对特定窄频带（在此频带内可能产生电磁干扰）内的能量进行衰减的一种滤波器。

带阻滤波器是用作串联在负载和干扰源之间的抑制器件，其作用如下：

（1）在音频放大器输入端或级间连接端可抑制拍频振荡器或者中频的馈入，抑制雷达脉冲重复频率、外差振荡等。

（2）在直流或者交流配电线上，抑制计算机时钟波动、整流纹波及雷达脉冲重复频率等。

（3）在接收机输入端抑制强的外干扰，否则这些干扰会产生过载。

（4）在接收机输入端抑制中频输入信号。

（5）在接收机输入端抑制影像信号频率。

（6）在发射机输出端或级间连接可抑制谐波。

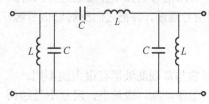

图 11-12 带通滤波器电路结构

2）带通滤波器

带通滤波器正好和带阻滤波器相反，它是指作用于对特定窄频带外的能量进行衰减的一种滤波器。

带通滤波器电路结构如图 11-12 所示。带通滤波器并联于干扰线和地之间，以消除电磁干扰信号，达到兼容的目的。

3）低通滤波器

低通滤波器是指低频通过、高频衰减的一种滤波器。它是电磁干扰技术中应用最多的一种滤波器。用于直流或交流电源线路时，对高于市电的频率进行衰减；用于放大器电路和发射机输出电路时，使基波信号通过，而谐波和其他乱真信号受到衰减。

（1）并联电容低通滤波器如图 11-13 所示。如果源阻抗和负载阻抗相等，那么插入损耗为

$$L_{in} = 10\lg(1+F^{\frac{1}{2}}) \tag{11-9}$$

$$F = \pi fRC$$

式中　L_{in}——插入损耗（dB）；

f ——工作频率（Hz）；

R ——源或负载阻抗（Ω）；

C ——滤波电容（F）。

（2）串联电感低通滤波器如图 11-14 所示。源阻抗和负载阻抗相等时，插入损耗为

$$L_{in} = 10\lg(1+F^{\frac{1}{2}}) \tag{11-10}$$

式中 $F = \pi f \dfrac{L}{R}$

L_{in}——插入损耗（dB）；

L ——滤波电感（H）。

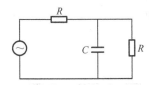
图 11-13 并联电容低通滤波器

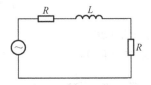
图 11-14 串联电感低通滤波器

（3）L 型低通滤波器如图 11-15 所示。单一元器件滤波器的缺点是带外衰落速率只有 6dB/倍频程，若把单个串联电感和并联电容组合而成一个 L 型结构的滤波器，则得到 12dB/倍频程。如果源阻抗和负载阻抗相等，那么滤波器的插入损耗与插入线路中的方向无关。

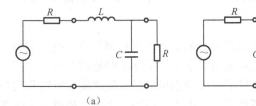

图 11-15 L 型低通滤波器

$$L_{in} = 10\lg\left[1 + \left(\dfrac{f}{f_0}\right)^2 \dfrac{D^2}{2} + \left(\dfrac{f}{f_0}\right)^4\right] \tag{11-11}$$

$$D = (1-d)/d^{\frac{1}{2}}$$

$$d = L/(CR^2)$$

式中 L_{in}——插入损耗（dB）；

f_0 ——截止频率（Hz）。

（4）π 型低通滤波器如图 11-16 所示。在宽波段内具有高的插入损耗，体积也较适中。当源阻抗与负载阻抗都为 R 时，其插入损耗用下式表示，

$$L_{in} = 10\lg\left[1 + \left(\dfrac{f}{f_0}\right)^2 D^2 - 2\left(\dfrac{f}{f_0}\right)^4 D + \left(\dfrac{f}{f_0}\right)^6\right] \tag{11-12}$$

$$D = (1-d)/3d^{\frac{1}{2}}$$

$$d = L/(2CR^2)$$

$$f_0 = \dfrac{1}{2\pi}\left(\dfrac{2}{RLC^2}\right)^{\frac{1}{3}}$$

式中 L_{in}——插入损耗（dB）；

f_0 ——截止频率（Hz）。

（5）T 型低通滤波器如图 11-17 所示。当源阻抗和负载阻抗均为 R 时，插入损耗由下式给出，

$$L_{in} = 10\lg\left[1 + \left(\dfrac{f}{f_0}\right)^2 D^2 - 2\left(\dfrac{f}{f_0}\right)^4 D + \left(\dfrac{f}{f_0}\right)^6\right] \tag{11-13}$$

$$D = (1-d)/3d^{\frac{1}{2}}$$
$$d = R^2C/(2L)$$
$$f_0 = \frac{1}{2\pi}\left(\frac{2R}{L^2C}\right)^{\frac{1}{3}}$$

式中 L_{in} ——插入损耗（dB）；
　　 f_0 ——截止频率（Hz）。

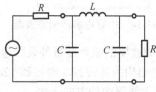
图 11-16 π 型低通滤波器

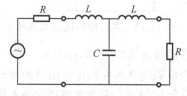
图 11-17 T 型低通滤波器

4）高通滤波器

在降低电磁干扰方面，高通滤波器虽不如低通滤波器应用广泛，但也有用途，特别是这种滤波器一直被用于从信号通道上滤除交流电流频率或抑制特定的低频外界信号。设定高通滤波器时，均采用倒转方法，凡满足倒转原则的低通滤波器都可以很方便地变成所需的高通滤波器。倒转原则就是将低通滤波器的每一个线圈换成一个电容，而每一个电容换成一个线圈，就可变成高通滤波器。

这个方法的依据是电感与电容互为可逆元器件。使 $2\pi f_a L=1/(2\pi f_b C)$，即在已知支路中频率为 f_a 的电感的阻抗值与频率为 f_b 的电容的阻抗值相等，而使 $LC=10^{-12}$。结果是高通滤波器在频率为 f_b 的衰减与低通滤波器在频率为 f_a 的衰减相等，则

$$2\pi f_b = \frac{1}{2\pi f_a LC} = \frac{10^{12}}{2\pi f_a}$$

2. 吸收式滤波器

吸收式滤波器又称损耗滤波器，其结构相当于一个绕线或穿芯的磁芯线圈。这类滤波器主要是利用磁性材料的阻抗频率特性来达到抑制电磁干扰噪声的目的。它将信号中不需要的频率分量的能量消耗在滤波器中，但允许需要的频率分量信号无障碍通过。

1）有损耗滤波器

为了消除 LC 型低通滤波器的频率谐振及要求终端负载阻抗匹配的弊端，使电磁干扰滤波器能在较大的频率范围中具有较大的衰减，人们根据介电损耗和磁损耗原理研究出一种有损耗滤波器。其基本原理是选用具有高损耗系数或高损耗角正切的电介质，把高频电磁能量转换成热能。在 50Ω 检测系统中，具有高损耗系数的电介质的截止频率大于 10MHz。有一种具有电气密封的损耗石墨，截止频率可达到 10GHz。

在实际使用时，是将铁氧体一类物质制成柔软的磁管，从而可以在绝缘或非绝缘的导体上滑动，这种磁管称为电磁干扰抑制管。柔软性磁管的磁导率与磁环和磁条相比要低一些。由于磁管没有饱和特性和谐波特性，所以可以使用在 0Hz 以上的频率范围内。

电磁干扰抑制管的工作原理类似于磁环或磁条，在 10MHz 附近有一个等效的磁导率，这就增加了被抑制导线的电感量。在低频上，电磁干扰抑制管也适于跟具有金属化屏蔽层的电容一起使用。当电磁干扰抑制管当作低通滤波器使用，并应用在电源汇流条时，磁管材料对任何直流、50Hz、400Hz 电源线电流均不会产生饱和。

2）有源滤波器

用无源元件制造的电磁干扰滤波器有时庞大而笨重，使用晶体管的有源滤波器可以不需要过大的体积和质量就能提供较大值的等效 L 和 C。对低频低阻抗电源电路用有源滤波器更为合适。此滤波器的特点是尺寸小、质量小、功率大、有效抑制频带宽。这种滤波器通常有 3 种类型：

（1）模拟电感线圈的频率特性，给干扰信号一个高阻抗电路，称为有源电感滤波器。

（2）模拟电容的频率特性，将干扰信号短路接地，称为有源电容滤波器。

（3）一种能产生与干扰电源幅值同样大小、方向相反的电流，通过高增益反馈电路将电磁干扰对消掉的电路，称为对消滤波器。在交流电源线中，采用对消干扰技术是最有效的方法。对消滤波器具有很高的效能，通过自动调谐器把滤波器的频率调到电源频率上，使滤波器仅能通过电源频率的信号。即使负载和源阻抗很低（1Ω 以下）时，也可得到 30dB 的衰减值。若要得到更高的衰减值时，则可将滤波器进行联级。

3）电缆滤波器

电缆滤波器就是先将具有一定磁导率和电导率的柔软性铁氧体磁芯包在载流线上，然后在磁芯上密结一层磁导线，用来增加正常的集肤效应，提高对高频干扰的吸收作用。外面加一层高压绝缘，就形成了电缆滤波器。

11.3.3 滤波器的安装

选择好合适的滤波器，如果安装不当，那么仍然会破坏滤波器的衰减特性。只有恰当地安装滤波器，才能实现良好的滤波效果。

1. 合适的安装位置

根据干扰源入侵途径的不同，可确定滤波器是安装在干扰源一侧还是安装在受干扰对象一侧。当多个设备受到一个干扰源影响时，滤波器应当安装在干扰源一侧。如果将滤波器安装于设备一侧，那么每台设备都应安装一个滤波器。反之，如果多个干扰源影响一台敏感设备时，那么滤波器就应安装于设备一侧。为了抑制来自电源线的干扰，滤波器应安装于电源线的输入端，连线要尽量短。

2. 良好屏蔽

干扰源和滤波器需要屏蔽，并且其输入线和输出线也应当采用屏蔽线，引线应尽量短，避免交叉，以抑制输入端引线和输出端引线之间的耦合感应。

3. 正确接地

滤波器加上屏蔽，其屏蔽体应和设备金属壳体良好搭接。为了缩短滤波器的接地线，接地点应和设备机壳的接地点取得一致。否则，高频接地阻抗将直接影响高频滤波效果，当滤波电容与地线阻抗谐振时，将产生很强的电磁干扰。因此，滤波器的金属外壳要直接与设备机壳相连，如果外壳喷漆，那么必须刮去漆皮，实现良好搭接。如果滤波器的金属外壳不能直接接地或者使用塑料外壳滤波器时，那么其与设备金属外壳的接地连线应尽可能短。

11.4 接地技术

在检测系统中，接地是抑制干扰的主要方法。设计和安装过程中如果能把接地和屏蔽正确地结合起来使用，那么可以抑制大部分干扰。因此，接地是检测系统设计中必须加以充分而周全考虑的问题。

"地"是电路或系统中为各个信号提供参考电位的一个等电位点或等电位面，所谓"接地"就是将某点与一个等电位点或等电位面之间用低电阻导体连接起来，构成一个基准电位。

检测系统中的地线有以下 5 种。

① 信号地。在检测系统中，原始信号是用传感器从被测对象获取的，信号（源）地是指传感器本身的零电位基准线。

② 模拟地。模拟地是模拟信号的参考点，所以组件或电路的模拟地最终都归结到供给模拟电路电流的直流电源的参考点上。

③ 数字地。数字地是数字信号的参考点，所有组件或电路的数字地最终都与供给数字电路电流的直流电源的参考点相连。

④ 负载地。负载地是指大功率负载或感性负载的地线。当这类负载被切换时，其地电流中会出现很大的瞬态分量，对低电平的模拟电路乃至数字电路都会产生严重干扰，通常把这类负载的地线称为噪声地。

⑤ 系统地。为避免地线公共阻抗的有害耦合，模拟地、数字地、负载地应严格分开，并且最后要汇合在一点，以建立整个系统的统一参考电位，该点称为系统地。系统或设备的机壳上的某一点通常与系统地相连接，供给系统各个环节的直流稳压或非稳压电源的参考点也都接在系统地上。

检测系统接地是为了消除各电路电流经一个公共地线阻抗时所产生的噪声电压；避免磁场和地电位差的影响，不使其形成地环路，避免噪声耦合。

1. 安全接地

安全接地是指将高压设备的外壳与大地连接，可有效防止设备外壳上由于电荷积累、电压上升或设备本身绝缘损坏而造成人身伤害。另外，还有一种防雷接地也属于安全接地，对于检测系统而言，一旦遭遇雷电袭击，后果将不堪设想。除雷电直击外，最具破坏作用的是二次效应。由于雷电的高电位、大电流、瞬时性等特点，并且雷电流变化梯度大，能产生强大的变化磁场，使其覆盖的金属导体产生感应电势，继而产生感应电流，雷电流一旦侵入微电子系统的信号入口，将会导致电子元器件击穿、烧坏，使系统瘫痪，因此必须采取措施加以防护。最常用的防护措施是在高处设置避雷针与大地相连，从而避免雷击时危及设备和人身安全。在接"大地"的接地系统中，接地导体电阻要小，接地深度要尽量大，这样才能保证接地电阻小，从而降低系统的共阻抗，减小共模干扰。

2. 工作接地

工作接地是指在系统正常工作时，电路需要提供一个基准导体或基准电位点，该基准可以设定为系统中的某一点、某一段或某一块等，基准电位一般设定为零，比如直流电源的基准等。这种相对的零电位一般会随着外界电磁场的变化而变化，是不稳定的，会使系统的参数发生变化，导致电路系统工作不稳定。当该基准与大地连接时，基准电位视为大地的零电位，不会随着外界电磁场的变化而变化。

正确的接地既能抑制电磁干扰的影响，又能抑制系统向外发出干扰；而错误的接地会引入严重的干扰信号，使系统无法工作。

1）串联单点接地

两个或两个以上的电路共用一段地线的接地方式称为串联单点接地方式。串联单点接地方式如图 11-18 所示。Z_1、Z_2 和 Z_3 分别是各段地线的等效阻抗，i_1、i_2 和 i_3 分别是电路 1、电路 2 和电路 3 的入地（返回）电流。因此电流在地线等效阻抗上会产生压降，所以 3 个电路与地线的连接点的对地电位具有不同的数值，它们分别是

$$u_A = (i_1 + i_2 + i_3)Z_1$$
$$u_B = (i_1 + i_2 + i_3)Z_1 + (i_2 + i_3)Z_2$$
$$u_C = (i_1 + i_2 + i_3)Z_1 + (i_2 + i_3)Z_2 + i_3 Z_3$$

显然，在串联接地方式中，任一电路的地电位都受到其他电路地电流变化的调制，使电路的

输出信号受到干扰。这种干扰是由地线公共阻抗耦合作用产生的。离接地点越远,电路中出现的噪声干扰越大,这是串联接地方式的缺点。但是,与其他接地方式相比,串联接地方式布线最简单,费用最低。

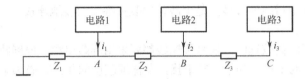

图 11-18 串联单点接地方式

串联接地通常用来连接地电流较小且相差不太大的电路。为使干扰最小,应把电平最低的电路安置在离接地点(系统地)最近的地方并与地线相接。

2)并联单点接地

各个电路的地线只在一点(系统地)汇合的方式称为并联单点接地方式,并联单点接地方式如图 11-19 所示。各电路的对地电位只与本电路的地电流和地线阻抗有关,因而没有公共阻抗耦合噪声。

并联单点接地的缺点在于所用地线太多,对于比较复杂的系统,这一矛盾更加突出。此外,其不能用于高频信号系统。因为这种接地系统中地线一般都比较长,在高频情况下,地线的等效电感和各个地线之间杂散电容耦合的影响是不容忽视的。

3)多点接地

上述两种接地方式都属于一点接地方式,主要用于低频系统。在高频系统中通常采用多点接地方式。多点接地方式如图 11-20 所示。在这种系统中各个电路或元器件的地线以最短的距离就近连到地线汇流排(通常是金属底板)上,因地线很短(通常远小于 25mm),底板表面镀银,所以它们的阻抗都很小。多点接地不能用在低频系统中,因为各个电路的地电流流过地线汇流排的电阻会产生公共阻抗耦合噪声。

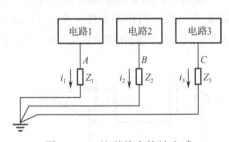

图 11-19 并联单点接地方式

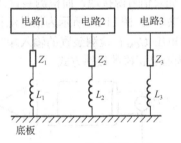

图 11-20 多点接地方式

一般的选择标准是,在信号频率低于 1MHz 时,应采用单点接地方式;而当频率高于 10MHz 时,多点接地系统是最好的。对于频率处于 1～10MHz 之间的系统,可以采用单点接地方式,但地线长度应小于信号波长的 1/20。如果不能满足这一要求,那么应采用多点接地。

3. 屏蔽接地

用作屏蔽作用部件,按电路要求良好地接地可称为屏蔽接地。

1)屏蔽体接地

当整个系统需要抵御外界电磁干扰,或者防止系统对外界产生电磁干扰时,应当将整个系统屏蔽起来,并将屏蔽体接到系统地线上。常见的屏蔽体有屏蔽室、机壳及元器件的屏蔽帽等。对于它们的屏蔽应做到以下 4 点。

(1) 不能将屏蔽体本身作为回流导体。
(2) 应使用紧靠屏蔽体的接地平板和接地母线。
(3) 接地母线和接地平板只有一点接地，其余部分应与屏蔽体绝缘。
(4) 接地平板和接地母线的接地点是屏蔽体内装置唯一的接地连接。

2) 屏蔽电缆接地

当放大器与传感器距离较远时，信号传输线都要采用屏蔽电缆，但屏蔽电缆的屏蔽外皮本身并不能够抑制外界传来的干扰。为了抑制干扰，发挥屏蔽层的作用，必须采取接地措施，以使电缆屏蔽层的感应电荷引入接地系统中。

如果检测电路是一点接地，那么电缆的屏蔽层也应一点接地。下面通过具体例子说明接地点的选择准则。

(1) 如果信号源不接地，而测量电路（放大器）接地时，那么电缆屏蔽层应接到检测电路的接地端（公共端）。图11-21 所示为信号源不接地而检测电路接地的检测系统。电缆屏蔽层 B 点接信号源 A 点，电缆绝缘层与地相连，U_{CM} 为两接地点的电位差。分析图11-21（a），显然可见，共模干扰 U_{CM} 在检测电路输入端会产生差模干扰电压 U_{12}。图11-21（b）中，电缆屏蔽层 C 点接地，由共模干扰电压 U_{CM} 产生的差模干扰电压 $U_{12} \approx 0$。

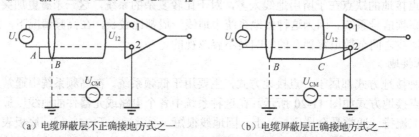

(a) 电缆屏蔽层不正确接地方式之一　　　　(b) 电缆屏蔽层正确接地方式之一

图 11-21　信号源不接地而检测电路接地的检测系统

(2) 如果信号源接地，而检测装置（放大器）不接地时，那么电缆屏蔽层应接到信号源的接地端（公共端）。图11-22 所示为信号源接地而检测电路不接地的检测系统。在图11-22（a）中，共模干扰电压 U_{CM} 在检测装置的输入端产生差模干扰电压 U_{12}，而在图11-22（b）中，差模电压 $U_{12} \approx 0$，因而是正确的接地方式。

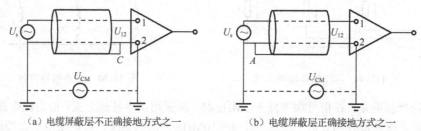

(a) 电缆屏蔽层不正确接地方式之一　　　　(b) 电缆屏蔽层正确接地方式之一

图 11-22　信号源接地而检测电路不接地的检测系统

3) 静电屏蔽接地

当用完整的金属屏蔽体将带电导体包围起来之后，在屏蔽体的内侧将感应出与带电导体等量异种的电荷，其外侧将出现与带电导体等量的同种电荷，因此仍有外电场存在，从而产生了静电。如果将金属屏蔽体接地，那么金属壳外侧的电荷将流入大地，外侧存在的电场就会消失。

4. 浮地与接地

检测系统的浮地就是将系统的各个部分全部与大地浮置起来，即浮空。浮地方法简单，但全系统与地的绝缘电阻不能小于 50MΩ。这种方法有一定的抗干扰能力，但一旦绝缘下降便会带来干扰；另外，浮地易于产生静电，导致干扰。

还有一种方法是将检测系统的各机壳接地，其余部分浮地。这种方法抗干扰能力强，而且安全可靠，但制造工艺复杂。

多数检测系统应接地，但飞行器和船舰上的智能检测系统不可能接地，应采用浮地方式。

11.5 印制电路板的抗干扰设计

现代电子设备广泛采用印制电路板（Printed Circuit Boards，PCB），PCB 取代了以往的许多复杂配线，为制造和维修电子设备提供了极大方便。

集成电路的出现更加促进了 PCB 技术的迅猛发展，尤其近几年生产的 PCB，不仅电性能好、工艺结构合理，而且体积小、质量小、价格便宜，除为电路中的元器件、器件提供可靠的机械支撑和电气连接外，还普遍提高了电路抵抗噪声的性能。

电路板上的铜箔导线和金属化孔是最关键部分。虽然 PCB 的基本特性是由多方面决定的，如板的材料、尺寸、形状、外部连接方式、厚度公差、最大翘曲和扭曲允许值等，但从电磁干扰角度说，是由铜箔厚度、导线的宽度和长度、电阻值、电感值、电容值、电流容量及相邻导线间的串扰等来决定 PCB 的抗扰度的。板内的元器件布局不当也是发生干扰的重要因素，导线的公共阻抗、导线和元器件在空间产生的电磁场、运行时机器内部的温升和某些元器件的振动等，都是设计 PCB 时必须认真考虑的项目。

此外，向 PCB 供电的电源母线形式、板间连线、电子设备的内部配线等，对电子设备中的噪声和敏感度都有很大影响。实践证明，即使电路原理图设计正确，而 PCB 设计不合理，也会对测控系统的可靠性带来影响。因此，在设计 PCB 时应采用正确的方法，要进行电磁兼容性设计。

1. PCB 的种类及特点

目前，比较流行的 PCB 有 3 种，最普遍的是一面有导线的单面板和正、反面都有导线的双面板；而复杂电路采用的是由 3～12 个单面或双面板重叠粘合成的多层 PCB。表 11-1 所示为常用 PCB 的种类和特点。电视机、收音机等民用电器多用苯酚板制成的单面板；计算机、外围终端、控制装置等工业生产设备多用环氧玻璃布板制成的双面板和多层板，其中双面板占 60%以上。

表 11-1 常用 PCB 的种类和特点

种　类	特　点
单面板	1. 一面有导线 2. 密度低，成本低 3. 材料为纸苯酚板或环氧玻璃布板，多供民用
双面板	1. 正、反两面有导线 2. 成本低，密度稍高 3. 材料多用环氧玻璃布板，供工业生产用 4. 采用小型母线的双面板，其功能接近四层板
多层板	1. 由于内层有专用电源层和地线层，供电线路的阻抗较低，能减少公共阻抗干扰 2. 由于对信号线都有均匀接地面，信号线的特性阻抗稳定，易匹配，减少了反射所引起的波形畸变 3. 加大了信号线和地线之间的分布电容，减少串扰 4. 配线密度高，成本高 5. 供计算机等用

续表

种　类	特　点
多层金属丝板	1. 配线密度高 2. 电特性与多层板相近
挠性PCB	1. 软性板 2. 小型，供要求特殊形状的元器件使用

2. PCB 的布局、布线原则

一套性能优良的测控系统中，除了设计合理的电路和选择高质量的元器件，PCB 的元器件布局和电气连线方向的正确结构设计也是决定电子设备及测控系统能否正常工作的一个关键问题。对同一参数电路或者同一种元器件，会因元器件布局设计和电气连线方面的不同而产生不同的结果，差异可能会很大。所以，必须把测控系统的工艺结构、如何正确设计 PCB 元器件布局和正确选择布线几方面综合考虑，这不仅能消除因布线设计不当而产生的噪声干扰，同时由于工艺结构合理，也便于生产中的安装、调试与维修。

1）布局原则

首先，确定 PCB 的设计层数。一般来说，按电路完成功能的复杂程度来确定 PCB 的层数，单面板、双面板一般适用于低、中密度的电路和集成度较低的电路，多层板适用于高密度布线、高集成度芯片的数字电路等。

其次，合理选取 PCB 的尺寸大小。PCB 的大小要适中，尺寸过大会增大印刷线条铜皮长度，增加阻抗，提高成本，降低了抵抗噪声的能力。如果尺寸过小，那么元器件安装密度过大，各个元器件及邻近线条间会互相干扰，通风散热效果也不好。电路板的最佳形状为矩形，长宽比一般选取 4:3 或 3:2。如果电路板的尺寸过大，那么应考虑其机械强度。PCB 尺寸确定后，可以根据电路功能单元的具体要求，对电路上所用的全部元器件进行合理化布局。元器件的布置与其他电路一样，原则上是把互相关联的元器件尽量放置得靠近些，如各种发生器、晶振和 CPU 的时钟输入端都易产生噪声，这些应互相靠近，远离逻辑电路。逻辑电路的出线端子附近应放置高速元件，稍远处放置低速电路等，以降低共阻抗、串扰等噪声。对某些可能存在较高的电位差元器件或导线，应加大两者之间的距离，以防短路事故的发生。元器件的布置应考虑将发热元器件远离关键集成电路，最好把 ROM（只读存储器）、RAM（随机存储器）、时钟发生器等发热较高的部件放置在通风散热较好的地方；磁性元器件要进行屏蔽，敏感元器件要远离 CPU、时钟发生器等。一些笨重、发热量大的元器件不宜安装在 PCB 上，应采用支架等支撑构件将其固定在整机机箱底板上，并且通风散热要好。可调式元器件，如电位器、可调电感、电容等，若是机内调节，则应置于易于调节的地方，若是外部调节，则应安装于面板上。

对电路板上的元器件应进行分组布置，即将完成某种功能的电路元器件划为一组，同组的放在一起，以便在空间上保证各组元器件不相互干扰。一般是先按使用电源电压分组，再按数字与模拟、高速与低速及电流大小等进一步分组。每组电路以其核心元器件为中心，外围元器件均匀、整齐、紧凑排列，尽量减小排列距离，减小连线长度。电路单元组与组之间应按照电路流程安排各组功能单元电路位置，使布局便于信号流通，并使信号方向尽可能保持一致。如果线路中使用连接器，那么应根据元器件在 PCB 上的位置确定。所有连接器最好置于 PCB 一侧，尽量避免从两侧引出电缆，以便减小电磁辐射。高速元器件应尽量远离连接器；I/O 驱动器应靠近连接器，避免 I/O 信号在 PCB 上走线距离长，受到干扰信号的耦合。另外，PCB 上靠近边缘的元器件距离电路边缘应保持一定长度，一般不小于 2mm。

PCB 上的元器件分布要均匀合理，力求整齐、美观、结构紧凑。有一些元器件，如电阻、二极管等，可以水平放置，也可以竖直放置。在电路元器件数量不多，而且电路板尺寸允许的情况下,一般采用平放;如果元器件很多,而 PCB 大小又受到一定限制,那么这时可增强其天线效应,容易接收辐射干扰噪声。同样的道理,PCB 上尽量少用集成电路插座,但考虑到调试、维修的方便性问题,使用 IC 插座有时却有很大的好处,使用时一定要使其引脚方位与集成电路一致,这一点初学者容易忽略,应引起注意。还有一点需要指出的是,元器件布置应力求合理,尽量避免使用跳线,因为使用跳线会增加电感,降低抗干扰性能。

2)布线原则

在元器件布局基本考虑好之后,就可以进行布线设计了。在 PCB 上进行布线时,需要进行电磁兼容分析,在任何时候,信号由源到负载的传输线都必须构成一个完整的回路。如果不是经由设计的回路到达目的负载,那么一定是通过某个客观存在的回路到达的,这个客观存在的回路多数是由一些分布的耦合元器件连接的,构成这一非正常回路中的一些元器件会受到电磁干扰的影响,这种分布耦合元器件常常被忽略。根据电磁感应定律,任何磁通变化都会在闭合回路中产生电动势,任何交流电流都会在空间产生电磁场,这就是 PCB 干扰噪声产生的机理。在 PCB 的设计过程中容易忽略的是存在于元器件、导线、印制线和连接器上的寄生电感、电容和导纳,例如,电容可以等效为电容、电感和电阻构成的串联回路。

在 PCB 布线设计过程中,应先确定元器件在板上的位置,先布置地线,再安排高速信号线,最好考虑低速信号线。通常应遵循如下原则。

(1)电源线、地线处理。即使在整个 PCB 中的布线都比较好,但电源线、地线处理不当而引起的干扰,也会使产品性能下降,甚至会影响到产品的成功率。所以对电源线、地线的处理需要认真对待,把电源线、地线产生的干扰降到最低程度,以保证 PCB 的质量。

应在每个 PCB 入口处的电源线与地线之间并接去耦电容,去耦电容应为一个大电容量的电解电容(几十微法)和一个非电解电容($0.01\sim0.1\mu F$)并联。并接大电容是为了消除低频干扰成分,并接小电容是为了滤除高频干扰噪声。出于安全考虑,电源线和地线应靠近布置。电源线与地线的布线方式如图 11-23 所示。图 11-23(b)所示的布线方式就不合理。电源线靠近地线布置能减小差模辐射的环面积,有助于减小电路的交叉干扰;电源线、地线的走向与数据信息传递方向一致,有助于增强抗干扰能力。

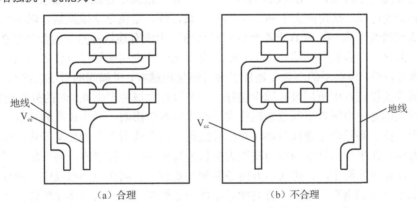

图 11-23 电源线与地线的布线方式

电源线、地线要尽量宽,地线要比电源线宽,其关系为地线宽度>电源线宽度>信号线宽度。对铜箔厚度为 0.05mm 的线路板,信号线宽度一般为 $0.2\sim1$mm,电源线宽度可为 $1.2\sim2.5$mm。线与线之间的距离主要由线间绝缘电阻和击穿电压决定,当然只要条件允许,导线间距应大一些为好。

(2)信号线、时钟线。在电路中,信号线、时钟线等与地线距离较近,形成的环路面积就比较小,共模环路电压小,干扰噪声较弱;反之,干扰噪声就比较强。输入端、输出端用的导线应尽量避免相互平行，但如果两根线上的电流方向相反，那么应平行走线能相互抵消电流产生的磁场，从而消除干扰。时钟线、信号线最容易产生电磁辐射干扰，走线时应与地线回路向靠近，驱动器应紧靠连接器。对数据总线的布线，其驱动器应紧靠其欲驱动的总线。高阻抗的走线容易吸收噪声信号，引起电路不稳定，因而其走线距离要尽量短；低阻抗的走线距离可以相对长一些。在同一组电路中，其接地点应尽量靠近，并且本级电路的去耦电容也应在接地点附近，特别是一些信号的接地点不能离得太远，否则会因铜箔太长而引起干扰自激。实际上 PCB 导线的电感量与其宽度成反比，与其长度成正比，因此短而粗的导线对抑制干扰是有利的。时钟引线、总线驱动器的信号线往往载有较大的瞬变电流，所以导线要短而宽，瞬变电流在导线上产生的冲击干扰就小得多。

对于分立元件电路，铜箔导线宽度取 1.5mm 左右即可，而对于集成电路，铜箔导线宽度可为 0.2~1mm。信号线在布置时，应使不相容的信号线（数字与模拟、高速与低速、大电流与小电流、高电压与低电压等）相互远离，不能平行走线，最好按照信号的流向顺序安排，一个电路的信号输出线尽量不要折回信号输入线区域。高速信号线要尽可能短，以免干扰其他信号线。在双面板设计中，必要时可在高速信号线两边加隔离地线；多层板上所有高速时钟线都应根据时钟的长短采取相应的屏蔽措施。

信号线的阻抗匹配问题也应注意，所谓阻抗匹配就是信号线的负载效应与信号线的特性阻抗相等。特性阻抗与信号线宽度、地线层的距离和衬板的介电常数等物理因素有关，是信号线的固有特性。如果阻抗不匹配，那么将引起数字传输信号波形产生振荡，造成逻辑混乱。通常情况下信号线的负载是芯片，基本上是稳定的。造成不匹配的原因主要是信号线在走线过程中本身特性阻抗发生了变化，如走线的宽度发生改变、走线直角拐弯、经过了过孔等，因而布线时应采取一定措施使信号线在全程走线时的特性阻抗不变。一般数字信号线应避免穿过两个以上的过孔，高速信号尽量布置在同一层上，以避免穿过孔；信号线铜箔应避免直角拐弯；信号线铜箔不要离 PCB 边缘太近，要留有 3mm 以上的距离，否则特性阻抗会变化，而且容易产生边缘场，向外辐射；时钟信号线负载不是一个时，不能采用树形结构走线，而应采用蜘蛛网形结构走线，所有的时钟负载直接与时钟功率器连接。

（3）避免导线的不连续性。在 PCB 布线设计中，要尽量减小导线的不连续性，导线不要突然变宽，需要有渐变过程；拐角应大于 90°，禁止环状走线，避免分支或缠结，以抑制高频信号产生的反射干扰和谐波干扰。在 PCB 上不允许有任何电气上没有连接并悬空的金属存在，集成电路的空闲引脚、散热片、金属屏蔽罩、支架和板上没有利用的金属面等都应该接至地线上。

（4）高频元器件。电路中的高频元器件引脚引线越短越好，引脚间的引线层间交替越少越好，也就是说元器件连接过程中所用过孔越少越好。一个过孔大概能产生 0.5pF 的分布电容和 1nH 的寄生电感，过孔的寄生电感带来的危害往往大于寄生电容的影响。减少过孔的数量，可以大大加快速度、减少干扰。高频电路布线时要注意信号线近距离布线所引入的交叉干扰，如果无法避免平行分布，那么可在平行信号线的反面布置大面积地线来减小干扰噪声。同一层内平行走线几乎无法避免，但在相邻的两个层，走线的方向务必相互垂直。在高频电路布线中，最好在相邻两层中交替进行水平分布和垂直分布，而且高频元器件的走线要尽量远离敏感元器件，如模拟信号放大电路等。

在实际应用中，使用最多的是单面板和双面板，其制造简单、设计装配方便，适用于一般电路要求，但不适用于要求很高的组装密度或复杂电路。

单面或双面线路板没有电源面和地线面，进行布线设计时，一般是先人工布置好地线，然后将关键信号，如高速时钟信号或敏感电路和靠近它们的地回路布置好，最后对其他功能电路进行布线。为了使布线设计一开始就有一个明确目标，在电路图上应列出尽量多的有用信息，例如：不同功能模块在 PCB 上的位置要求；敏感元器件和 I/O 接口的位置要求；某些元器件的散热要求；

某些元器件的屏蔽要求；线路图上应标明不同地线，以及对关键连线的要求；标明在哪些地方不同的地线可以连接起来，哪些地方不允许连接；哪些信号线必须靠近地线等。

3. 模拟与数字混合电路布线

模拟电路和数字电路的布线虽有类似之处，但二者的布线策略不同。模拟电路布线时，要将模拟电路尽量远离数字信号线和地线上的回路。可将模拟地回路单独连接到系统地连接端，或者将模拟电路放置在电路板的最远端，也就是线路的末端。这样做是为了保持信号路径所受到的外部干扰最小。数字电路则不需要这样做，数字电路可以承受地线回路上的大量噪声，而不会出现很大的问题。在 PCB 设计中，模拟电路对开关噪声很敏感，因此模拟器件的安装位置要和数字元器件分开，才能获得更好的抗干扰效果。

数字开关器件在工作时，回路中的开关瞬时电流很大，这是由回路地线的有效感抗和阻抗引起的。对于地线回路，其电压计算公式为 $U=Ldi/dt$，L 为地线回路的感抗，i 是由数字器件工作引入的电流。这些电压变化反映到模拟电路地线回路上，将会改变模拟信号传输回路中信号相对于地的电压，如果此电压处于模拟放大器输入端，那么将会在模拟放大器输出端产生较大的失真。

在 PCB 设计中，很容易产生寄生电阻、寄生电感和寄生电容。电路板上环路电感、互感或过孔是产生寄生电感的主要途径，而电路板上彼此靠近的导线、焊盘等都会产生寄生电容。所有这些寄生元器件都可能对电路的可靠性产生影响，其中，寄生电容的影响较为突出。由于寄生电容的存在，在一条导线上电压的快速变化会在另一条导线上产生电流信号：$i=Cdu/dt$。如果另一条导线是高阻抗，那么电场产生的电流将又会转换成电压。在模拟和数字混合电路环境中，往往存在两种不利因素：噪声容限比数字电路低得多，高阻抗导线也比较常见。快速瞬变电压往往发生在混合电路的数字器件中，如果发生这种快速电压瞬变的导线靠近高阻抗模拟导线，那么这种瞬变电压误差就会严重影响模拟电路的精度。

寄生电容可按如下公式计算，

$$C=(Wle_0e_r)/d \tag{11-14}$$

式中，C 为寄生电容（pF）；W 为 PCB 铜皮厚度；l 为 PCB 导线长度；d 为两条 PCB 导线之间的距离；e_0 为空气介电常数；e_r 为基板相对介电常数。

通过上述电容计算公式分析，可以知道，改变 PCB 导线长度这个变量 l，即尽量使导线长度减小，可以降低寄生电容；增大导线宽度变量 d 也会使容抗降低。减小寄生电容还可以通过在两条导线之间布置地线的方法来实现，这种方法还能削弱产生干扰的电场。

在 PCB 中，寄生电感产生的原理与寄生电容产生的原理相似，如果不注意导线布置，那么 PCB 中的导线就可能产生线路感抗和互感。一条导线上电流随时间的变化率为 di/dt，此条导线的感抗会产生电压降，同时由于和另一条导线之间存在互感，又会在另一条导线上产生一定比例的电流，并又转换为电压。如果在第一条导线上的电压变化足够大，那么产生的干扰可能会大大降低数字电路的电压容限而产生误差。数字电路中存在较大的瞬时开关电流是比较常见的。

在混合电路设计中，首先要将模拟电路和数字电路分区布置，然后进行布线。模拟信号元器件在 PCB 板中的模拟区内布线，数字信号元器件在数字电路区内布线，这样数字信号电流不会流入模拟信号电路。如果布线设计不当，那么将数字信号布线置于模拟电路或者将模拟信号布线置于数字电路之内时，就会出现数字电路对模拟电路的干扰。PCB 设计采用统一的地回路，通过上述分区方法将数字电路和模拟电路分开，并正确布置信号线，通常可以解决一些比较困难的布局布线问题，这种情况下，元器件的布局分区就成了决定设计优劣的关键。只有严格遵守布线规则，合理布局布线，数字电路电流才不会串入模拟电路。

4. 地线设计

地线在电路中是作为电路电位基准点的等电位体。在实际情况下，由于地线阻抗的存在，实际电位并不是恒定不变的，如果用仪表测量一根地线上各点之间的电位，那么会发现地线上各点电位可能会相差较大，正是这些电位差才会引起电路工作不正常。由于在地线中存在地线阻抗，当有一个电流流过该阻抗时，在此阻抗上就会产生电压降。

在单片机测控系统中，地线种类很多，有系统地线、屏蔽地线、逻辑地线、模拟地线等，地线布局是否合理将决定线路板的抗干扰能力。在PCB设计中需要按照一定的规范，遵循一定的原则进行布线，具体地说，应注意单点接地与多点接地的选择问题，数字信号地与模拟信号地区分问题等。在低频电路中，导线与元器件间的间隔影响较小，而接地电路中的环流引起的干扰对系统影响较大，屏蔽采用单点接地；在高频电路中，地线阻抗很大，为了尽量降低地线阻抗，采用就近多点接地。模拟电路与数字电路信号地应分开连接，最终单点相连，以消除地回路通过共阻抗而产生的噪声电压。地线应尽量加粗，而且应尽量加大引出端的接地面积，将数字地线做出闭合的网络，可以降低各个元器件之间的接地电位差，明显提高抗干扰能力。

1）地线干扰机理

地线干扰的原因是存在地线阻抗。地线阻抗是在交流状态下，地导线对电流呈现的阻抗，这个阻抗主要是由导线电感引起的。任何导线都具有电感性质，当频率较高时，导线的阻抗值就很大。在实际电路中，造成电磁干扰的信号往往是脉冲信号，脉冲信号包含丰富的高频成分，因此会在地线上产生大的电压。对于数字电路而言，电路的工作频率很高，因此地线阻抗对模拟电路的影响很大。通过加大导线截面面积来减小交流阻抗，可以减小其电感量，因此采用多根导线并联是一项比较有效的措施。当两根导线并联时，其总电感为

$$L_{总}=(L+M)/2 \qquad (11-15)$$

式中，L为单根导线的电感；M为两根导线之间的互感，当两根导线之间距离较大时，互感M很小，甚至可以忽略不计。总电感相当于单根导线电感的一半，因此可以采用多根导线并联的方法来降低地线阻抗，但需要注意，多根地线距离不能太近，否则不能有效地降低互感。

两个接地的电路由于地线阻抗的存在，当电流流过地线时，就会在地线上产生电压；当电流较大时，此电压值就会很大。例如，附近有大功率用电器启动时，就会在地线中产生很强的电流，此电流会通过连接电缆导线，因为电路的不平衡性而产生差模电压，对电路形成干扰。这种干扰是由电缆与地线构成的环路电流产生的，称为地环路干扰。当两个电路共用一段地线时，由于地线的阻抗，一个电路的地电位会受到另一个电路工作电流的影响，这种一个电路信号耦合到另一个电路的干扰称为公共阻抗耦合干扰。在数字电路中，由于信号的频率较高，往往呈现较大的阻抗，如果不同的电路共用一段地线，那么可能出现公共阻抗耦合问题。

2）PCB地线处理

在PCB设计中，理论上地线回路面积越大越好，对一个双面板，最好将其一面作为地线层，但现实情况下不可能，只能在设计过程中尽量考虑加大地线面积。前面讲过，减小地环路电流可以减小地环路干扰，如果电流一端允许接地，那么可以消除地环路干扰，如果浮地不允许直接接地，那么可以在电路一端接一个电感至地，对于高频干扰信号，接地阻抗较大，减小了地环路电流。

PCB上电源与地线之间应安装低电感陶瓷去耦电容。在多板卡系统中，减小接地阻抗的最好方法是利用另一块PCB作为母板，实现各板之间的连接。这就需要提供一个连续的接地回路到母卡，PCB接插件上需要留有很多的引脚分配给地线，并连接到母板的母卡上，母板上的地线回路与机壳多点连接，这种连接要良好接触。

减小公共地线部分的阻抗，从而降低公共地线电压，可以有效控制公共阻抗耦合。另外，通过适当的接地方式，避免容易相互干扰的电路共用一条地线也可消除公共阻抗耦合。一般要避免强电电路和弱电电路共用线，遇到这种情况，可以通过光耦或变压器隔离，切断弱电电路与强电电路地线上的电气联系。前面讲到，减小地阻抗的核心问题是减小地线的电感，对于PCB来说，

在双层板上布地线网格是一项减小地线阻抗的有效措施，在多层电路板中专门使用一层作为地线层，会使地线阻抗很小，但成本很高。并联单点接地方法比较有效，但缺点是接地的导线过多。因此，在实际 PCB 电路中，没有必要让所有电路都单点接地，对于相互干扰较少的电路，可以采用串联单点接地的方法。例如，可以将电路按照信号强弱和模拟信号、数字信号等分类，在同类电路内部串联单点接地，不同类型的电路采用并联单点接地。

PCB 的过孔既有寄生电容，又有寄生电感，在过孔设计时需要注意。电源和地的引线要就近打过孔，以便为信号提供最近的回路；过孔和引脚之间距离越短越好，电源和地线越粗越好，在 PCB 上可以放置大量多余的接地过孔，以便为使用时提供方便。

3) 混合电路地线处理

在模拟电路和数字电路组成的混合电路中，由于模拟电路和数字电路并存，二者所受干扰机理、程度有很大区别，因此地线处理需要特别注意。如运算放大器、基准源等模拟器件应和模拟地之间进行去耦处理，A/D、D/A 转换器件及其他混合集成电路也应看作模拟器件处理，特别是此类内部既有模拟电路又有数字电路的集成电路。由于数字电路开关电流的迅速改变将产生电压，无疑会通过分布电容、电感耦合到模拟电路部分，集成电路引脚之间也不可避免地存在分布电容，因此在 PCB 设计中通常将模拟电路地和数字电路地分开一段距离走线。如 A/D 及 D/A 转换器件，通常从芯片引出两个地线引脚 AGND 和 DGND，即模拟地和数字地，一般在芯片内部模拟地和数字地并没有连接在一起，必须通过外部引脚实现模拟地和数字地的连接。任何与 DGND 连接的外部阻抗都会通过寄生电容将更多的数字噪声耦合到集成电路内部的模拟电路部分，因此建议把 AGND 和 DGND 引脚通过最短的引线连接到同一个低阻抗的模拟地上。模拟电路和数字电路一般需要单独供电，如果确认数字电路供电电源的干扰相对很小，那么也可将其用作模拟电路的供电电源，但需要慎重处理。

时钟电源电路或数字开关电路是数字电路中较易产生噪声的干扰源，其干扰噪声可以通过合理布线来改善，最重要的是地线处理。时钟信号的相应噪声会降低系统的信噪比，由于采样时钟的抖动会使输入信号受到影响，增加噪声并引起波形畸变，因此应采用低相位噪声的晶振或其他振荡元件作为时钟振荡元件，信号端与地之间的去耦电容要大些。实际上高频模拟电路也应当和时钟信号一样处理，在这类电路中，电感元件和电容元件的影响很大，所以保持低电感接地是非常重要的，通常在信号源、电源与地之间接入高质量去耦电容。在许多情况下，在采样时钟控制下，信号传递到基于模拟地的 A/D 转换器件，两种地之间的噪声将直接加到时钟信号上并产生很大的抖动，这种抖动将产生谐波并降低信噪比，可以采用差分输入和差分驱动方式来改善相位抖动。

5. PCB 电容设计

在电子电路中，PCB 电路设计的一个重要内容是电容设计。电子电路中的电容主要起平滑、去耦合旁路作用。平滑电容主要解决负载变化引起电源电压发生突变；去耦电容能滤除高频元器件在电路板上引起的辐射电流，为元器件提供一个局域化的直流，还能抑制 PCB 中瞬态电流的峰值；旁路电容可以消除并能限制电路的带宽，抑制共模干扰的高频辐射噪声。

1) 电容设计准则

电容有引出线，这就会附加固有的电感和电阻。实际上电容是由电阻、电感和电容组成的等效电路。电容等效电路如图 11-24 所示。电容的自谐振频率为

$$\omega = 1/\sqrt{LC} \qquad (11\text{-}16)$$

式中，C 是电容量；L 是寄生电感。在自谐振频率以下，电容呈现电容性阻抗；高于自谐振频率时，电容呈现电感性阻抗，此时电容

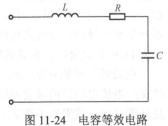

图 11-24 电容等效电路

的阻抗将随着频率的升高而增大,大大减弱或消除电容的旁路作用。在电子电路中,应选用自谐振频率较高的电容,使自谐振频率远高于电路的工作频率,不过大容量电容很难做到这个一点,可以将一个大容量电容和一个小容量电容并联起来加以解决。当大容量的电容达到谐振点时,其阻抗随频率升高而加大,但小容量的电容尚未达到谐振点,电容的阻抗仍然随着频率的升高而变小并对干扰电流起旁路作用。这种措施也能补偿电解电容老化后串联电阻的增加带来的影响,因而保持良好的旁路特性。为了滤除频率很高的干扰,可以采用穿心电容,安装在屏蔽体上,提供输入、输出端的隔离。

2) 电源电容设计

在 PCB 设计中,电源设计很重要。电源电容分为平滑电容和去耦旁路电容。过多使用电容会造成浪费,太少又达不到良好的效果,实际应用中可选择大容量电解电容和小容量高频电容并联,既可起到平滑电压波形作用,又可起到对高频干扰信号的去耦旁路作用。采用多层板可使电源层与地线层紧密相邻形成一个去耦电容,但仍然需要接入一个电容。采用电源层和地线层自然形成的去耦电容时,需要考虑层间电感和自然谐振频率,当谐振频率与去耦电容自谐振频率相合时,就会产生大的瞬态尖端干扰,若干时钟电路谐波也重合时,那么整个 PCB 就会构成一个电磁辐射器,这种问题可以通过另加去耦电容来解决。电源与地回路之间采用多个电容并联,这样可以降低电容阻抗,但会使电容引线增多,电路设计时电容引线的长度应越短越好。

3) 集成电路电容设计

在 PCB 设计中,集成电路的去耦通常采用电容实现,但在电路工作频率大于谐振频率时,电容表现为电感性质,受到 di/dt 的限制。对于高速逻辑电路,特别是时钟电路,由于其结构、连接线较长或者 PCB 印制导线等因素而存在串联电感时,除了要加旁路电容,还有适当添加去耦电容。去耦电容要选取自谐振频率比需要消除的谐波频率高的电容。当采用去耦电容无法达到较理想的效果时,需要串接微小电感来解决。在时钟电路中,电容器的使用也会带来负面影响,它会影响时钟的边沿速率,即由低电平到高电平转换过程的时间快慢。因此,在实际应用中,只有在时钟边沿转换速率允许的情况下,才可以加去耦电容。应选择去耦效果优良的电容器,安装时应使电容引线的长度尽可能短。

6. PCB 防静电放电设计

在电磁兼容性设计中,常常需要考虑到静电抑制。静电对电子设备能产生很大危害,在 PCB 中同样如此,因此在 PCB 设计中需要抑制静电放电(ESD)。

系统的 ESD 效应分为静电放电之前电场效应、放电产生的电荷注入效应和静电放电电流产生的场效应,其中在 PCB 中静电放电电流产生的场效应影响最为严重。

任何一个电流回路中有交变的磁通量通过时,都会在环路内形成电流。电流的大小与磁通量成正比,较小的环路中通过的磁通量也少,由此感应出的电流也较小,所以要保持环路面积最小,从而减小静电。在 PCB 设计过程中,电源线与地线应紧靠在一起以减小电源和地间的环路面积,多条电源及地线应接成网格状,且在 PCB 周围增加保护环并接地,防止人体静电的导入。网格构成的环路面积要小得多,可以使感应电流很低,出现问题的可能性就小。地线回路不应有大的开口。开口如同平行导线一样,起环路天线作用,接收静电干扰。信号线应与地线紧靠布置,为了不产生平行导线,也可采用地平面或网格状,在双面板中可在与信号线相对的一面上布置地线,并将 PCB 上空余部分布置成地线,这样做的目的是缩短平行路径。

电源线与地线回路之间并联安装高频电容能够有效地减小电源与地之间的环路面积。这种方法在静电放电较低的频段内比较有效,而在静电放电较高的频段内,由于寄生电感的作用,即使是高频电容,效果也不明显。对特别敏感的元器件,当它们之间的连线较长时,应隔一定距离将电源线与信号线位置对调一下,即将一根导线(电源线)换到另一根导线(信号线)的另一侧,这样对调等效于环路面积的减小。应尽可能加大地线回路面积，变成地线面，以降低天线效应的接收效率。地线面作为一个重要的电荷源，可抵消静电进入电源上的电荷，有利于减少静电放电带来的危害。如果发生放电，那么由于 PCB 上的地线面积很大，电荷很容易注入地线面中，而不是直接进入信号线，在引起元器件损坏以前就把电荷泄放掉，有利于对元器件的保护。另外，PCB 地线面也能作为其对面信号线的屏蔽体，起屏蔽作用。

PCB 中对 ESD 的抑制也可通过隔离法来实现，即将敏感元器件与电荷源隔离，与连接器端口或感应电流趋于集中的信号线隔离，具体的就是使元器件走线尽量远离会暴露在静电放电中的 PCB 部分，远离会暴露在静电放电中的任意一个金属物体（包括螺钉、接插件、机壳等），特别是电路中的敏感 MOS 器件更要远离上述物体，如果不好处理，那么可在引线上串联电阻、分流或分压钳位等措施，或者采用对 ESD 不太敏感的逻辑电路加以保护。机壳地线阻抗要低，这样静电放电电流易于通过，静电电荷能迅速放掉。

上述是 PCB 布线抑制 ESD 的常用做法，在电路中加入瞬态二极管（TVS）来消除 ESD 产生的电荷直接注入，也是一种先进方法。电源并联 TVS 和高频旁路电容如图 11-25 所示。在电源和地之间并联 TVS 和高频旁路电容，TVS 可使感应电流与静电放电感应电流分流，保持 TVS 钳位电压的电位差；高频旁路电容减少了电荷注入，保持了电源与接地回路的电压差。TVS 和高频旁路电容应放置在易损元器件的电源和地之间，距离尽可能近，确保 TVS 到地通路和电容引脚长度为最短，以减少寄生电感效应。

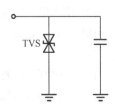

图 11-25　电源并联 TVS 和高频旁路电容

7. PCB 热设计

电子电路中包含各种各样的元器件，这些元器件组合在一起工作，实现一定的功能，在工作过程中线路电流会产生一定的热量，如果热量不断积累，那么元器件温升达到一定程度时，即使不损坏也会产生很大的热噪声。在电子电路中，发热量较大的常常是功率元件、变压器、限流电阻和 CPU 等。

从有利于散热的角度出发，放置这些发热元器件需要遵循一定的原则。一般使用散热器来控制功率元件的温升，提高其可靠性，降低热噪声。随着功率元件的发展，功率元件散热器得到了飞速发展，常规散热器趋向标准化、系列化、通用化，而新产品则向热阻低、功能多、体积小、质量小、适用于自动化生产与安装等方向发展。合理选用、设计散热器，能有效抑制功率元件温升，提高可靠性。由于各种功率元件的内热阻不同、散热器安装时的接触面和安装力矩的不同，会导致功率元件与散热器之间的接触热阻不同，在不同的环境条件下，功率元件的散热情况也不同，因此选择合适散热器要考虑环境因素、散热器与功率元件的匹配情况，以及整个电子设备的大小和质量等因素。功率元件应尽量靠近 PCB 边缘放置，便于散发热量，并且不要集中在一个部位，也不要靠电解电容太近，以免使电解液过早老化。

PCB 最好竖起来安装，多块 PCB 之间应保持一定距离。PCB 的散热主要靠空气流动，设计时要注意空气流动方向，合理布局元器件和 PCB。空气流动时总是趋向于阻力小的地方流动，所以在 PCB 上配置元器件时要避免在某个区域有较大的空域，多块 PCB 的配置也应注意同样的问题。通过散热优化设计，可以有效抑制 PCB 的温度上升，使元器件和系统的故障大为减少。

印制电路板抗干扰设计

参考文献

[1] 徐耀松，周围，贾丹平. 测控电路及应用[M]. 北京：电子工业出版社，2018.

[2] 王三武，丁毓峰. 测试技术基础[M]. 3 版. 北京：北京大学出版社，2020.

[3] 方彦军，程继红. 检测技术与系统设计[M]. 北京：中国水利水电出版社，2007.

[4] 周严. 测控系统电子技术[M]. 北京：科学出版社，2007.

[5] 王昊，李昕. 集成运放应用电路设计 360 例[M]. 北京：科学出版社，2007.

[6] 朱先勇，于海明. 测试技术[M]. 北京：科学出版社，2019.

[7] 李永敏. 检测仪器电子电路[M]. 西安：西北工业大学出版社，1994.

[8] 王元一，石永生，赵金龙. 单片机接口技术与应用：C51 编程[M]. 北京：清华大学出版社，2014.

[9] 张朝晖. 检测技术及应用[M]. 3 版. 北京：中国质检出版社，2015.

[10] 史健芳，廖述剑，杨静，等. 智能仪器设计基础[M]. 3 版. 北京：电子工业出版社，2020.

[11] 吕俊芳，钱政，袁梅. 传感器接口与检测仪器电路[M]. 北京：国防工业出版社，2009.

[12] 李军. 数据采集系统整体设计与开发[M]. 北京：北京航空航天大学出版社，2014.

[13] 李刚，林凌. 现代测控电路[M]. 北京：高等教育出版社，2004.

[14] 张国雄. 测控电路[M]. 4 版. 北京：机械工业出版社，2011.

[15] 尚丽平. 检测技术及应用[M]. 北京：机械工业出版社，2019.

[16] 王冬青，韩后. 人工智能时代的智慧课题：数据采集与可视化分析[M]. 北京：科学出版社，2021.

[17] 史建芳. 智能仪器[M]. 北京：电子工业出版社，2007.

[18] 孙传友，孙晓斌，李胜玉，等. 测控电路及装置[M]. 北京：北京航空航天大学出版社，2002.

[19] 李醒飞. 测控电路[M]. 5 版. 北京：机械工业出版社，2016.

[20] 张俊科. 模拟开关电路——原理与应用[M]. 长沙：湖南科学技术出版社，1981.

[21] 詹惠琴，古天祥，习友宝，等. 电子测量原理[M]. 2 版. 北京：机械工业出版社，2015.

[22] 施文康，余晓芬. 检测技术[M]. 4 版. 北京：机械工业出版社，2015.

[23] 王成华，王友仁，胡志忠. 电子线路基础教程[M]. 北京：科学出版社，2000.

[24] 张家田. 智能仪器设计与实践[M]. 北京：电子工业出版社，2018.

[25] 马明建. 数据采集与处理技术[M]. 3 版. 西安：西安交通大学出版社，2012.

[26] 余学飞. 医学电子仪器原理与设计[M]. 广州：华南理工大学出版社，2004.

[27] 吴道悌. 非电量测量[M]. 西安：西安交通大学出版社，2002.

[28] 沈云中，陶本藻. 实用测量数据处理方法[M]. 2 版. 北京：测绘出版社，2012.

[29] 卜云峰. 检测技术[M]. 2 版. 北京：机械工业出版社，2013.

[30] 陈岭丽，冯志华. 检测技术与系统[M]. 北京：清华大学出版社，2005.

[31] 郭颖，张凯举. 检测技术基础与传感器原理[M]. 北京：中国石化出版社，2015.

[32] 张靖，刘少强. 检测技术与系统设计[M]. 北京：中国电力出版社，2002.

[33] 郝晓剑. 测控电路设计与应用[M]. 北京：电子工业出版社，2017.

[34] 赵文礼. 测试技术基础[M]. 北京：高等教育出版社，2019.

[35] 黄惟一，胡生清. 控制技术与系统[M]. 北京：机械工业出版社，2002.

[36] 高云红，冯志刚，吴星刚. 智能仪器技术及工程实例设计[M]. 北京：北京航空航天大学出版社，2015.